技工院校计算机类专业教材（中／高级技能层级）

Photoshop图像处理

（第二版）

主　编　周大勇
副主编　任姝亭　魏　莎

中国劳动社会保障出版社

简介

本书主要内容包括图像的简单编辑、图像的绘制、风光图像的处理、电商图像的设计和海报的设计等。

本书由周大勇担任主编，任姝亭、魏莎担任副主编，杨羽、李琳玉、杨双、彭彬林、张立娜、袁路、端木祥慧、严静林参与编写。

图书在版编目（CIP）数据

Photoshop 图像处理 / 周大勇主编. -- 2 版 . 北京：中国劳动社会保障出版社，2025. --（技工院校计算机类专业教材）. -- ISBN 978-7-5167-6723-8

Ⅰ. TP391.413

中国国家版本馆 CIP 数据核字第 20256W7U23 号

中国劳动社会保障出版社出版发行

（北京市惠新东街 1 号　邮政编码：100029）

*

北京宏伟双华印刷有限公司印刷装订　　新华书店经销

787 毫米 ×1092 毫米　16 开本　20.5 印张　402 千字

2025 年 2 月第 2 版　　2025 年 2 月第 1 次印刷

定价：52.00 元

营销中心电话：400-606-6496

出版社网址：https://www.class.com.cn

https://jg.class.com.cn

前　言

为了更好地满足全国技工院校计算机类专业的教学要求，适应计算机行业的发展现状，全面提升教学质量，我们组织全国有关学校的一线教师和行业、企业专家，在充分调研企业用人需求和学校教学情况、吸收借鉴各地技工院校教学改革的成功经验的基础上，根据人力资源社会保障部颁布的《全国技工院校专业目录》及相关教学文件，对全国技工院校计算机类专业教材进行了修订和新编。

本次修订（新编）的教材涉及计算机类专业通用基础模块及办公软件、多媒体应用软件、辅助设计软件、计算机应用维修、网络应用、程序设计、操作指导等多个专业模块。

本次修订（新编）工作的重点主要有以下几个方面。

突出技工教育特色

坚持以能力为本位，突出技工教育特色。根据计算机类专业毕业生就业岗位的实际需要和行业发展趋势，合理确定学生应具备的能力和知识结构，对教材内容及其深度、难度进行了调整。同时，进一步突出实际应用能力的培养，以满足社会对技能型人才的需求。

针对计算机软、硬件更新迅速的特点，在教学内容选取上，既注重体现新软件、新知识，又兼顾技工院校教学实际条件。在教学内容组织上，不仅局限于某一计算机软件版本或硬件产品的具体功能，而是更注重学生应用能力的拓展，使学生能够触类

旁通，提升综合能力，为后续专业课程的学习和未来工作中解决实际问题打下良好的基础。

创新教材内容形式

在编写模式上，根据技工院校学生认知规律，以完成具体工作任务为主线组织教材内容，将理论知识的讲解与工作任务载体有机结合，激发学生的学习兴趣，提高学生的实践能力。

在表现形式上，通过丰富的操作步骤图片和软件截图详尽地指导学生了解软件功能并完成工作任务，使教材内容更加直观、形象。结合计算机类专业教材的特点，多数教材采用四色印刷，图文并茂，增强了教材内容的表现效果，提高了教材的可读性。

本次修订（新编）工作还针对大部分教材创新开发了配套的实训题集，在教材所学内容基础上提供了丰富的实训练习题目和素材，供学生巩固练习使用，既节省了教材篇幅，又能帮助学生进一步提高所学知识与技能的实际应用能力。

提供丰富教学资源

在教学服务方面，为方便教师教学和学生学习，配套提供了制作素材、电子课件、教案示例等教学资源，可通过技工教育网（https://jg.class.com.cn）下载使用。除此之外，在部分教材中还借助二维码技术，针对教材中的重点、难点内容，开发制作了操作演示微视频，可使用移动设备扫描书中二维码在线观看。

致谢

本次修订（新编）工作得到了河北、山西、黑龙江、江苏、山东、河南、湖北、湖南、广东、重庆等省（直辖市）人力资源社会保障厅（局）及有关学校的大力支持，在此我们表示诚挚的谢意。

编者

2024 年 4 月

目录

CONTENTS

项目一
图像的简单编辑

Photoshop 常被简称为 PS，是由 Adobe 公司开发的一款图像处理软件，在 Windows 和 macOS 两大操作系统中均有相应的版本可使用。它集图像扫描、编辑修改、图形制作、广告设计、图像输入与输出等功能于一体，功能强大，操作界面友好，被广泛应用于平面广告设计、数码摄影后期处理、图像处理与合成、矢量绘图、网页制作、包装与封面设计等诸多领域，得到广大用户的好评。

本项目通过“制作水果拼图效果”“制作蓝天白云图像效果”“制作人景合成图像效果”“制作信封与邮票”等任务，练习文件的新建、打开及存储，图像的复制、移动和裁剪，图层的基本操作，文字工具、文字图层的使用，网格和参考线的设置等基本操作，学习使用 Photoshop 进行拼图、图像合成及修图等简单的编辑操作，为后续学习打下坚实的基础。

任务 1　制作水果拼图效果

1. 了解 Photoshop 2023 的工作界面。
2. 了解像素、图像分辨率、位图、矢量图及颜色模式等图像基础知识。
3. 掌握图像对象的复制、移动和裁剪操作。

4. 掌握面板的显示与隐藏、拆分与组合方法。
5. 能新建、打开和存储图像文件。
6. 能按要求对图像进行自由变换、缩放和查看等操作。

任务分析

某水果店为多种水果拍摄了照片，为表现出该店水果品种丰富，需要将多种水果照片拼合在一张图像中，效果如图 1–1–1 所示，以便水果店制作广告宣传画时选用。

图 1-1-1　水果拼图效果

本任务主要使用 Photoshop 2023 的新建、打开及存储图像文件，自由变换，复制、移动与裁剪图像，调整显示比例等功能，将单独的 5 种水果照片拼合在一起，制作出一张体现商品品种多样性的效果图。首先打开 5 种水果素材图像文件，然后逐一将水果照片复制到新建的图像文件中，通过自由变换调整水果图像的大小，并用移动工具将其移到合适的位置，最后将图像多余的部分裁剪掉即可。本任务的学习重点是图像自由变换的操作方法。

相关知识

一、Photoshop 2023 的工作界面

Photoshop 2023 的工作界面通常由菜单栏、工具选项栏、工具箱、图像窗口、面板

等组成，如图 1-1-2 所示。

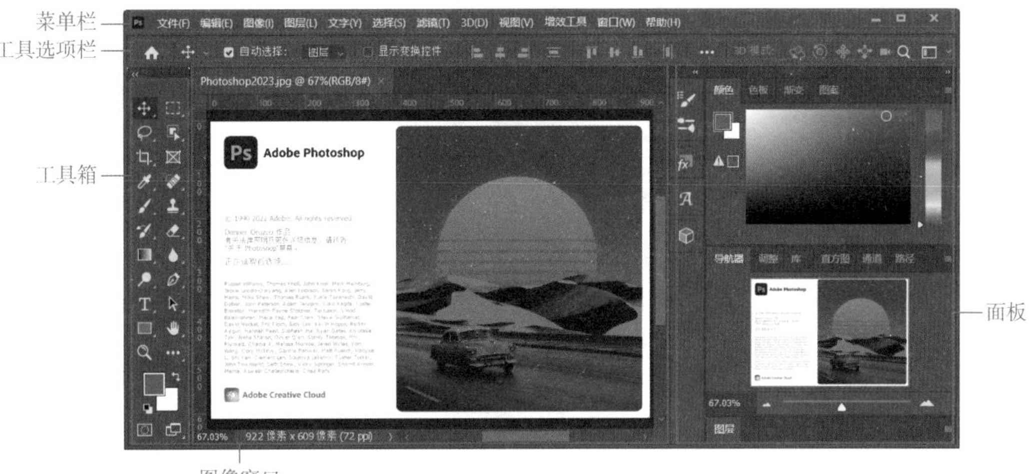

图 1-1-2　Photoshop 2023 的工作界面

1. 菜单栏

菜单栏由“文件”“编辑”“图像”“图层”“文字”“选择”“滤镜”“3D”“视图”“增效工具”“窗口”和“帮助”12 个菜单组成。这些菜单中几乎包含了 Photoshop 2023 中的所有命令，可以通过这些命令完成图像的编辑与处理操作。

2. 工具选项栏

工具选项栏也称属性栏，通常位于菜单栏的下方，用于显示当前工具的相应属性和参数。一般情况下，在选择相关的工具进行操作前，工具选项栏中会出现对应的工具选项，可以根据操作需要在工具选项栏中对工具的属性和参数进行更改和设置。通过单击“窗口”→“选项”命令可以设置工具选项栏的显示与隐藏。

3. 工具箱

工具箱的默认位置在工作界面的左侧，显示了 Photoshop 2023 中的常用工具，如图 1-1-3 所示。功能相似的多个工具组成一个工具组，其标志是在工具按钮的右下角有一个小三角形符号，使用这些工具可以快捷地对图像进行编辑处理。Photoshop 2023 新增了经过优化的工具提示，当光标悬停在某个工具按钮上方时，系统会显示动态信息，无须离开应用程序即可了解 Photoshop 2023 中的不同工具。

（1）工具箱的显示与隐藏

单击“窗口”→“工具”命令，如果“工具”前面显示“√”，则在工作界面中显示工具箱；如果“工具”前面没有“√”，则在工作界面中隐藏工具箱。

（2）工具箱的单列 / 双列显示

单击工具箱最上方的“单列 / 双列”按钮 <<，工具箱按单列 / 双列方式显示。

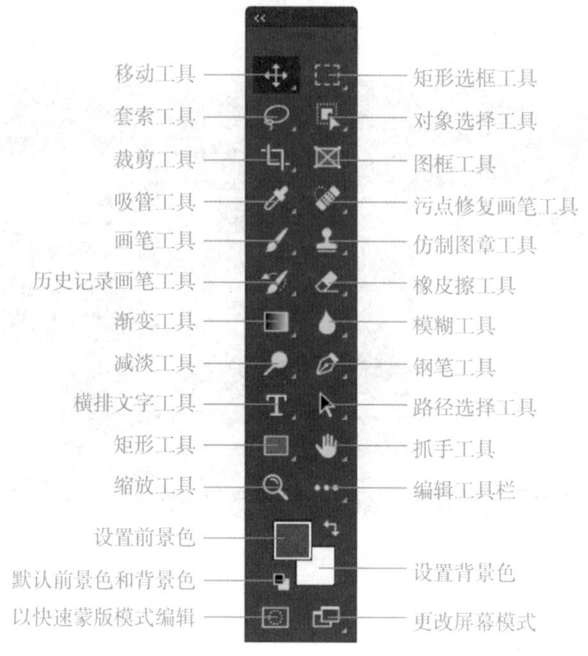

图 1-1-3　工具箱

（3）工具箱的显示位置

默认情况下，工具箱显示在工作界面的左侧，是使用频率比较高的组件之一。也可以用鼠标拖动工具箱顶部到显示器的任何位置，此时工具箱顶部会显示“关闭”按钮。如果将其拖动到工作界面的左右边界并呈吸附状态时，松开鼠标左键即可将工具箱吸附到工作界面的相应边界上。

（4）工具的选择

将光标停留在某一工具按钮上一段时间，系统会提示该工具的名称，单击该工具按钮即可选中该工具。如要选择工具组中的其他工具，方法是在该按钮上按住鼠标左键或者单击鼠标右键，即可显示出该工具组中的所有工具，通过移动光标单击所需的工具选择工具，也可在按住 Alt 键的同时单击工具，在工具组中的工具之间循环切换。

4. 图像窗口

图像窗口用于浏览和编辑图像，其顶部显示图像的名称、显示比例和颜色模式等信息。状态栏位于图像窗口的最底部，主要用于显示当前打开的图像信息和当前操作过程中的相关信息，如图像的显示比例、文档大小和分辨率等信息，单击其中的“>”按钮 ，在弹出的菜单中可以选择需要显示的其他信息。在显示比例栏中输入相关数值可以改变当前图像的显示比例。

5. 面板

面板也称活动控制面板或工作面板，默认位置是在工作界面的右侧。面板是图像处理中非常重要的辅助工具，为便于操作，面板将一些特定的功能集中在一起，成为一个独立的模块。Photoshop 2023 提供了 30 多个面板，此外还可以增加一些面板。

（1）面板的显示与隐藏

单击面板最上方的“展开面板 / 折叠为图标”按钮，可以将面板显示出来或者折叠为一个图标。如果面板图标没有显示在工作界面中，则可以通过“窗口”菜单将其显示出来。

（2）面板的拆分与组合

通常功能相关的面板被放置在一个面板组中，可通过单击面板名称切换面板。用鼠标将面板图标或选项卡拖动到其他面板或面板组中，可将面板组合起来。反之，用鼠标将面板图标或选项卡从一个面板组中拖出，即可将面板拆分，变为独立的浮动面板。

（3）面板的显示位置

默认情况下，面板分两列显示在工作界面的右侧。可以用鼠标拖动面板顶部到显示器的任何位置，此时面板顶部会显示“关闭”按钮。

二、图像的基础知识

在使用 Photoshop 处理图像的过程中，需要了解一些关于图像的基础知识，包括像素与图像分辨率的关系、位图和矢量图的概念、常用的颜色模式的含义及特点等。

1. 像素与图像分辨率

（1）像素

图像元素被简称为像素（pixel），是构成图像的最小单位，也是图像大小的计量单位。像素的数量会影响图像的清晰度和文件大小。如果图像的像素数量较多，那么图像会更加清晰，但相应地图像文件也会增大。相反，如果图像的像素数量较少，那么图像会显得模糊，但图像文件会相对较小。

（2）图像分辨率

图像分辨率是指图像单位长度内所包含像素的数量，其单位通常为像素 / 英寸（ppi），它决定了位图细节的精细程度。像素和图像分辨率共同决定了图像的输出质量。通常情况下，图像分辨率越高，此图像所包含的像素就越多，图像就越清晰，印刷的质量也就越好，同时，图像占用的存储空间也会增加。当图像尺寸以像素为单位时，需要指定其固定的分辨率，才能将图像尺寸与实际尺寸相互转换。例如，若某图像的宽度为 1 000 像素、分辨率为 100 像素 / 厘米，则该图像的实际宽度为 10 厘米。

2. 位图与矢量图

计算机图像是以数字方式记录和保存的图像，其基本类型是数字图像，根据图像生成方式的不同，通常分为位图和矢量图两种类型。

（1）位图

Photoshop 主要用于处理由像素构成的位图。位图也被称为点阵图像或栅格图像，是由一个个像小方块一样的像素组成的图像。位图的优点是可以表现色彩的变化和颜色的细微过渡，产生逼真的效果；缺点是放大后不清晰，其清晰度与分辨率有关。

（2）矢量图

矢量图是由用数学方式描述的曲线及曲线围成的色块组成的图像。矢量图中的图形元素被称为对象，每个对象都是独立的，具有颜色、形状、轮廓、大小和位置等属性。矢量图的分辨率与图像大小无关，只与图像的复杂程度有关，矢量图在放大后图像不会失真。矢量图的优点是文件存储空间较小，图像可以无级缩放，可以采取高分辨率印刷；缺点是难以表现色彩层次丰富的自然景观。矢量图以几何图形居多，广泛用于图案、标志以及视觉识别等设计，Photoshop 中内置了丰富的矢量图可供用户选择。矢量图与位图的效果相差比较大，大部分位图都是由矢量图导出来的。

3. 颜色模式

在 Photoshop 中编辑图像时，需要处理各种颜色模式的图像素材，若熟悉各种颜色模式的特点，则可以更加精准地进行图像处理。图像的颜色模式的选择对于图像处理至关重要，它直接影响到图像的显示、打印以及最终的视觉效果，其功能在于方便用户使用各种颜色，而不必在每次使用颜色时都进行重新调色。Photoshop 中常用的颜色模式的含义及特点见表 1–1–1。

表 1–1–1　Photoshop 中常用的颜色模式的含义及特点

颜色模式	含义	特点
位图模式	该模式的图像又称黑白图像，只有黑色和白色两种颜色	包含的信息最少，所占存储空间最小，适合制作艺术样式或创作单色图像
灰度模式	该模式下只用黑色、白色及一系列从黑色到白色的过渡色显示图像	灰度图像中不包含任何色相，即不存在红色、黄色等
双色调模式	该模式通过 1～4 种自定义的油墨创建单色调、双色调、三色调和四色调的灰度图像	可用于增加灰度图像的色调范围或用于打印高光颜色
索引颜色模式	该模式下像素用一个字节表示，可生成最多 256 种颜色的 8 位图像文件	图像质量不高，空间占用较少

续表

颜色模式	含义	特点
RGB 颜色模式	该模式也被称为加色模式，是 Photoshop 默认的颜色模式，也是屏幕显示的最佳颜色，由红色（R）、绿色（G）、蓝色（B）3 种颜色组成，每一种颜色有 0～255 种亮度变化	是工业界的一种颜色标准，是目前应用最广泛的颜色模式之一，如用于显示器、LED 的显示
CMYK 颜色模式	该模式也被称为减色模式，由青色（C）、洋红色（M）、黄色（Y）、黑色（K）组成	一般打印输出及印刷都采用这种模式
Lab 颜色模式	该模式是国际照明委员会发布的颜色模式，由一个明度（L）、两个色彩（a 和 b）共 3 个通道组成	修改图像的明度不会影响图像的颜色，调整图像的颜色也不会破坏图像的明度，是颜色模式转变的中间模式
多通道模式	该模式下每个通道都包含 256 个灰阶，一般包括 8 位通道与 16 位通道	多用于有特定的打印或输出要求的图像

通常情况下将颜色模式设置为“RGB 颜色”，但颜色模式之间是可以相互转换的。下面以将一张 RGB 颜色模式的图像转换为灰度模式的图像为例，介绍图像颜色模式的转换方法。

（1）打开素材“花海 .jpg”，该图像为 RGB 颜色模式，如图 1-1-4 所示。

图 1-1-4　RGB 颜色模式

（2）单击“图像”→“模式”命令，弹出“模式”子菜单，其中已勾选的“RGB 颜色”就是当前图像的颜色模式，如图 1-1-5 所示。

图 1-1-5　查看图像的颜色模式

（3）在“模式”子菜单中单击“灰度”命令，弹出“信息”对话框，如图 1-1-6 所示。

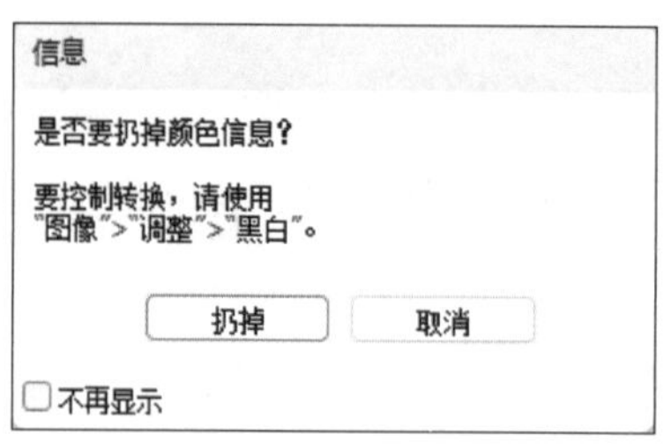

图 1-1-6　“信息”对话框

（4）单击“扔掉”按钮，图像的颜色模式即可转换为灰度模式，如图 1-1-7 所示。

图 1-1-7　灰度模式

三、移动工具

移动工具用于移动所选对象的位置，如果没有选择对象，则移动当前图层中的对象。使用移动工具时，不仅可以用鼠标拖动对象，还可以通过工具选项栏中的按钮对齐或分布对象。

如图 1–1–8 所示，勾选“移动工具”选项栏中的“显示变换控件”复选框，在选中的图层上就会显示变换控件，此时无须使用变换命令即可拖动手柄对对象进行变换。

图 1-1-8 “移动工具”选项栏

四、图像的变换

图像的变换包括旋转、翻转、自由变换、缩放、调整图像大小、斜切、透视等。结合本学习任务，下面重点介绍自由变换、缩放、调整图像大小等变换操作。

1. 自由变换

单击“编辑”→“自由变换”命令（或按 Ctrl+T 组合快捷键），打开自由变换工具，可以对图像进行连续的缩放、旋转和扭曲等编辑操作。

例如，打开素材“人像雕塑 .jpg”，按 Ctrl+T 组合快捷键打开自由变换工具，图像边缘出现带 8 个手柄的自由变换控件，拖动图像的手柄即可对图像进行缩放；在图像外按住鼠标左键并拖动鼠标即可旋转图像，如图 1–1–9 所示。在自由变换控件内双击或按回车键可提交变换；按 Esc 键可取消变换。

a）

b）

c）

图 1-1-9　缩放与旋转图像

a）原图　b）缩放后的效果　c）旋转后的效果

在图像上单击鼠标右键，在弹出的快捷菜单中单击“扭曲”命令（见图 1-1-10），可对图像执行扭曲变形操作，效果如图 1-1-11 所示。

图 1-1-10　单击“扭曲”命令

图 1-1-11　扭曲后的效果

在使用自由变换工具时，除了用鼠标进行粗略的调整，还可以使用工具选项栏进行精确的变换，例如，若要将图像调整到宽度为 160 像素、高度为 90 像素，以左上角为中心顺时针旋转 5 度，此时可以用鼠标右键单击工具选项栏中的“W”（宽度）及“H”（高度）输入框，在弹出的快捷菜单中选择单位为“像素”，再设置具体数值即可，如图 1-1-12 所示。

图 1-1-12　“自由变换工具”选项栏

2. 缩放

缩放工具用于对图像进行放大与缩小操作，以便更好地观察和修改图像。当光标为带“+”的放大镜时，单击图像即可放大图像；当光标为带“–”的放大镜时，单击图像即可缩小图像；按住 Alt 键可以在放大和缩小模式之间切换。“缩放工具”选项栏如图 1–1–13 所示。

图 1–1–13 “缩放工具”选项栏

3. 图像大小的调整

（1）调整画布大小

画布是用于编辑图像的区域。简单来说，如果将图像比喻成一幅画，那么画布就是画纸。图像尺寸过大或绘制位置不合适就会导致图像超出画布范围，不能完整地显示图像的内容，此时可通过调整画布的大小来解决。调整画布大小并不会改变原有图像的大小，只会改变画布区域。若要缩小画布尺寸，则可以裁剪图像。

在操作过程中，如需调整画布大小，则可以通过单击“图像”→“画布大小”命令（或按 Ctrl+Alt+C 组合快捷键），弹出“画布大小”对话框，如图 1–1–14 所示，输入画布的宽度值和高度值，单击“确定”按钮。如果输入的数值小于当前画布的大小，则将弹出对话框，要求确认是否继续裁剪。

在“画布大小”对话框的最下端可以设置画布扩展颜色，默认情况下画布扩展颜色为背景色，也可以根据需要更改为其他颜色。单击右端的颜色块，弹出“拾色器（画布扩展颜色）”对话框，如图 1–1–15 所示，在对话框中可以设置所需要的颜色，设置完成后单击“确定”按钮。

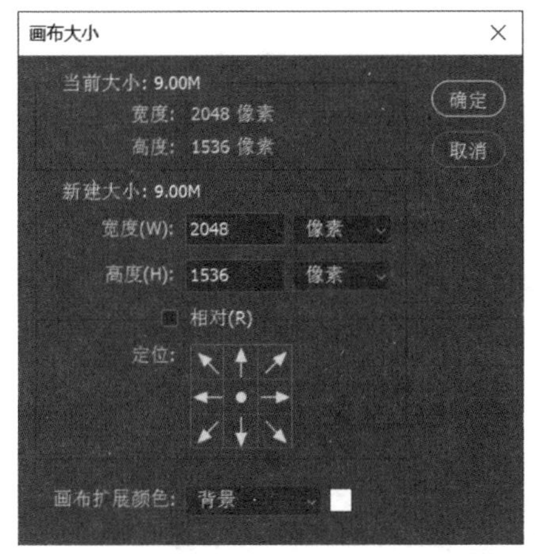

图 1–1–14 “画布大小”对话框

图 1–1–15 “拾色器（画布扩展颜色）”对话框

“画布大小”对话框中的“定位”处的 9 个方格表示画布扩展的方向，单击方格中的箭头或圆点可以设置画布扩展的方向。勾选“相对”复选框后，画布将在原位置上扩展。图 1-1-16 所示的设置表示画布将在高度方向上扩展 0.5 厘米。

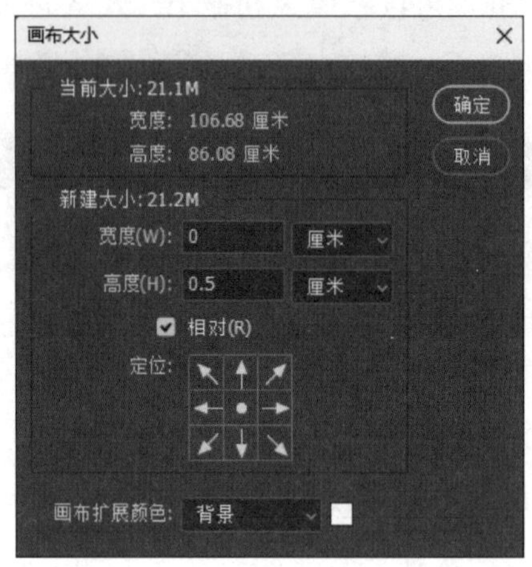

图 1-1-16 设置画布扩展的方向

（2）调整图像大小

画布大小可以调整，图像大小也可以调整，但与调整画布大小不同的是，调整图像大小时，画布会随着图像的大小一起改变。图像大小是图像自身的属性，包括尺寸、宽度、高度、分辨率等参数。单击“图像”→“图像大小”命令，弹出“图像大小”对话框，如图 1-1-17 所示，在该对话框中通过修改图像的宽度值、高度值以及分辨率的值都可以调整图像大小。当“宽度”和“高度”中间的“链接宽度和高度”图标 呈断开状时，可单独调整其参数。当调小分辨率的值时，图像会变小；当调大分辨率的值时，图像会变大。

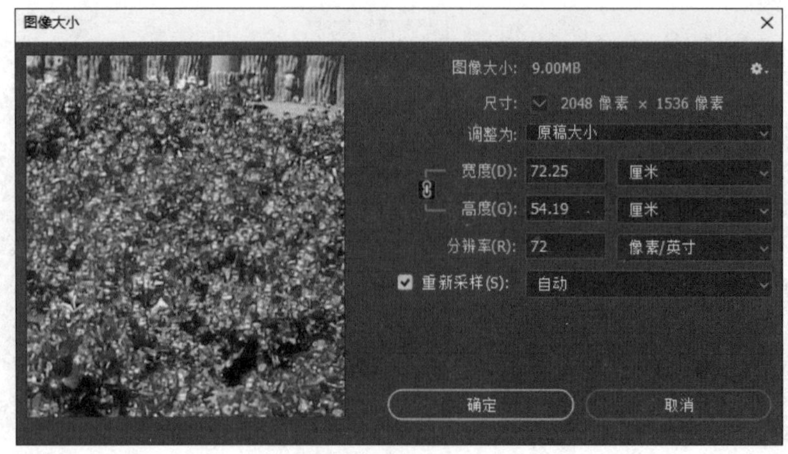

图 1-1-17 “图像大小”对话框

五、图像的查看

当打开多个图像时，各个图像会以选项卡的形式显示，单击图像的选项卡名称可在不同的图像之间切换，左右拖动图像的选项卡可以调整图像的排列顺序。若需要同时查看多个图像，则可以使用Photoshop 2023提供的窗口排列功能，如图1-1-18所示。用户可以根据操作需要选择窗口排列方式，常用的有“在窗口中浮动”“将所有内容合并到选项卡中”两种方式。和面板的组合与拆分操作类似，用鼠标拖动图像的选项卡，可以将该图像从选项卡方式转变为浮动窗口方式。

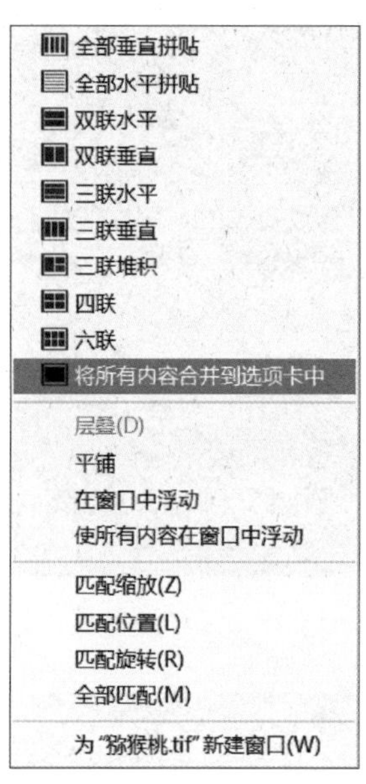

图1-1-18　窗口排列功能

1. 启动Photoshop软件

单击“开始”菜单，选择“所有应用”中的“Adobe Photoshop 2023”，或者双击桌面上的Photoshop 2023应用程序图标，启动Photoshop 2023。

2. 新建图像文件

单击“文件”→“新建”命令，弹出“新建文档”对话框，设置参数如下：名称为“百果飘香”，宽度为1 600像素，高度为900像素，分辨率为72像素/英寸，颜色模式为RGB颜色、8 bit（位），背景内容为白色，其他参数为默认值，如图1-1-19所示。设置好参数后，单击“创建”按钮，即可新建一个白色背景的图像文件，如

图 1-1-20 所示。

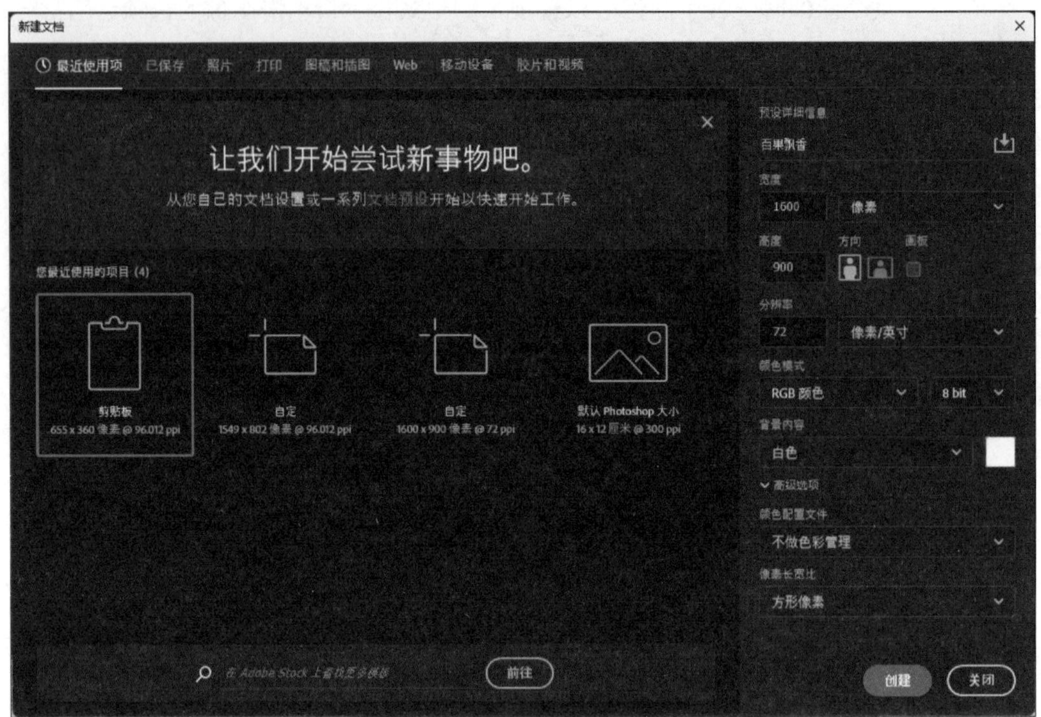

图 1-1-19 “新建文档”对话框

图 1-1-20 新建白色背景的图像文件

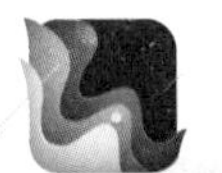

提示

除通过自定义参数创建图像文件外，还可以通过直接选择“新建文档”对话框中的“照片”“打印”等选项卡调用 Photoshop 的预设模板和参数来创建图像文件。

3. 打开“葡萄”等 5 种水果图像文件

单击“文件”→“打开”命令，弹出“打开”对话框，如图 1-1-21 所示，在按住 Ctrl 键的同时分别单击 5 种水果的图像文件，将其同时选中后单击“打开”按钮，即可打开“葡萄”等 5 个图像文件，葡萄图像如图 1-1-22 所示。

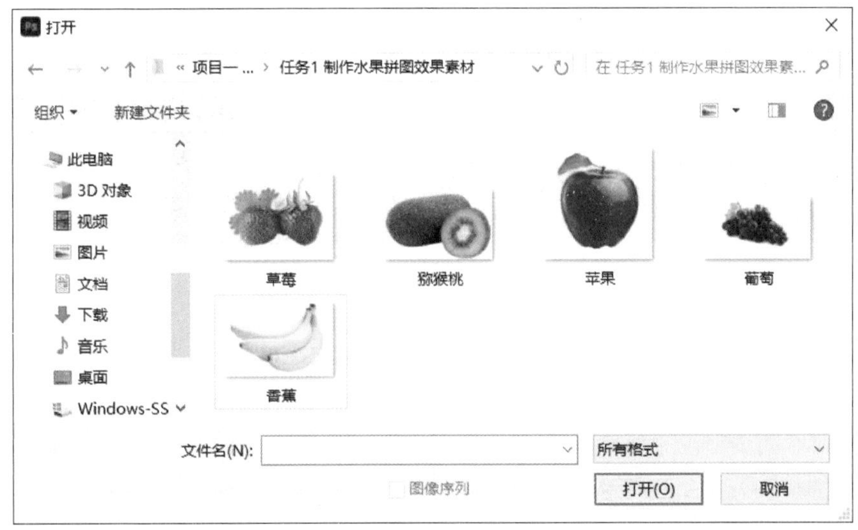

图 1-1-21 “打开”对话框

图 1-1-22 葡萄图像

4. 将葡萄图像复制到新建文件中

（1）单击“葡萄”图像窗口名称，将“葡萄”图像窗口作为当前窗口，如图 1–1–23 所示。先单击“选择”→“全部”命令（或按 Ctrl+A 组合快捷键），再单击“编辑”→“拷贝”命令（或按 Ctrl+C 组合快捷键）。

图 1–1–23 “葡萄”图像窗口

（2）单击“百果飘香”图像窗口名称，将“百果飘香”图像窗口作为当前窗口，单击“编辑”→“粘贴”命令（或按 Ctrl+V 组合快捷键），将葡萄图像复制到新建文件中。

提示

在资源管理器中选中要打开的图像文件，将其拖动到 Photoshop 2023 工作界面中即可打开这些图像文件。如果将其拖动到 Photoshop 2023 的某个图像窗口中，则这些图像将作为智能对象复制到已打开的图像中。以智能对象的形式打开图像的优点是在放大和缩小图像时，图像也不会变模糊。

5. 调整葡萄图像的大小和位置

（1）单击“编辑”→“自由变换”命令（或按 Ctrl+T 组合快捷键），如图 1–1–24 所示，图像四周出现矩形的自由变换控件，如图 1–1–25 所示，其中包括 8 个手柄和 1 个参考点，在工具选项栏中单击“保持长宽比”按钮。

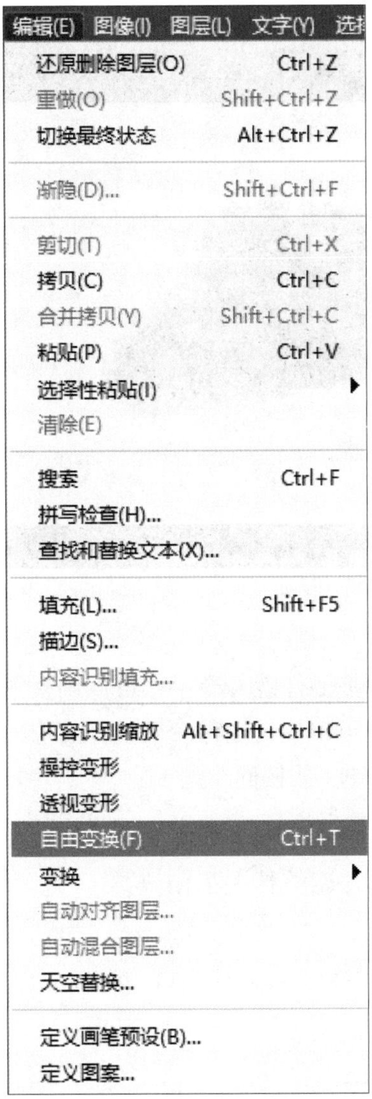

图 1-1-24　单击“编辑”→“自由变换”命令

如果不清楚工具选项栏中某一选项的功能，则可将光标停留在该选项上，系统就会显示出其含义。

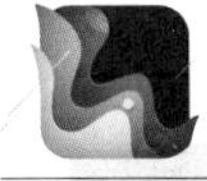

提示

在使用自由变换命令时，可以直接用鼠标拖动对象，以调整对象的位置。除按回车键、单击工具选项栏中的“提交变换”按钮外，在自由变换控件中双击鼠标左键也可以提交变换。

图 1-1-25 自由变换控件

（2）拖动自由变换控件上的任意一个手柄可以调整图像大小；在自由变换控件外侧按住鼠标左键并拖动鼠标可以旋转图像。调整好图像大小并旋转图像后，单击工具选项栏中的“提交变换”按钮（或按回车键）。

（3）单击工具箱中的“移动工具”，将葡萄图像拖动到合适的位置。

6. 复制其他水果图像并调整其大小和位置

重复步骤 4、5，分别将香蕉、苹果、猕猴桃、草莓图像复制到新建的图像文件中，并调整其大小和位置。如果需要切换图像窗口，则可按 Ctrl+Tab 组合快捷键。

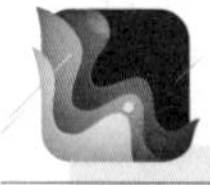

提示

如果需要将图像的某个位置始终显示在图像窗口中，则可以单击工具箱中的“缩放工具”，将光标指向需要始终显示在图像窗口中的位置并单击；也可以按住 Alt 键滚动鼠标滚轮进行调整。

7. 调整显示比例

单击“窗口”→“导航器”命令，显示导航器面板，如图 1-1-26 所示。单击该面板下方左侧的“缩小”按钮，将图像的显示比例缩小为 50%（或按 Ctrl+– 组合快捷键），以便观察图像全貌。需要放大图像时，可拖动面板下方的滑块（或按 Ctrl++ 组合快捷键）。

图 1-1-26　导航器面板

在查看图像细节时，需要对图像进行放大，可能会导致图像超过图像窗口大小，图像窗口中不能显示完整的图像，此时，图像窗口中就会显示滚动条，用于调整显示区域。此外，使用抓手工具可以更方便地拖动并调整显示区域。

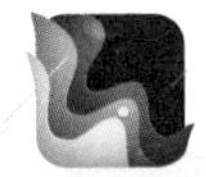

提示

如果图像窗口太小，则可以单击“抓手工具”或按住空格键激活抓手工具，拖动鼠标调整图像窗口中的显示内容，也可以直接在导航器面板中拖动红色的显示框，以调整图像在图像窗口中的显示位置。

8. 裁剪图像

单击工具箱中的“裁剪工具”，拖动图像手柄调整裁剪边界，如图 1-1-27 所示，单击工具选项栏中的“提交当前裁剪操作”按钮（或按回车键）提交裁剪。也可以通过单击“图像”→“画布大小”命令，在弹出的“画布大小”对话框中将画布的高度值和宽度值设置得比原来小，从而对图像进行裁剪。

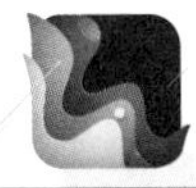

提示

如果需要全屏观察和编辑图像，则可按 Tab 键显示或隐藏除菜单栏和图像窗口以外的所有面板。

9. 保存图像文件

单击“文件”→“存储为”命令，弹出“存储为”对话框，如图 1-1-28 所示，在

对话框中输入图像的文件名（文件名最好与图像内容相关，以便快速查找），选择以 Photoshop 的源文件类型 PSD 格式保存。

图 1-1-27　裁剪图像

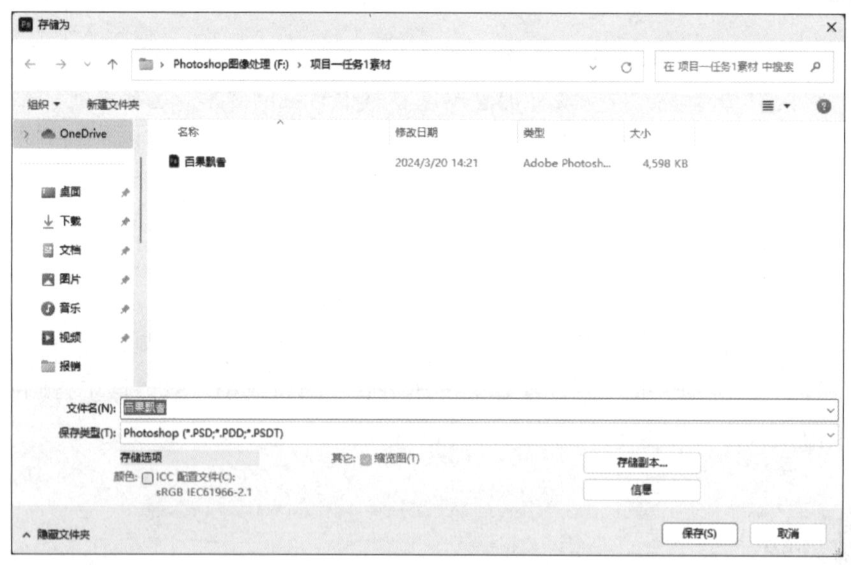

图 1-1-28　“存储为”对话框

也可以在弹出的“存储为”对话框中单击“存储副本”按钮，在弹出的“存储副本”对话框中选择其他需要的格式保存为副本文件，如图 1-1-29 所示。

10. 关闭图像文件并退出软件

首先单击图像窗口名称中的“关闭”按钮关闭图像文件，然后单击菜单栏右侧的

“关闭”按钮，退出 Photoshop 2023。

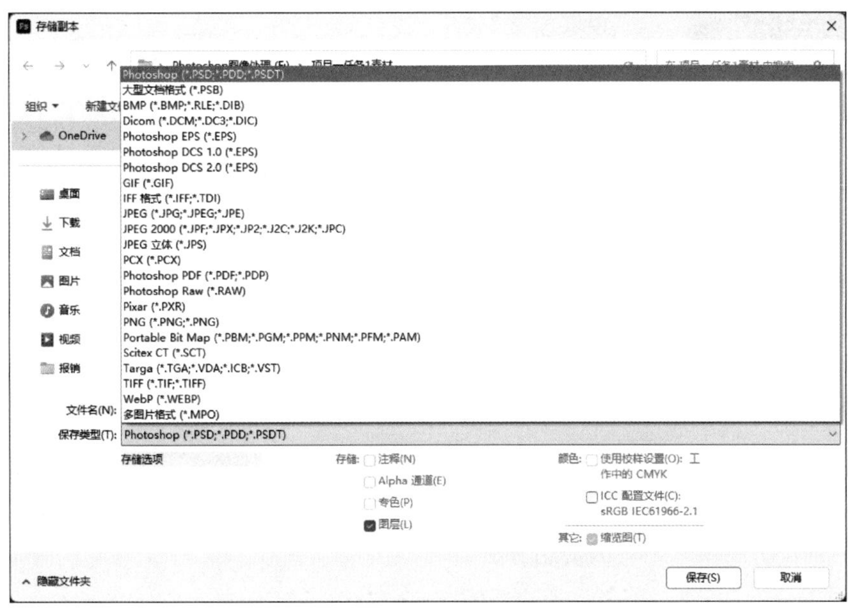

图 1-1-29　“存储副本”对话框

此外，单击“文件”→“退出”命令（或按 Ctrl+Q 组合快捷键）也可以退出 Photoshop 2023。

任务 2　制作蓝天白云图像效果

1. 了解图层的概念及其常用的类型。
2. 了解图层面板。
3. 了解常用的图像格式的特点和应用场景。
4. 能使用对象选择工具建立选区。
5. 能使用图案图章工具绘制图像。
6. 能使用仿制图章工具修饰图像。

任务分析

用相机拍摄的照片有时会存在某些不足，需要用 Photoshop 对其进行处理，使其更加完美。打开素材“石林 .jpg”，如图 1–2–1 所示，图片中的天空效果让石林黯然失色。

本任务要求使用对象选择工具、图案图章工具和仿制图章工具把石林图片中的天空变成美丽的蓝天白云，让石林显得更有魅力，效果如图 1–2–2 所示。首先，将素材中白云图像转换为自定义图案，再用对象选择工具选择天空区域，然后在新建的图层上用图案图章工具把蓝天白云涂抹到选区，从而遮挡住天空区域，达到改变天空区域图像效果的目的，最后用仿制图章工具修饰填充图案拼接处的痕迹，使其更加自然，并调整石林的饱和度，使图像色彩更加明艳。本任务的学习重点是对象选择工具、图案图章工具及仿制图章工具的使用方法。

图 1-2-1　素材

图 1-2-2　处理后的效果

一、图层的相关知识

1. 图层的概念

图层是 Photoshop 中非常重要的功能，几乎涉及所有的编辑操作。图层就如同含有文字或图像等元素的透明胶片，按上下顺序叠放在一起，透过上面图层的透明区域可以看到下面图层的内容，组合起来形成图像的最终效果。图层可以移动，也可以调整顺序。多图层图像最大的优点是每个图层中的对象都可以被单独编辑处理，而不会影响其他图层中的内容。

2. 图层面板

图层面板是进行图层编辑操作时必不可少的工具。图层面板中显示了当前图像的图层信息，几乎所有的图层操作都可以通过它来实现。图层面板示例如图 1-2-3 所示。

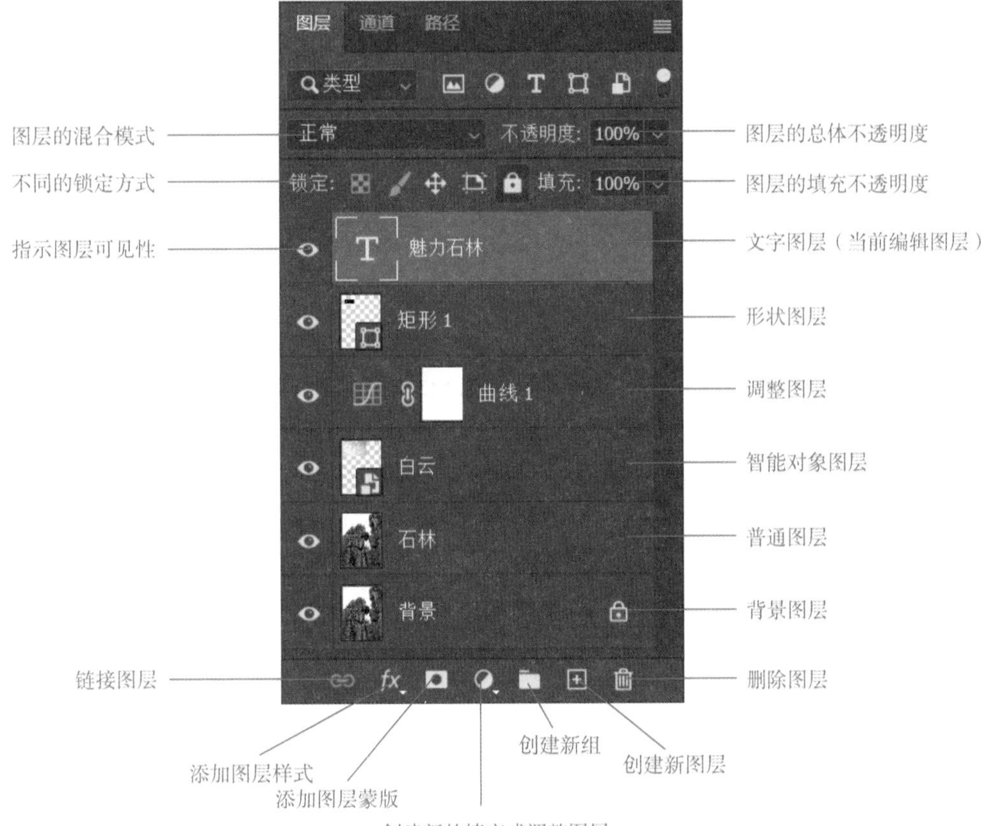

图 1-2-3　图层面板示例

3. 图层的类型

常用的图层类型有背景图层、普通图层、文字图层、调整图层、填充图层、形状图层、链接图层、智能对象图层、图层蒙版图层、矢量蒙版图层及剪贴蒙版图层等，不同类型的图层有不同的功能和用途。

（1）背景图层

背景图层是一种不透明的图层，名称为“背景”，用作图像的背景。每个文件中只有一个背景图层，一般默认为锁定状态，无法设置背景图层的总体不透明度、混合模式等，无法与其他图层调换叠放顺序，但可以先将其转换为普通图层，再进行相关操作。创建背景图层有以下两种方法。

方法一：使用白色或背景色创建新文件时，会自动创建一个背景图层，该图层的名称默认为“背景”。

方法二：将普通图层转换为背景图层，即选中需要转换的普通图层，单击“图层”→“新建”→“背景图层”命令。

（2）普通图层

普通图层是最基本、最常用的图层类型。所有新建图层都是普通图层，对文字图层、形状图层、填充图层和调整图层进行栅格化图层操作可以将其转换为普通图层，在图层面板中双击背景图层也可以将其转换为普通图层。

（3）文字图层

使用文字工具输入文字后，会自动生成一个文字图层，默认的文字图层名称是文字内容，在图层面板中的缩览图为字母“T”。文字图层不能直接应用滤镜，必须在栅格化后变为普通图层才可以应用。

（4）调整图层

调整图层是一种比较特殊的图层，将颜色和色调调整存储在调整图层中并应用于该图层下面的所有图层，可以通过一次调整校正多个图层，而不用单独对每个图层进行调整，并可以随时恢复原始图像。

（5）填充图层

可以在当前图层中进行“纯色”“渐变”和“图案”3 种类型的填充，并与图层蒙版功能一起产生遮罩效果。

（6）形状图层

使用形状工具创建形状后，会自动生成一个形状图层。

（7）链接图层

把多个图层关联到一起就会形成链接图层。若对链接图层中的一个图层进行操作，其他链接图层也会同时发生变化，从而提高操作的准确性和效率。

（8）智能对象图层

智能对象所在的图层即为智能对象图层。智能对象是一个嵌入当前文件中的文件，它可以包含在矢量软件 Illustrator 中创建的矢量图像等。智能对象图层与普通图层的区别在于智能对象图层能够保留对象的原内容和所有的原始特征，避免对原图像的损坏。从 Illustrator 中直接复制图像到 Photoshop 中，双击智能对象图层进行编辑，保存后的 Photoshop 中的图像也会随之改变。

（9）图层蒙版图层

添加了图层蒙版的图层即为图层蒙版图层。图层蒙版主要用于控制图层中图像的显示区域。

（10）矢量蒙版图层

添加了矢量蒙版的图层即为矢量蒙版图层。

（11）剪贴蒙版图层

剪贴蒙版是蒙版的一种，利用该图层中的图像可以控制该图层上方多个图层的图像显示区域。

二、选择对象的相关知识

1. 选区

选区是指选择的编辑操作的有效图像区域。在 Photoshop 中，选区就是用各种选择工具选取的图像范围，若要对图像中的某个区域进行编辑，首先要选择这个区域建立选区。选区可以是连续的，也可以是不连续的。对选区内的图像可以进行任意的编辑，而对选区以外的内容不能进行编辑，选区常用于分离图像即抠图。创建选区后，被选取的图像区域边界会出现一条流动的虚线，如同众多连续爬动的蚂蚁，故俗称“蚂蚁线”。

Photoshop 中提供了许多选择工具用于直接建立选区，还可以用其他的工具或方法间接建立选区，选区分为普通选区和羽化选区两种类型，用户可以根据情况灵活选用。

2. 对象选择工具组

对象选择工具组中包含了 Photoshop 中非常重要的选择工具，如图 1–2–4 所示，其中有对象选择工具、快速选择工具和魔棒工具 3 种工具。Photoshop 2023 中的对象选择工具在检测和建立选区方面有所改进，如对于天空、水、自然地面、植物或建筑等元素，只需将光标悬停在对象上并单击即可建立选区，可以“选择并遮住”工作区并执行其他调整操作。使用快速选择工具时，可利用可调整的圆形画笔笔尖快速绘制有明显边界的选区，在拖动该工具光标绘制选区时能自动识别图像的边缘。魔棒工具是通过区分每个像素的颜色，利用像素颜色差别来建立选区的，可快速选取图像中颜色相同或相近的区域，比较适用于处理主体与背景颜色反差明显且主体边缘相对清晰的图片。

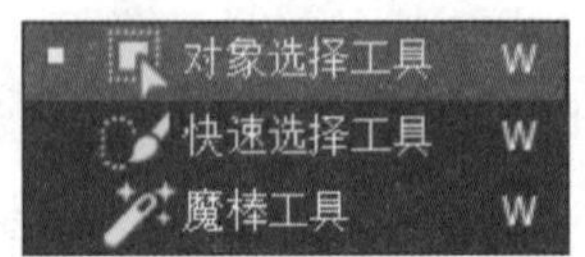

图 1-2-4　对象选择工具组

（1）“对象选择工具”选项栏

“对象选择工具”选项栏如图 1-2-5 所示，选项栏中的 4 个按钮分别表示建立选区的 4 种运算方式：新选区、添加到选区、从选区减去、与选区交叉。通过“新选区”新建的选区会替代原有选区，通过“添加到选区”可将所圈选区和原选区合并，通过“从选区减去”可从原选区中减去所圈选区，通过“与选区交叉”可选取原选区与所圈选区的交叉部分，具体使用效果可通过按钮的图标形象地展示出来。

图 1-2-5　“对象选择工具”选项栏

对象选择工具有矩形模式和套索模式两种选择模式，矩形模式下可通过拖动光标定义对象周围的矩形区域，套索模式下可在对象的边界外绘制粗略的套索。

（2）魔棒工具的容差参数

使用魔棒工具时，容差的选择十分重要。例如，容差为 10 时创建的选区如图 1-2-6 所示，容差为 80 时创建的选区如图 1-2-7 所示，由图可见，容差为 80 时创建的选区范围大于容差为 10 时创建的选区范围。

3. 色彩范围命令

魔棒工具虽然能选取相同颜色的图像，但不够灵活。Photoshop 还推出了一个比魔棒工具更为方便的功能——色彩范围命令。单击“选择”→“色彩范围”命令，弹出“色彩范围”对话框，如图 1-2-8 所示。

使用此命令，不仅可以一边预览一边调整，还可以随心所欲地完善选区范围，从而将图像中满足“取样颜色”要求的所有像素点都圈选出来。与魔棒工具相比，用色彩范围命令选取图像时可以更好地进行控制，而且可以更清晰地显示选区的范围。

图 1-2-6　容差为 10 时创建的选区

图 1-2-7　容差为 80 时创建的选区

图 1-2-8 “色彩范围”对话框

三、图章工具

1. 图案图章工具

图案图章工具通过在图像中涂抹的方式将图案应用到图像中，也就是在图像中覆盖一层新的区域。图案图章工具可以将 Photoshop 提供的图案或者自定义的图案填充到图像中，以绘制出特殊的图像效果，常用于制作背景图片。在工具箱中的“仿制图章工具”上单击鼠标右键，在弹出的隐藏工具中就会出现图案图章工具，如图 1–2–9 所示。

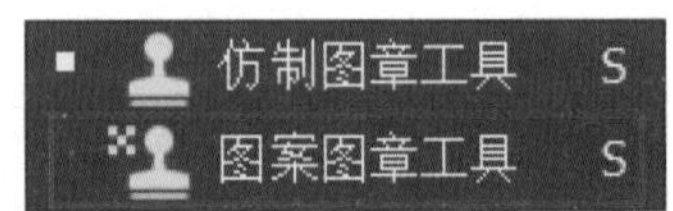

图 1-2-9 图案图章工具

2. 仿制图章工具

仿制图章工具可以将指定的图像区域像盖章一样复制到其他区域中，以替换原来的图像，也可以将一个图层的一部分复制到另一个图层中。仿制图章工具多用于修复图像，通常用于修复小面积的污迹或画面缺失。使用时，单击工具箱中的“仿制图章工具”，在按住 Alt 键的同时单击鼠标左键指定要复制的取样点进行取样，设置好工具选项栏后，通过单击或涂抹来修补或覆盖图像损毁处。

仿制图章工具可以复制图像的局部，将其替换到图像中的其他部分。例如，图 1–2–10 所示的素材中有多片荷叶和数朵荷花，如果想在图像中再绘制出更多一模一样的荷叶和荷花，就可以通过仿制图章工具轻松实现。

图 1-2-10　荷叶和荷花素材

操作步骤如下：

（1）单击工具箱中的“仿制图章工具”，设置画笔直径为 400 像素、硬度为 100%。

（2）按住 Alt 键，当光标变成靶心形状时，在图像中单击需要复制的部分进行取样，取样的范围与画笔大小相同，可以根据需要适当调整画笔直径。

（3）松开 Alt 键，将光标移到需要复制图像的区域，按住鼠标左键并持续拖动鼠标进行涂抹，直至复制出需要的图像，效果如图 1-2-11 所示。

图 1-2-11　使用仿制图章工具后的效果

四、常用的图像格式

图像格式是指图像文件的存储方式，不同的图像格式代表不同的图像信息和图像特征。常用的图像格式的特点和应用场景见表 1-2-1。

表 1-2-1　常用的图像格式的特点和应用场景

图像格式	特点	应用场景
PSD 格式	Photoshop 的源文件格式，记录有各种图层、通道、遮罩等多种设计的样稿，方便随时修改或继续编辑	适用于印刷，便于再次编辑
BMP 格式	Windows 系统的标准图像格式，图像信息较丰富，占用存储空间过大	一般用于 Windows 系统中的屏幕显示以及一些简单的图像系统中
GIF 格式	压缩比大，磁盘空间占用较少	适用于网页，支持透明背景，支持动画
JPG（JPEG）格式	数码或手机相机使用的主流图像格式，可以用最少的磁盘空间得到较好的图像质量	适用于网页，支持上百万种颜色
TIFF 格式	灵活、适应性强的图像格式，格式复杂，存储信息多	支持多种程序
PNG 格式	将图像文件压缩到极限，文件小，既有利于网络传输，又能保留所有与图像品质有关的信息	适用于网页，支持透明背景

1. 打开素材文件

运行 Photoshop 2023 软件，打开素材“石林 .jpg”和“白云 .jpg”。

2. 自定义白云图案

（1）单击“白云”图像窗口名称，使之作为当前窗口。

（2）单击“编辑”→“定义图案”命令，弹出“图案名称”对话框，在对话框中输入图案名称“白云”，如图 1-2-12 所示，单击“确定”按钮。完成自定义图案后关闭“白云”图像窗口。

图 1-2-12　自定义白云图案

提示

若要将图像某部分区域定义为图案，可以先用矩形选框工具选择需要定义的区域，再自定义图案，只有在矩形选区内的区域才能被定义为图案。

3. 复制背景图层，并更名为“石林”

（1）单击“石林”图像窗口名称，打开图层面板，用鼠标拖动背景图层到“创建新图层”按钮上松开，即可复制背景图层，图层名称为“背景 拷贝”。

（2）双击图层名称“背景 拷贝”，进入编辑状态，输入新的名称“石林”，如图 1–2–13 所示。

图 1-2-13　建立“石林”图层

4. 选取“石林”图层中的天空区域

单击选中“石林”图层，单击工具箱中的“对象选择工具”，Photoshop 2023 的对象选择功能的智能识别性更强。将光标移动到白色天空上会形成粉红色的区域，如图 1–2–14 所示，单击就可以形成选区，如图 1–2–15 所示。

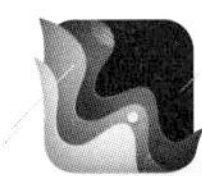

提示

对象选择工具可用于自动选择图像中的对象或区域，如人物、汽车、宠物、天空、水、建筑物和山脉等。

图 1-2-14　形成粉红色的区域

图 1-2-15　形成选区

5. 新建“白云”图层

单击“图层”→“新建”→“图层”命令（或按 Ctrl+Shift+N 组合快捷键），弹出“新建图层”对话框，修改图层名称为“白云”，如图 1-2-16 所示，单击“确定”按钮。

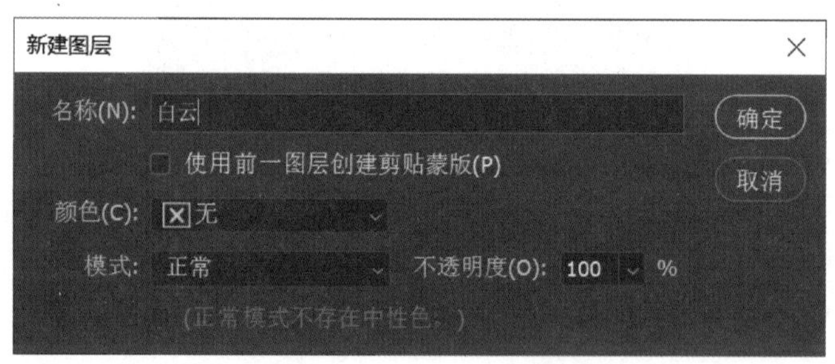

图 1-2-16　新建“白云”图层

6. 用图案图章工具绘制白云

（1）单击工具箱中的“图案图章工具”，在工具选项栏中设置画笔大小为 500 像素、硬度为 100%、模式为“正常”、不透明度为 30%，如图 1-2-17 所示。单击打开“图案”拾色器，选择白云图案，如图 1-2-18 所示。

图 1-2-17　“图案图章工具”选项栏设置

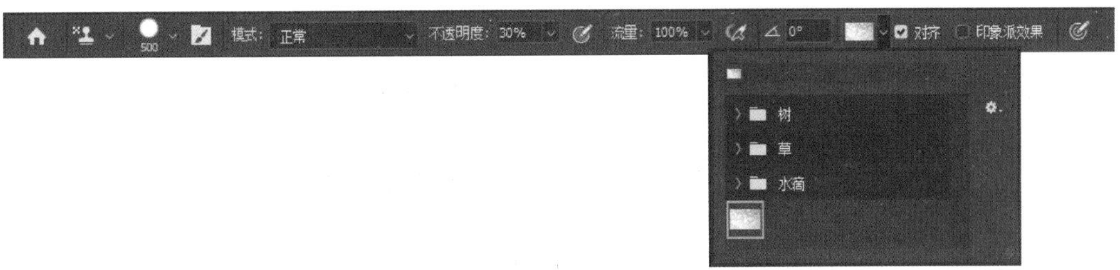

图 1-2-18 “图案”拾色器

（2）按住鼠标左键，在选区中均匀涂抹以绘制白云，如图 1–2–19 所示。

图 1-2-19　绘制白云

7. 用仿制图章工具修饰绘制的白云边界

（1）单击工具箱中的“仿制图章工具”，在工具选项栏中设置大小为 150 像素的“柔边圆画笔”，如图 1–2–20 所示。

图 1-2-20 “仿制图章工具”选项栏设置

（2）按住 Alt 键，单击白云某处后松开 Alt 键，将该位置设置为取样点。

（3）在白云图案的边界上涂抹，使其看起来更自然。

（4）单击“选择”→“取消选择”命令（或按 Ctrl+D 组合快捷键）取消选区，修饰完成的效果如图 1–2–21 所示。

图 1-2-21　修饰完成的效果

提示

使用仿制图章工具处理图像时，光标“+”表示当前取样的区域，如果图像中已经定义选区，则仅在选区中修饰图像。

使用仿制图章工具时，单击“窗口”→“仿制源”命令，打开仿制源面板，使用该面板可以设置不同的仿制源，最多可以设置 5 个仿制源。仿制源可以针对一个图层，也可以针对多个图层。

使用仿制图章工具处理图像时，宜少量多次、反复取样和复制，避免画面不连贯、不自然，该方法不适用于色彩繁杂的图像。

8. 调整“石林”图层饱和度

（1）在图层面板中单击“石林”图层，使之成为当前图层。

（2）单击“图像”→“调整”→“自然饱和度”命令，弹出“自然饱和度”对话框，设置自然饱和度为 +60、饱和度为 100，如图 1-2-22 所示，单击“确定”按钮。

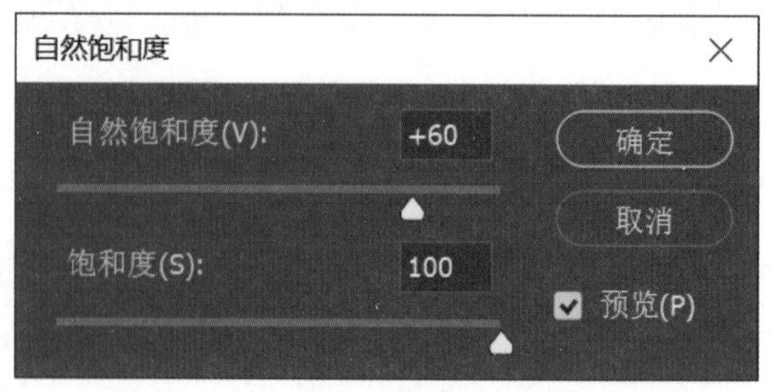

图 1-2-22　调整“石林”图层饱和度

9. 保存图像文件

单击“文件”→“存储为”命令，将文件以 PSD 格式保存，以方便后期修改。

在 Photoshop 中进行操作的过程中，为了防止修改后的文件仍以同名文件存储而覆盖掉修改前的原文件，可单击“文件”→“存储副本”命令以同名存储为副本。此外，在弹出的“存储副本”对话框中，还可以选择其他图像格式，如图 1-2-23 所示。完成保存操作后退出 Photoshop 2023。

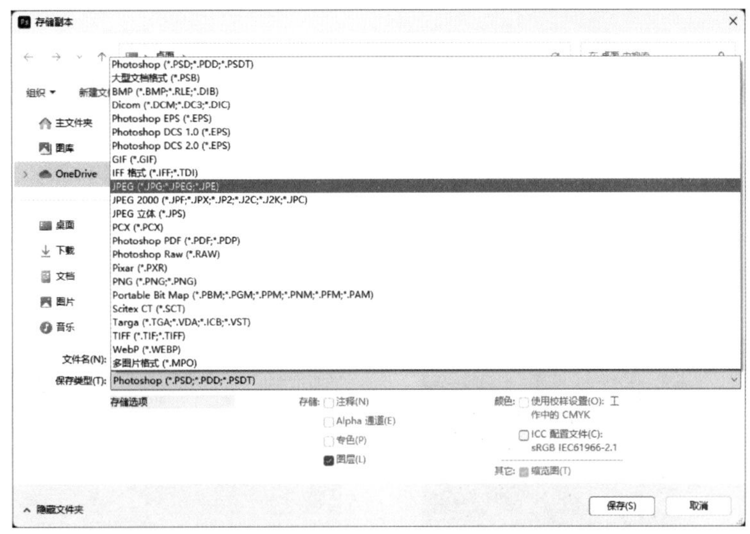

图 1-2-23 “存储副本”对话框

任务 3　制作人景合成图像效果

1. 掌握图层的重命名、隐藏和合并等基本操作。
2. 熟悉选区的羽化等修改操作。
3. 能使用磁性套索工具和快速选择工具等创建选区。
4. 能使用污点修复画笔工具和修复画笔工具修复图像。

任务分析

在用 Photoshop 进行图像处理时，经常要将风景图像、人物图像合成为一幅图像。同时，在图像处理过程中，可能在素材中会出现不理想的部分，如污点或杂物，对于这样的情况，可以通过污点修复画笔工具、修复画笔工具等修复图像，以达到预期的效果。

本任务要求将图 1–3–1 和图 1–3–2 所示的江岸、人物图像素材合成为图 1–3–3 所示的效果。首先使用磁性套索工具对人像抠图并进行调整，然后对人像和人像衣物上的污点及杂物使用污点修复画笔工具和修复画笔工具进行修复，最后使用移动工具调整抠出的人像与背景图像的位置，将江岸和人物两幅图像融合在一起，实现图像合成。本任务的学习重点是磁性套索工具、污点修复画笔工具和修复画笔工具的使用方法。

图 1–3–1　江岸图像素材

图 1–3–2　人物图像素材

图 1-3-3　人景合成图像效果

一、图像对象的置入

1. 置入嵌入对象

单击“文件”→“置入嵌入对象”命令，可将所选的图像嵌入到当前画布中，图像会自动适应画布大小并显示自由变换控件，在调整好图像大小后，按下回车键即可。

2. 置入链接的智能对象

链接的智能对象的内容来自外部图像文件，当源图像文件发生更改时，链接的智能对象图层也会随之更新。若修改外部图像文件的位置，则需要重新链接文件。链接的智能对象的图层缩览图上会显示一个小铁链图标。置入链接的智能对象的优点是可以减小 PSD 文件。

二、图层的基本操作

1. 创建图层

创建图层就是新建图层，即新建一个空白图层。按 Ctrl+Shift+N 组合快捷键即可创建图层。

2. 选择图层

在编辑图层前，先要选择需要编辑的图层，可通过图层面板或移动工具选择图层。

3. 重命名图层

为了区分图层，可对图层进行重命名。在图层面板中双击图层名称即可编辑图层名称，按回车键完成修改。

4. 显示 / 隐藏图层

在图层面板中，有“指示图层可见性”图标的图层为显示图层，反之为隐藏图层。在按住 Alt 键的同时单击“指示图层可见性”图标，将只显示当前图层。

5. 合并图层

选中多个图层后可以将其合并为一个图层，而不再保留原有的图层信息。

6. 链接图层

链接图层将多个图层关联在一起，以便对链接好的图层进行整体操作。例如，移动其中一个图层，其他所有被链接的图层也一起移动。

7. 图层编组

单击图层面板中的“创建新组”按钮可将选定的图层放在一个文件夹里，或者按 Ctrl+G 组合快捷键也可进行图层编组。

8. 删除图层

单击图层面板中的“删除图层”按钮可以直接将多余的图层删除。

三、套索工具组

套索工具组中包含 3 个工具，分别是套索工具、多边形套索工具和磁性套索工具，如图 1-3-4 所示。

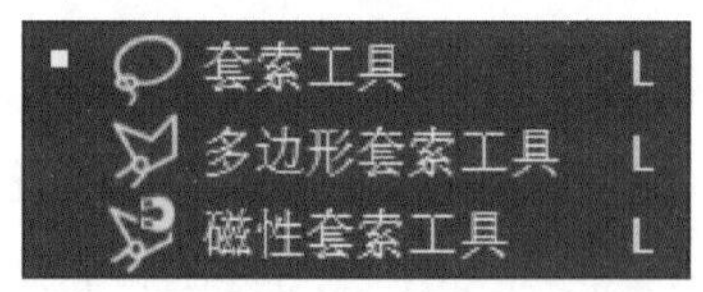

图 1-3-4 套索工具组

1. 套索工具

套索工具是最基本的选区工具，在处理图像时起到非常重要的作用。套索工具用于创建任意不规则的选区，但选取的选区边缘粗略，并不精细。

2. 多边形套索工具

多边形套索工具用于创建具有直线轮廓的选区，如三角形、四边形等多边形选区。

3. 磁性套索工具

用磁性套索工具选取选区时要求图像区域边界比较清晰，此工具一般用于处理主体与背景颜色反差明显，并且主体边缘相对清晰的图片。其使用方法是先单击工具箱中的“磁性套索工具”，然后单击主体边缘某处作为选区的起点，磁性套索工具自动贴合主体边缘，当光标沿主体边缘回到起点并与起点重合时，磁性套索工具图标的右下角会出现一个圆圈，单击后图像主体即呈现被选取状态。

磁性套索工具通过在经过的区域分析、寻找颜色的分界形成选区。相较于磁性套索工具，魔棒工具更快捷，只需单击颜色区域即可快速选取选区。在实际使用过程中可以根据具体情况选用最佳的工具，以达到所需的效果。

四、污点修复画笔工具组

污点修复画笔工具组中包含污点修复画笔工具、修复画笔工具、修补工具、内容感知移动工具和红眼工具，如图 1–3–5 所示，可以对图像中的瑕疵和缺陷进行修复，按 Shift+J 组合快捷键可以在该工具组中的各工具之间进行切换。

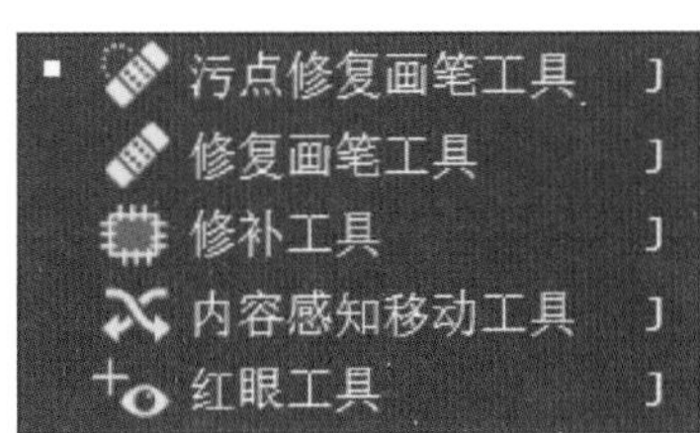

图 1–3–5　污点修复画笔工具组

1. 修复画笔工具

修复画笔工具可以通过复制局部图像对图像中有缺陷的区域进行修复。其方法是，首先按住 Alt 键 + 鼠标左键取样，然后松开鼠标左键并移动光标到需要修复的区域，再按住鼠标左键进行涂抹即可。

修复画笔工具与仿制图章工具类似，区别在于前者会识别周围环境以达到融合的效果，而后者是完全复制的效果。

2. 污点修复画笔工具

污点修复画笔工具是 Photoshop 中处理图片常用的工具之一，利用此工具可以快速地将图片中的斑点或小块杂物等不理想的部分处理干净。

污点修复画笔工具与修复画笔工具不同，污点修复画笔工具不需要取样，主要使用图像或图案中固有像素的纹理、光照、阴影和透明度与所修复的像素相匹配，一般用于修复比较小的污点。

污点修复画笔工具最大的优点是不要求指定样本像素，只要确定好要修复图像的位置，Photoshop 就会从所修复区域的周围取样进行自动匹配。也就是说，只要在需要修复的位置画上一笔后松开鼠标就完成了修复。该工具在实际应用时比较实用，而且操作简单。

3. 修补工具

修补工具主要用于用图像其他区域的像素修补当前选择的有瑕疵的区域。修补工具能够对像素进行融合，让被修补区域与周围区域和谐过渡。

4. 内容感知移动工具

内容感知移动工具会根据某区域周围的像素自动取样填充并覆盖该区域。

5. 红眼工具

红眼工具用于去除图片中人物眼睛由闪光造成的反光斑点。

五、选区的羽化

创建选区后，可以通过图 1–3–6 所示的菜单命令根据需要对选区的边缘进行编辑修改，包括对选区边界的修改以及平滑、扩展、收缩和羽化选区等。下面重点介绍羽化选区操作。

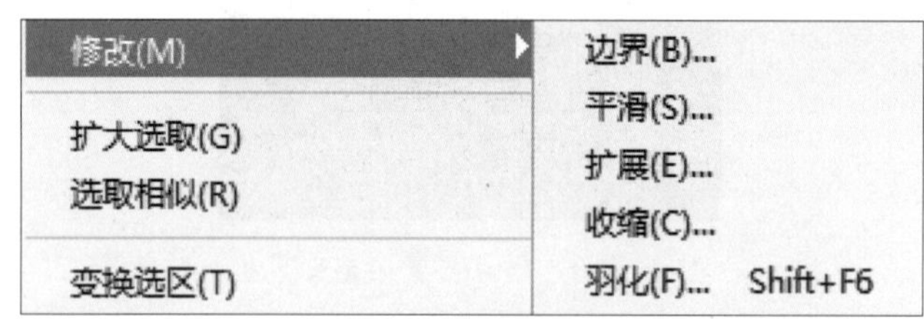

图 1-3-6 “修改”菜单命令

在通常情况下，使用选框工具建立的选区的边缘是“硬”的，在 Photoshop 中，恰当地羽化选区的边缘可以产生自然柔和的效果，从而使选区内的图像自然过渡到背景中。

1. 对已创建的选区进行羽化操作

单击“选择”→“修改”→“羽化”命令，打开“羽化选区”对话框，如图 1–3–7 所示。在该对话框中可以对羽化半径进行设置，羽化半径越大，效果就越柔和。对于抠图，在创建选区后，先单击“选择”→“反选”命令反选选区，再进行羽化操作，可以羽化所抠图像的边缘。

2. 对将要创建的选区进行羽化操作

在选框工具选项栏中的“羽化”中输入数值，可以为要创建的选区设置羽化效果。

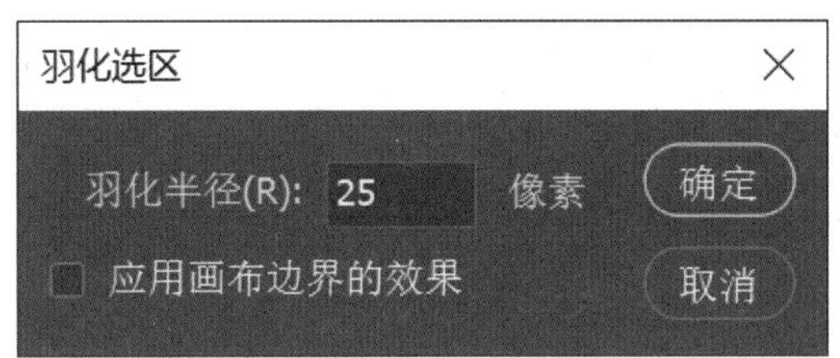

图 1-3-7　“羽化选区”对话框

1. 新建图像文件

单击“文件”→“新建”命令，弹出“新建文档”对话框，设置参数如下：名称为“快乐人像”，宽度为 800 像素，高度为 1 000 像素，分辨率为 72 像素 / 英寸，颜色模式为 RGB 颜色、8 bit（位），背景内容为透明，如图 1–3–8 所示。设置好参数后，单击“创建”按钮。

图 1-3-8　“新建文档”对话框

2. 依次置入图像文件

（1）单击“文件”→“置入嵌入对象”命令，置入素材“江岸 .jpg”，如图 1–3–9 所示。

图 1-3-9　置入素材“江岸.jpg”

（2）在工具选项栏中的“W”（宽度）的数值上单击鼠标右键，在弹出的快捷菜单中选择“像素”为单位，如图 1-3-10 所示。输入准确的宽度和高度像素值：宽度为 800 像素、高度为 1 000 像素。调好比例后，单击“√”按钮确认。

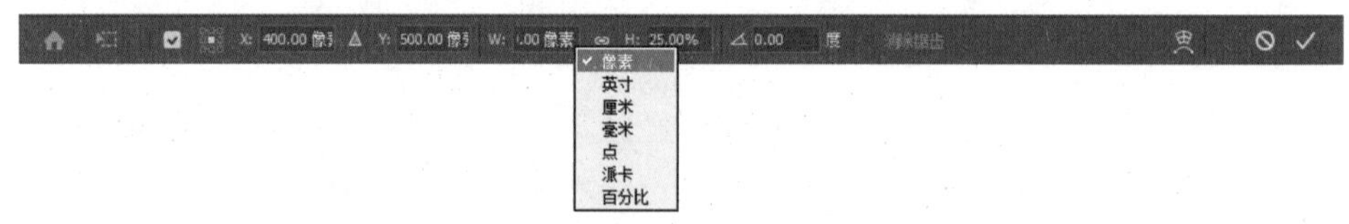

图 1-3-10　修改单位

（3）在图层面板中选中“江岸”图层并单击鼠标右键，在弹出的快捷菜单中单击“栅格化图层”命令，双击图层名称“江岸”，更改为“背景”。

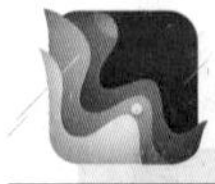

提示

栅格化图层就是对图层进行栅格化，把矢量图转换为位图，将图层转换为普通图层，以便在这些图层中使用一些绘画工具或滤镜命令。

（4）采用与上述步骤类似的方法将人物图像也置入“快乐人像”图像文件中，并参照上述步骤将其调整到相同的比例。在图层面板中选中“人物”图层并单击鼠标右键，在弹出的快捷菜单中单击“栅格化图层”命令，双击图层名称“人物”，更改为

“人像”，如图 1-3-11 所示。

图 1-3-11　“人像”图层

3. 创建人像选区

（1）在图层面板中选中“人像”图层，单击工具箱中的“磁性套索工具”，单击人像边缘，使光标沿图像边缘滑动，贴着抠图的人像部分自动生成选区，最后将选区闭合，如图 1-3-12 所示。

图 1-3-12　创建人像选区

（2）对创建的人像选区边缘进行调整。在“磁性套索工具”选项栏中单击“添加到选区”按钮，如图 1–3–13 所示。按住鼠标左键并拖动鼠标，绘制人像左手手指的区域，松开鼠标左键，此时选中的手指部分被添加到选区中，效果如图 1–3–14 所示。对人像的右手部分重复执行该步骤操作。

图 1–3–13　单击“添加到选区”按钮

图 1–3–14　左手手指部分被添加到选区中的效果

（3）调整头发和腰身选区的边缘，减去多余的选区。在“磁性套索工具”选项栏中单击“从选区中减去”按钮，按住鼠标左键并拖动鼠标，绘制目标区域，松开鼠标左键，此时选中的部分将从选区中减去。

（4）对选区的边缘进行精细调整。单击“背景”图层的“指示图层可见性”图标隐藏该图层，单击“磁性套索工具”选项栏中的“选择并遮住”按钮，在弹出的“选择并遮住”窗口中的右侧属性面板中设置平滑为 10、羽化为 2.0 像素、对比度为 0%、移动边缘为 –5%，勾选“净化颜色”复选框，设置数量为 50%，输出到“新建图层”，如图 1–3–15 所示，单击“确定”按钮。

（5）生成一个新的图层显示选中的人像选区，并隐藏当前操作的图层，即可完成人像抠图，如图 1–3–16 所示，打开“背景”图层的“指示图层可见性”图标，取消隐藏“背景”图层。

图 1-3-15 “选择并遮住”窗口

图 1-3-16 完成人像抠图

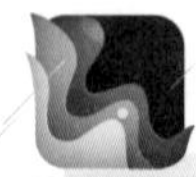

提示

使用套索工具组、魔棒工具和快速选择工具都可以创建选区。套索工具适用于创建粗略的不规则选区，在使用过程中不能闭合选区，直到最后终点与起点重合时才能闭合选区；多边形套索工具用于创建规则选区；磁性套索工具以颜色作为智能识别的分界，用于创建精确的不规则选区。魔棒工具和快速选择工具是半自动化工具，可以达到快速抠图的效果，使用非常广泛，可以灵活地增减选区的范围，多与放大镜配合使用。

4. 修复人像

（1）在图层面板中删除多余的“人像”图层，再将“人像 拷贝”图层重命名为“人像”图层，如图 1–3–17 所示。

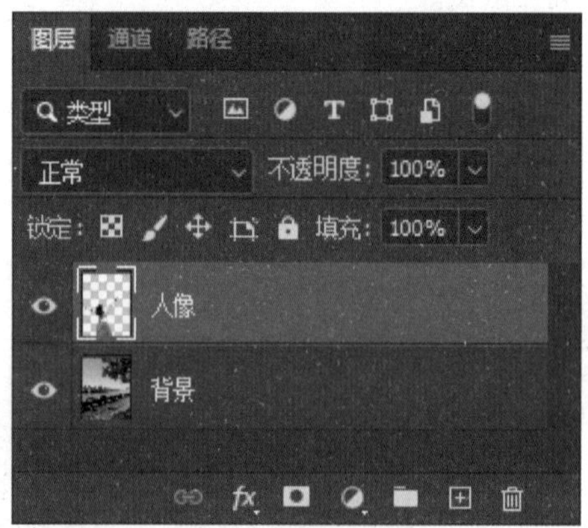

图 1–3–17　重命名图层

（2）修复人像。适当缩放画布，对焦到人像胳膊处。单击工具箱中的“污点修复画笔工具”，在“污点修复画笔工具”选项栏中设置画笔大小为 6 像素、类型为“内容识别”，如图 1–3–18 所示，在人像胳膊上的痣处涂抹直至将痣去除，痣去除前后对比如图 1–3–19 所示。

图 1–3–18　“污点修复画笔工具”选项栏设置

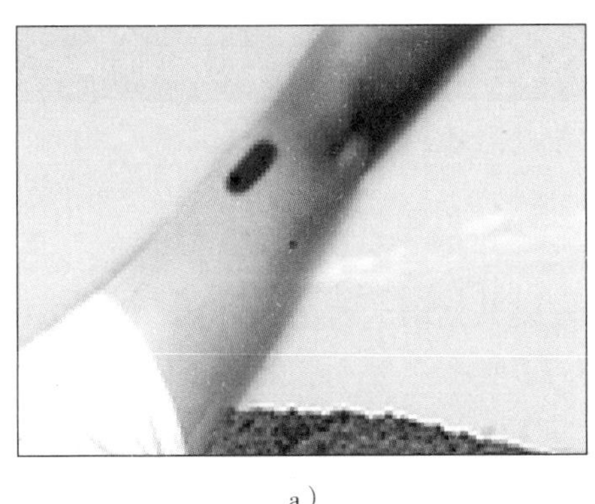
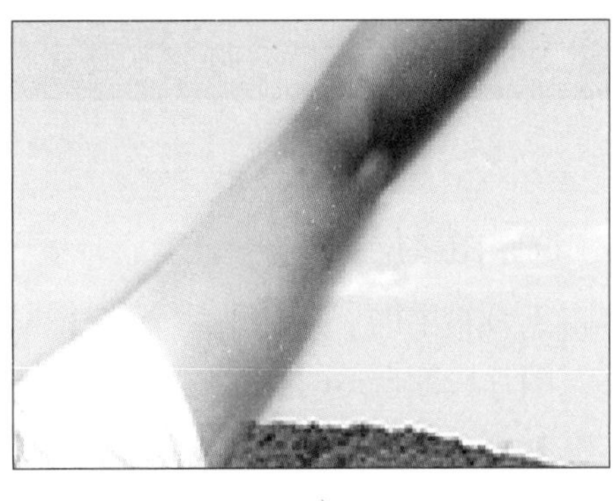

a）　　b）

图 1-3-19　痣去除前后对比
a）去除前　b）去除后

（3）单击工具箱中的“修复画笔工具”，设置模式为“正常”、样本为“当前图层”。在按住 Alt 键的同时单击以定义用来修复图像的取样点，单击裙角的花朵痕迹，用取样点颜色修复裙角为原本的颜色，花朵痕迹去除前后对比如图 1-3-20 所示。

a）　　b）

图 1-3-20　花朵痕迹去除前后对比
a）去除前　b）去除后

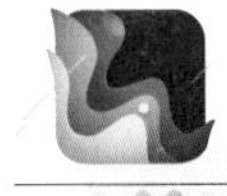

提示

用污点修复画笔工具涂抹时，画笔的大小应尽量与污点大小相近，少量多次涂抹，以便于观察污点去除的效果是否理想。

（4）美白皮肤。单击工具箱中的“减淡工具”，在“减淡工具”选项栏中设置大小为 20 像素，如图 1-3-21 所示，在手臂上涂抹，减淡阴影的痕迹，使皮肤变白。

图 1-3-21 “减淡工具”选项栏设置

5. 调整图像位置

单击工具箱中的“移动工具”，按住鼠标左键并拖动“人像”图层中的人像向下移动，移至图片底部合适的位置即可，如图 1-3-22 所示。

图 1-3-22 调整图像位置

6. 保存图像文件

首先保存一份 PSD 文件，然后单击“文件”→“存储副本”命令，在弹出的“存储副本”对话框中选择以 JPG 格式保存，完成后退出 Photoshop 2023。

任务 4　制作信封与邮票

1. 掌握网格和参考线的设置及使用方法。
2. 掌握选区的描边和填充等操作。
3. 掌握文字工具、文字图层的使用方法。
4. 能对图层进行复制、重命名及分组等操作。
5. 能正确使用矩形选框工具和魔棒工具等。
6. 能使用动作面板制作邮票的锯齿边效果。

本任务要求将图 1-4-1 和图 1-4-2 所示的地方风景素材融入信封与邮票的设计，以对宣传地方人文和本地文化起到积极的促进作用。本任务从构图上可以分为信封和邮票两个部分。信封一般包含收件人邮编、寄件人邮编、贴邮票处等，通过颜色填充、建立选区、描边、自由变换等操作完成创意设计；邮票设计通过矩形选框工具、文字工具和动作面板等完成。最后将绘制的邮票与信封进行组合，如图 1-4-3 所示。本任务的学习重点是选区描边、动作记录等操作方法。

图 1-4-1　信封风景素材

图 1-4-2　邮票风景素材

图 1-4-3　信封与邮票

一、标尺、网格和参考线

标尺、网格和参考线是 Photoshop 中的辅助工具，用于对图像进行准确的定位、选择或编辑等操作，例如，使用网格或参考线可以使绘制的图像更加整齐或者使其放置的位置更加准确。

1. 标尺

标尺主要用于精确定位图像或元素，默认情况下，标尺是显示在图像窗口的顶部和左侧的一系列刻度。

单击“视图”→“标尺”命令，勾选“标尺”后，图像窗口中即可显示标尺。按 Ctrl+R 组合快捷键可以快速显示或隐藏标尺。

2. 网格

网格是显示在图像上的规则方形格子，有助于精准对齐和放置对象，通过网格可以方便地从不同视角观察图像位置是否存在偏差。

单击“视图”→“显示”→“网格”命令（或按 Ctrl+’组合快捷键），可以显示或隐藏网格。单击“视图”→“对齐到”→“参考线”或“网格”命令，在有参考线或网格的图像中用鼠标拖动选区或图像元素时，其会自动吸附到最近的网格线或参考线上，从而较准确地定位图像。

3. 参考线

参考线是显示在图像上的蓝色直线，这些直线是不会被打印出来的，用于对齐对象或构图。将光标放在标尺上，直接按住鼠标左键，向下或向右拖出一条水平或垂直的参考线，松开鼠标左键，即可创建和移动参考线。或者单击“视图”→“参考线”→“新建参考线”命令，在弹出的对话框中设置参考线的取向、位置，即可新建参考线。单击“视图”→“参考线”→“锁定参考线”命令，可防止操作过程中因不小心移动参考线的位置。

智能参考线是一种智能化的参考线，它会在相关操作过程中自动出现。

二、矩形选框工具组

前面学习的套索工具、多边形套索工具和磁性套索工具属于不规则选框工具，矩形选框工具组中的工具均为规则选框工具，通常用于创建规则的形状区域。矩形选框工具组中包含矩形选框工具、椭圆选框工具、单行选框工具和单列选框工具，如图 1-4-4 所示。

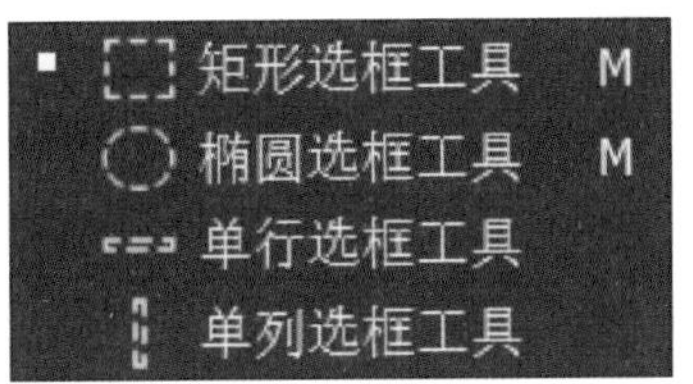

图 1-4-4　矩形选框工具组

矩形选框工具组中的工具是非常重要的操作工具，在建立、填充选区以及抠图等方面有着重要的作用，下面以矩形选框工具为例简要介绍相关操作。

1. 调用矩形选框工具

在矩形选框工具组中单击“矩形选框工具”（或按 M 键），将光标移至画布上，当光标呈“-¦-”形状时，按住鼠标左键并沿对角线方向拖动鼠标，即可创建一个矩形选区。拖动鼠标时，若按住 Shift 键，则可以创建正方形选区。

2. 添加到选区、从选区减去和与选区交叉

可以在工具选项栏中设置相关选项，再次建立选区。按 Shift 键为“添加到选区”；按 Alt 键为“从选区减去”；按 Shift+Alt 组合快捷键为“与选区交叉”。

3. 修改、扩大选区

单击“选择”→“修改”或者“扩大选取”命令，可以修改、扩大选区；或者先按 Alt+S 组合快捷键，再按 M 键修改选区，最后按 G 键扩大选区。此外，还可以进行扩展、平滑、羽化等设置。

4. 填充选区颜色

按 Alt+Delete 组合快捷键可以使用前景色填充选区，按 Ctrl+Delete 组合快捷键可

以使用背景色填充选区。也可以单击“编辑”→“填充”命令或单击工具箱中的“填充工具”对选区进行前景色、背景色、渐变色或图案填充。

三、复制图层的方法

复制图层时，可以使用菜单命令，也可以使用组合快捷键，常用的方法如下：

1. 在图层面板中选择需要复制的图层，按住 Ctrl+Alt 组合快捷键并拖动图层完成复制。

2. 在图层面板中选择需要复制的图层，单击“图层”→“复制图层”命令，弹出“复制图层”对话框，单击“确定”按钮。

3. 在图层面板中选择需要复制的图层，按住 Ctrl+J 组合快捷键复制该图层。

4. 在图层面板中用鼠标右键单击需要复制的图层，在弹出的快捷菜单中单击“复制图层”命令，弹出“复制图层”对话框，单击“确定”按钮。

5. 在图层面板中选择需要复制的图层，按住鼠标左键并拖动该图层到图层面板中的“创建新图层”按钮上后松开鼠标左键，即可复制图层。

四、文字工具组

文字是图像中不可缺少的一种元素，为图像添加适当的文字能更直观地表达主题，烘托整个图像的视觉效果。Photoshop 中带有多种不同的文字工具，能在图像中指定的位置生成所需的文字效果。文字工具组中包括横排文字工具、直排文字工具、直排文字蒙版工具和横排文字蒙版工具，如图 1-4-5 所示。

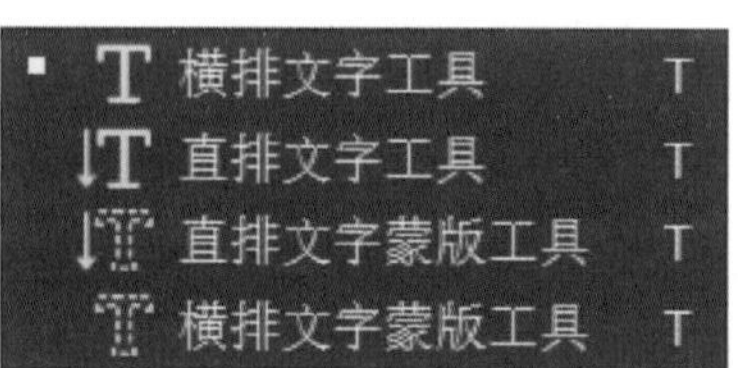

图 1-4-5　文字工具组

下面以横排文字工具为例介绍文字工具的使用方法。单击工具箱中的“横排文字工具”，在画布中单击，在出现输入光标后输入文字，即可创建横排文字。在输入过程中按回车键可换行，若要结束输入，则可按 Ctrl+ 回车组合快捷键。Photoshop 将文字以独立图层的形式存放，输入文字后将会自动创建一个文字图层，图层名称就是文字的内容，对各个文字图层可分别编辑和移动。

文字图层具有和普通图层一样的属性，如图层的混合模式、不透明度等，也可以使用图层样式。如果要更改已输入文字的内容，则选择相应的文字工具，将光标停留在文字上，当其变为“[I]”时，单击即可进入文字编辑状态。

文字工具选项栏如图 1-4-6 所示，在该选项栏中可以通过设置各项参数对文字工具进行精确的控制。

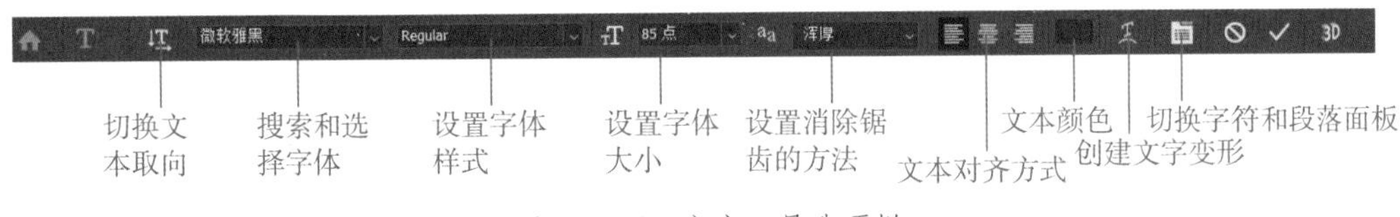

图 1-4-6　文字工具选项栏

1. 切换文本取向

单击该功能按钮可以将文字的排列方向在水平和垂直两个方向之间进行切换。

2. 搜索和选择字体

在此下拉列表中可以选择需要的字体，不同的字体可以呈现不同的风格。Photoshop 使用操作系统带有的字体，因此，对操作系统字体库进行增减会影响 Photoshop 能够使用到的字体。

3. 设置字体样式

字体样式有 Regular（标准）、Italic（倾斜）、Bold（加粗）、BoldItalic（加粗并倾斜）4 种，可以为在同一个文字图层中的每个字符单独指定字体样式。

4. 设置字体大小

在此下拉列表中有几种常用的字号，也可以手动自行设定单个字符的字号。字号的单位有像素、点、毫米，单击“编辑”→“首选项”→“单位与标尺”命令可更改单位。如果是网页设计，则通常使用“像素”作为单位；如果是印刷品设计，则通常使用“毫米”作为单位。

5. 设置消除锯齿的方法

在此下拉列表中有 7 种控制文字边缘的方法，即“无”“锐利”“犀利”“浑厚”“平滑”“Windows LCD”“Windows”。一般对于字号较大的文字，开启该功能以得到光滑的边缘，使文字看起来较为柔和。该功能只能对文字图层整体进行编辑。

6. 文本对齐方式

文本对齐方式有左对齐文本、居中对齐文本和右对齐文本等，可以为同一文字图层中的不同行指定不同的对齐方式。

7. 文本颜色

文本颜色用于设置文字的颜色，可以针对单个字符。单击色块，打开“拾色器（文本颜色）”对话框，在此对话框中可以设置当前文字的颜色。

8. 创建文字变形

使用该功能可以打开“变形文字”对话框，选择变形的样式及设置相应的参数可以使文字产生变形效果。文字变形选项只针对整个文字图层，不能单独针对某些文字。如果要制作多种文字变形的混合效果，则可以通过先将文字依次输入不同的文字图层，然后分别设定变形的方法来实现。

9. 切换字符和段落面板

使用该功能可以在字符面板和段落面板之间进行切换。

五、任务自动化

任务自动化是 Photoshop 中的一项智能操作，包含两大类，一类是动作，一类是批处理，可快速自动化处理图像文件，以提高工作效率。动作是指在单个文件或一批文件中执行一系列任务，如本任务中邮票锯齿边的制作；批处理用于将一个或多个图像文件以某种设定的规律进行变换，从而生成具有特殊效果的图像。动作面板如图 1-4-7 所示。

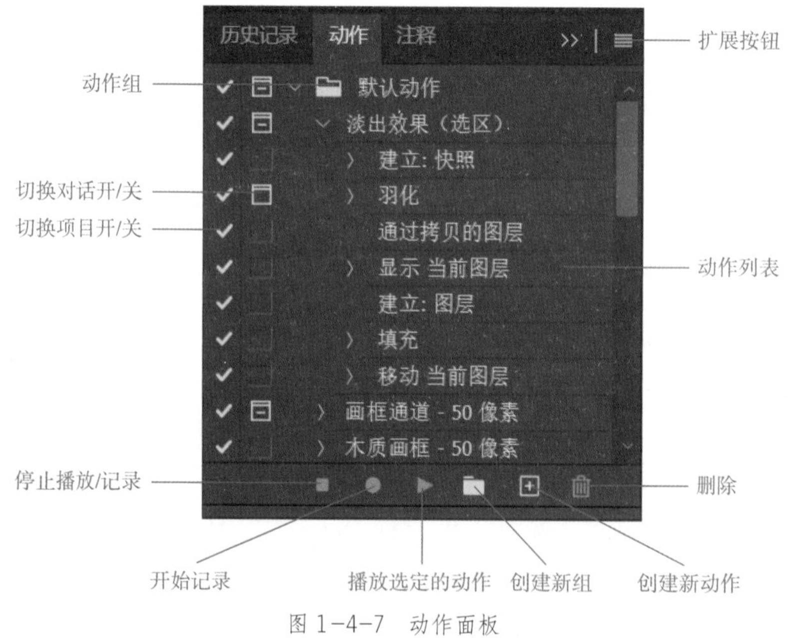

图 1-4-7　动作面板

1. 扩展按钮

单击动作面板右上角的扩展按钮，在弹出的扩展菜单中可以设置动作面板的显示模式，及对动作执行复位、载入、存储等基本操作，若执行“命令”“画框”等命令还可以载入系统的其他动作组。

2. 动作组

一个动作组可以包含多个动作，双击动作组名称可以更改该动作组的名称。

3. 切换对话开 / 关

单击此按钮可以切换此动作中所有对话框的状态。

4. 切换项目开 / 关

单击此按钮可以切换此动作中所有命令的状态。

5. 动作列表

动作列表中显示一个动作组中所包含的一系列动作。

6. 其他按钮

（1）停止播放 / 记录：单击“停止播放 / 记录”按钮，可以停止正在播放的动作或停止录制新动作。

（2）开始记录：单击“开始记录”按钮，可以记录从当前开始的所有操作步骤。

（3）播放选定的动作：当需要对图像执行某项动作时，选定该动作后，单击“播放选定的动作”按钮即可。

（4）创建新组：单击“创建新组”按钮，可以创建一个动作组存放创建的动作。

（5）创建新动作：单击“创建新动作”按钮可以创建一个动作。

（6）删除：单击“删除”按钮可以删除不需要的动作。

1. 新建图像文件

单击“文件”→“新建”命令（或按 Ctrl+N 组合快捷键），弹出“新建文档”对话框，设置参数如下：名称为“信封与邮票”，宽度为 220 毫米，高度为 110 毫米，分辨率为 300 像素 / 英寸，颜色模式为 RGB 颜色、8 bit（位），背景内容为白色，如图 1-4-8 所示。设置好参数后，单击“创建”按钮。

2. 设置前景色

单击工具箱中的“设置前景色”按钮，弹出“拾色器（前景色）”对话框，设置颜色为土黄色（R：233，G：200，B：137），如图 1-4-9 所示，单击“确定”按钮。单击工具箱中的“油漆桶工具”（或按 Alt+Delete 组合快捷键），将背景填充为设置的前景色。

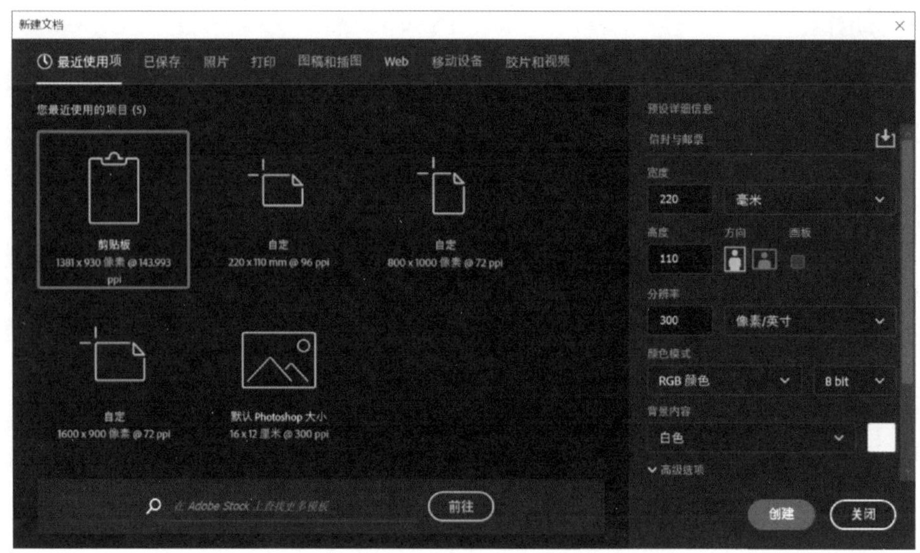

图 1-4-8 “新建文档”对话框

图 1-4-9 “拾色器（前景色）”对话框

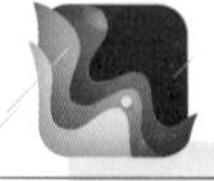

提示

直接按 D 键可恢复默认的前景色和背景色，直接按 X 键可切换前景色和背景色。

3. 设置参考线

单击“视图”→“标尺”命令（或按 Ctrl+R 组合快捷键）即可打开标尺。在标尺处单击鼠标右键，选择单位“毫米”，如图 1–4–10 所示。按住鼠标左键从左边标尺处拖出垂直方向的两条参考线，分布于 12 毫米和 19 毫米处；按住鼠标左键从上方标尺处拖出水平方向的两条参考线，分布于 9 毫米和 17 毫米处（主要为后面画正方形的格子做准备）。设置参考线的效果如图 1–4–11 所示。

图 1-4-10　选择标尺单位　　　　图 1-4-11　设置参考线的效果

也可以单击“视图”→“参考线”→“新建参考线”命令，在弹出的“新建参考线”对话框中设置水平或垂直方向上的参数值。

4. 绘制正方形

（1）单击“图层”→“新建”→“图层”命令（或按 Ctrl+Shift+N 组合快捷键），弹出“新建图层”对话框，修改名称为“收件人邮编”，如图 1–4–12 所示，单击“确定”按钮。

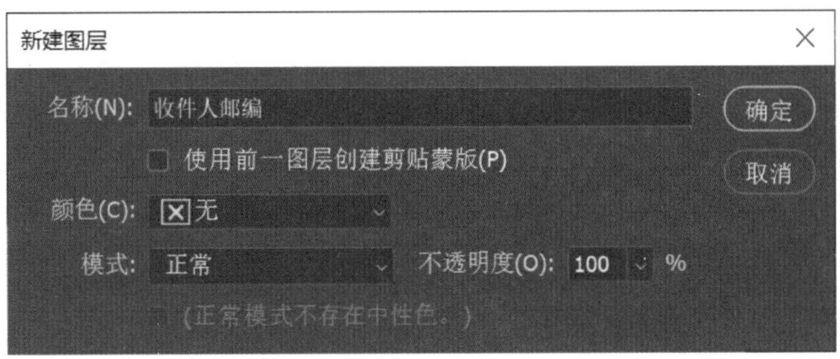

图 1-4-12　新建“收件人邮编”图层

（2）单击工具箱中的“矩形选框工具”，在参考线相交处绘制一个正方形选区，如图 1–4–13 所示。

图 1-4-13　绘制正方形选区

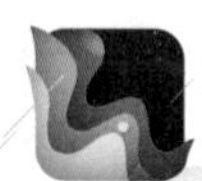

提示

在画布中使用矩形选框工具创建选区时，可以根据系统提示的数值实时调整；若选区需要有精确大小及位置时，建议搭配参考线或网格绘制选区。

（3）单击“编辑”→“描边”命令，也可以单击鼠标右键，在弹出的快捷菜单中单击“描边”命令，如图 1-4-14 所示，弹出“描边”对话框，设置宽度为 9 像素、颜色为红色（R：255，G：0，B：0）、位置为“居外”，如图 1-4-15 所示，单击“确定”按钮，描边效果如图 1-4-16 所示。

取消选择
选择反向
羽化...
选择并遮住...
存储选区...
建立工作路径...
通过拷贝的图层
通过剪切的图层
新建图层...
自由变换
变换选区
填充...
描边...
内容识别填充...
删除和填充选区
上次滤镜操作
渐隐...
渲染 3D 图层
从当前选区新建 3D 模型

图 1-4-14　单击“描边”命令

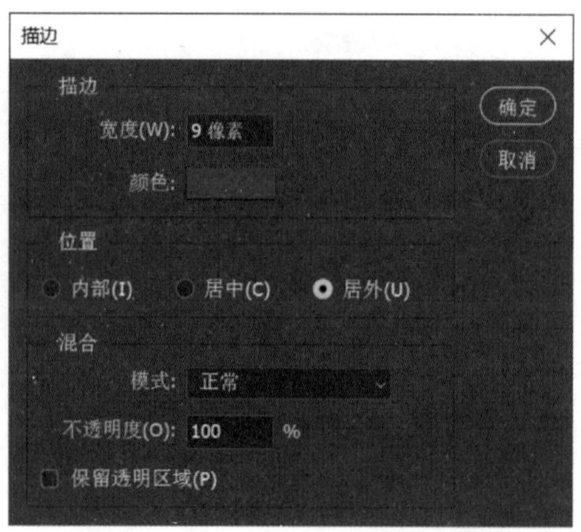

图 1-4-15　设置“描边”参数

图 1-4-16　描边效果

（4）单击“选择”→“取消选择”命令（或按 Ctrl+D 组合快捷键）取消选区。

5. 复制“收件人邮编”图层，调整正方形的位置

（1）在图层面板中单击选中“收件人邮编”图层，单击“图层”→“复制图层”命令，弹出“复制图层”对话框，如图 1-4-17 所示，单击“确定”按钮，生成“收件人邮编 拷贝”图层（或按 Ctrl+J 组合快捷键快速复制图层），再连续复制“收件人邮编”图层 4 次。

（2）单击“视图”→“参考线”→“新建参考线”命令，在弹出的“新参考线”对话框中设置垂直方向上的参数值，如图 1-4-18 所示。

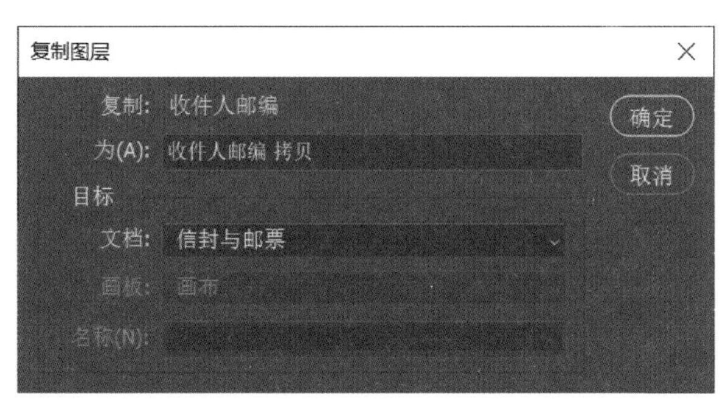

图 1-4-17　“复制图层”对话框

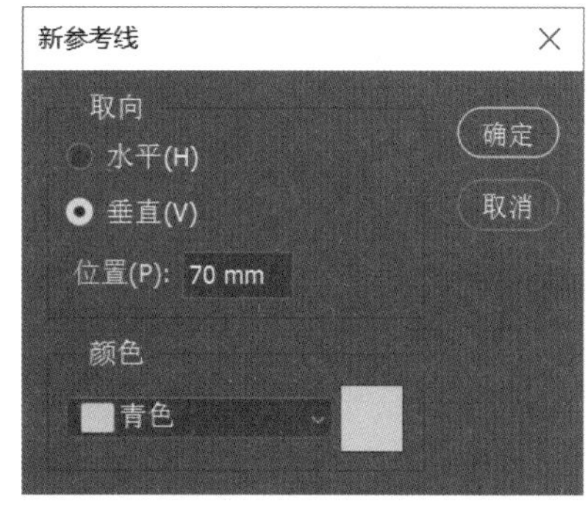

图 1-4-18　“新参考线”对话框

（3）选中其中的一个图层，单击工具箱中的“移动工具”，按住 Shift 键往右拖动并放置最后一个正方形邮编格子，如图 1-4-19 所示。

（4）按住 Ctrl 键，同时单击选中正方形的 6 个图层，单击工具选项栏中的“水平分布”按钮▮，6 个正方形在水平方向上均匀分布，效果如图 1-4-20 所示。

图 1-4-19　放置最后一个正方形邮编格子

图 1-4-20　6 个正方形在水平方向上均匀分布的效果

提示

在绘制邮编格子时，也可以使用以下方法：单击“视图”→“显示”→“网格”命令（或按 Ctrl+’组合快捷键），即可打开或隐藏网格。默认的网格是以灰色的直线来显示的。绘制正方形时，当光标移到网格处时可以对齐网格，使绘制的图形的边缘与网格重合，自动吸附在网格上，方便绘制。

6. 制作信封的寄件人邮编

新建垂直方向的参考线，分布于 170 毫米处；新建水平方向的参考线，分布于 90 毫米处。单击工具箱中的“横排文字工具” T，在工具选项栏中设置字体为宋体、字体大小为 12 点、文本颜色为红色，如图 1-4-21 所示。在文档空白处单击，输入文字“邮政编码:”，在工具选项栏中单击“提交”按钮，效果如图 1-4-22 所示。

图 1-4-21　文本参数设置

图 1-4-22　文本效果

7. 复制素材文件到新建的文件中

（1）单击“文件”→“打开”命令，弹出“打开”对话框，选择素材“城墙 .jpg”，单击“打开”按钮。

（2）先单击“选择”→“全部”命令（或按 Ctrl+A 组合快捷键），选择全部图像，再单击“编辑”→“拷贝”命令（或按 Ctrl+C 组合快捷键）。

（3）单击“信封与邮票”图像窗口名称，将“信封与邮票”图像窗口作为当前窗口，单击“编辑”→“粘贴”命令（或按 Ctrl+V 组合快捷键），效果如图 1-4-23 所示。

8. 修改图层名称

在图层面板中单击选中图层 1，单击“图层”→“重命名图层”命令，也可以双击图层名称快速激活重命名图层功能，将图层名称修改为“城墙”，如图 1-4-24 所示，按回车键提交修改，关闭“城墙”图像窗口。

图 1-4-23　粘贴素材文件

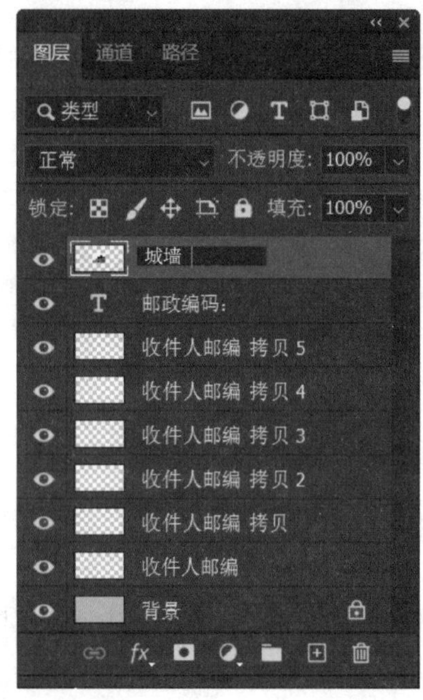

图 1-4-24　重命名图层

提示

如果有多个文字图层且在画面布局上较为接近，为了便于选中要编辑的文字图层进行文字编辑，可以先将其他的文字图层隐藏，被隐藏的文字图层是不能被编辑的。

9. 调整城墙图像的大小和位置

（1）单击“编辑”→“自由变换”命令（或按 Ctrl+T 组合快捷键），图像四周出现自由变换控件，在工具选项栏中单击“保持长宽比”按钮。

（2）拖动自由变换控件 4 个角的任意一个角手柄调整图像大小，确定好大小后，单击鼠标右键，在弹出的快捷菜单中单击“水平翻转”命令（或在工具选项栏中设置水平缩放为 -100.00%），调整好素材后单击工具选项栏中的“提交变换”按钮（或按回车键）。

（3）单击工具箱中的“移动工具”，按住鼠标左键将城墙图像拖动到合适的位置，如图 1-4-25 所示。

图 1-4-25　将城墙图像拖动到合适的位置

10. 用魔棒工具抠出建筑物

（1）单击工具箱中的“魔棒工具”，单击城墙图像的白色背景处，选中图像的白色背景选区。

（2）单击“编辑”→“清除”命令（或按 Delete 键），删除白色背景。

（3）单击“选择”→“取消选择”命令（或按 Ctrl+D 组合快捷键）取消选区。用魔棒工具抠出建筑物的效果如图 1-4-26 所示。

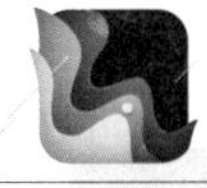

提示

魔棒工具是 Photoshop 工具箱中的一种快捷的抠图工具，常用于处理一些边界比较明显的图像。使用魔棒工具可以快速选取相同的色彩，从而达到将图像快速抠出的目的。

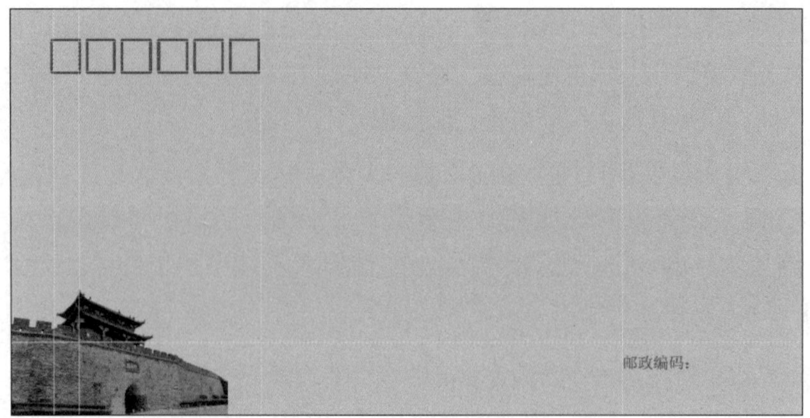

图 1-4-26　用魔棒工具抠出建筑物的效果

11. 调整图层的混合模式

在图层面板中单击“城墙”图层，设置图层的混合模式为“正片叠底”，效果如图 1-4-27 所示。

图 1-4-27　正片叠底效果

12. 制作信封右上角的贴邮票处

（1）新建垂直方向的参考线，分布于 192 毫米处；新建水平方向的参考线，分布于 8 毫米处。单击工具箱中的“矩形工具”，在工具选项栏中设置无填充、描边颜色为红色、描边宽度为 3 像素，如图 1-4-28 所示。在图像窗口中单击，弹出“创建矩形”对话框，如图 1-4-29 所示，单击“确定”按钮，在属性面板中设置矩形的宽度（W）为 20 mm、高度（H）为 20 mm，如图 1-4-30 所示。

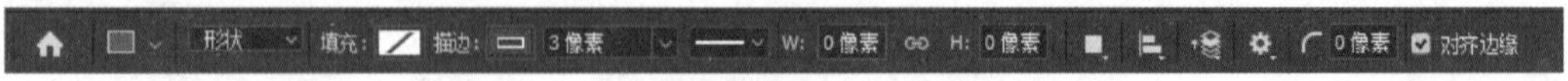

形状　填充:　描边:　3像素　W: 0像素　H: 0像素　0像素　对齐边缘

图 1-4-28　“矩形工具”选项栏设置

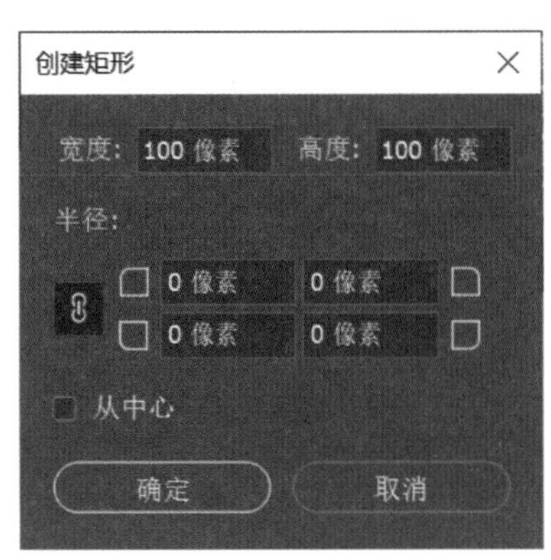

图 1-4-29 “创建矩形”对话框

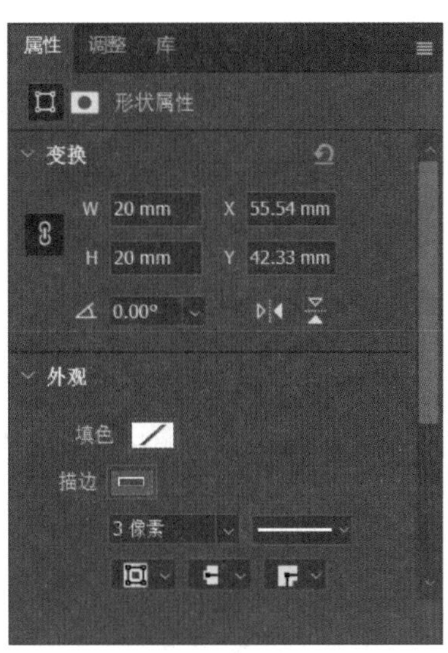

图 1-4-30 调整矩形大小

（2）单击工具箱中的“路径选择工具”，将矩形移动到新建的参考线位置，如图 1-4-31 所示。单击“图层”→“复制图层”命令，弹出“复制图层”对话框，保持默认设置，单击“确定”按钮。在工具选项栏中将线型改为虚线，其余保持不变，调整好矩形位置。

图 1-4-31 调整矩形位置

（3）单击工具箱中的“横排文字工具”，在工具选项栏中设置字体为宋体、字体大小为 12 点、文本颜色为红色，输入文字“贴邮票处”，按 Ctrl+H 组合快捷键隐藏参考线，效果如图 1-4-32 所示。

13. 导入邮票风景素材

参照步骤 7～9 打开“邮票素材 .jpg”文件，将其复制并粘贴到“信封与邮票”图像窗口中，调整图像的大小和位置，如图 1–4–33 所示，修改图层名称为“邮票”，关闭“邮票素材”图像窗口。

图 1-4-32 “贴邮票处”效果

图 1-4-33 导入邮票风景素材

14. 制作邮票锯齿边

（1）单击“窗口”→“动作”命令（或按 Alt+F9 组合快捷键），弹出动作面板，如图 1–4–34 所示。

（2）单击动作面板下方的“创建新组”按钮，弹出“新建组”对话框，修改名称为“邮票效果”，如图 1–4–35 所示，修改完成后单击“确定”按钮，新建“邮票效果”动作组。

（3）单击动作面板下方的“创建新动作”按钮，弹出“新建动作”对话框，将名称改为“邮票效果动作”，将功能键设置为 F10、颜色设置为橙色，如图 1–4–36 所示。

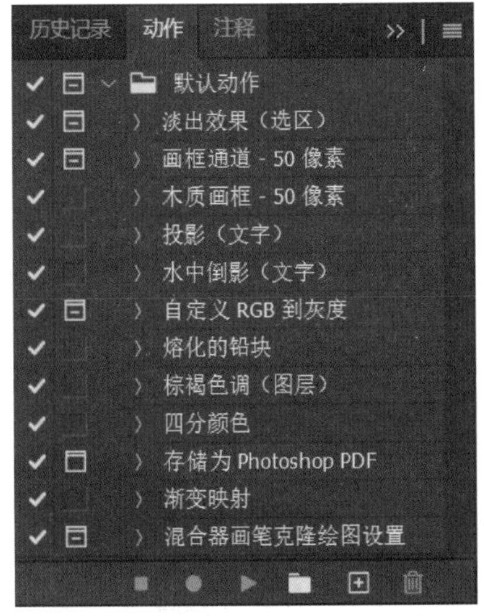

图 1-4-34　动作面板

图 1-4-35　修改新建组的名称

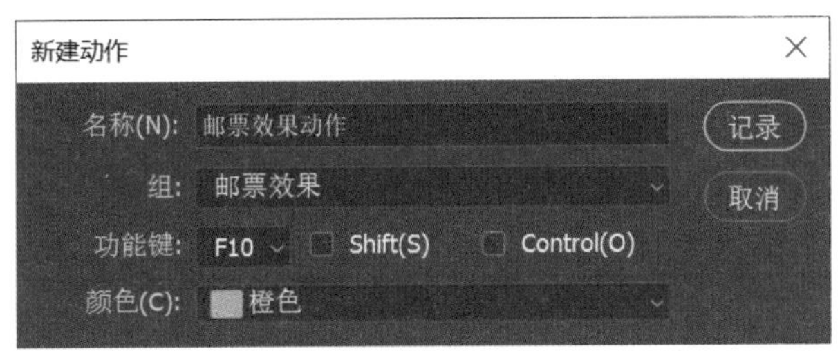

图 1-4-36　创建新动作

（4）单击“开始记录”按钮，进行邮票效果动作的录制，如图 1–4–37 所示，红色圆圈表示开始记录动作。

（5）选中“邮票”图层，单击矩形工具组中的“自定形状工具”，在工具选项栏中单击“形状”下拉按钮，选择名称为“邮票 2”的形状，如图 1–4–38 所示。

提示

如果在自定形状中找不到形状“邮票 2”，则可单击“窗口”→“形状”命令，在弹出的形状面板中单击右侧的扩展按钮▤，在展开的菜单中选择“旧版形状及其他”选项，在“旧版形状及其他”→“所有旧版默认形状 .csh”→“旧版默认形状”文件夹中找到形状。

（6）自定形状工具默认的模式是“形状”，在工具选项栏中设置模式为“路径”，

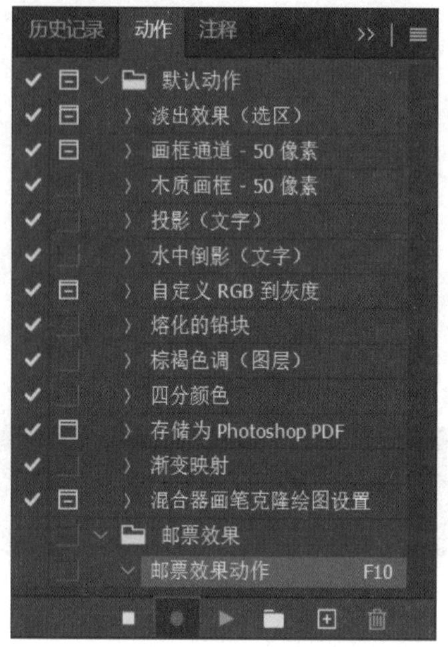

图 1-4-37 录制动作

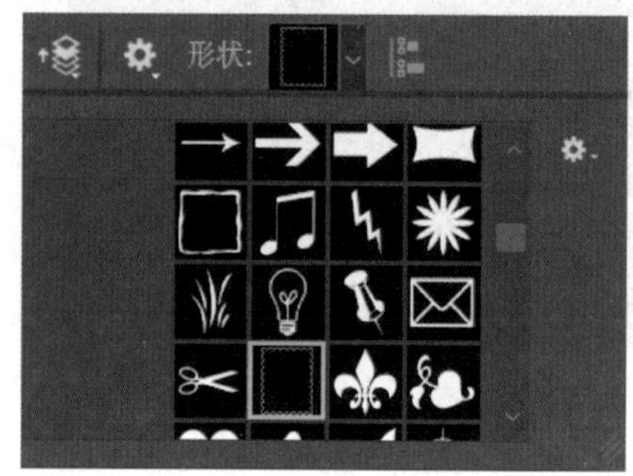

图 1-4-38 选取形状“邮票 2”

如图 1-4-39 所示，在路径选项面板中选择“定义的比例”，如图 1-4-40 所示。用自定形状工具在画布中拖动绘制邮票形状的路径，如图 1-4-41 所示。打开图层面板，单击“新建图层”按钮新建图层 2，按 Ctrl+ 回车组合快捷键转换路径为选区，将前景色设置为白色，按 Alt+Delete 组合快捷键为选区填充白色，按 Ctrl+D 组合快捷键取消选区，绘制邮票锯齿边的效果如图 1-4-42 所示。

图 1-4-39 设置“路径”模式

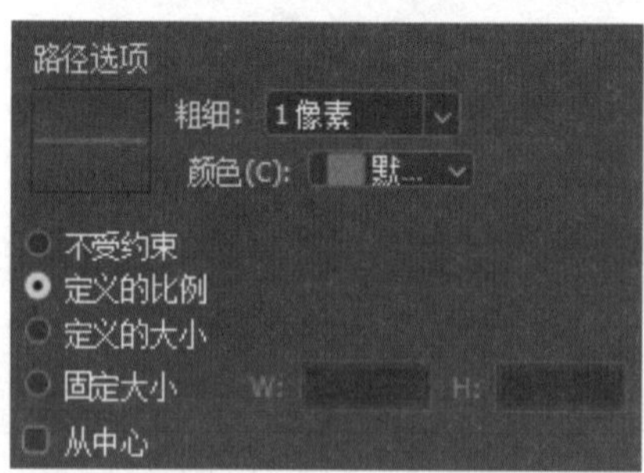

图 1-4-40 选择“定义的比例”

（7）先单击工具箱中的“魔棒工具”，再单击选取白色锯齿边外围的部分。

（8）选中“邮票”图层，先按 Delete 键删除路径，再删除选区内的图像。注意，

图 1-4-41　绘制邮票形状的路径

图 1-4-42　绘制邮票锯齿边的效果

这里一定要进行两次删除，因为路径在执行动作时会保留，必须将其删除。

删除完成后按 Ctrl+D 组合快捷键取消选区，效果如图 1-4-43 所示。

图 1-4-43　邮票锯齿边的效果

（9）单击动作面板下方的“停止播放 / 记录”按钮，结束邮票锯齿边效果的动作记录，如图 1-4-44 所示。

15. 创建新的矩形选区并描边

（1）单击“图层”→“新建”→“图层”命令（或按 Ctrl+Shift+N 组合快捷键），弹出“新建图层”对话框，新建图层，单击“确定”按钮。

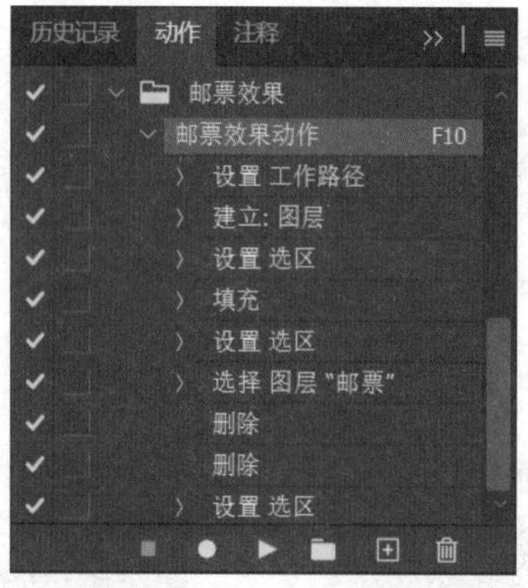

图 1-4-44　邮票效果动作

（2）单击工具箱中的“矩形选框工具”，在邮票上方绘制一个矩形选区，单击“编辑”→“描边”命令，弹出“描边”对话框，设置宽度为 1 像素、颜色为白色（R：255，G：255，B：255），单击“确定”按钮。

（3）单击“选择”→“取消选择”命令（或按 Ctrl+D 组合快捷键）取消选区，效果如图 1-4-45 所示。

图 1-4-45　矩形选区的描边效果

16. 制作邮票上的文字

（1）单击工具箱中的“横排文字工具”，在工具选项栏中设置字体为黑体、字体大小为 22 点、文本颜色为白色，在邮票对应的位置单击，输入文本“50”，单击“提交”按钮。

（2）单击工具箱中的“横排文字工具”，在“50”旁边输入“分”，设置字体大小为 12 点、文本颜色为白色。

（3）单击工具箱中的“直排文字工具”IT，在邮票对应的位置单击，输入文本“中国邮政 CHINA”，在工具选项栏中设置字体为宋体、字体大小为 14 点、文本颜色为白色，单击“提交”按钮，效果如图 1-4-46 所示。

图 1-4-46 制作邮票上的文字后的效果

17. 调整邮票的大小及位置

在图层面板中选中所有的邮票效果图层，通过自由变换工具调整邮票的大小，并将其移到“贴邮票处”的位置，如图 1-4-47 所示。

图 1-4-47 调整邮票的大小及位置

18. 将图层分组

在文件中创建了多个图层后，为了便于管理，可以对图层进行分组。在图层面板中单击“创建新组”按钮，双击图层的分组名称，重命名为“文字组”。在按住 Shift 键的同时单击选中所有的文字图层，将其移到该组中，这样该组就包含了邮票上所有的文字图层。

以此类推，图层从高到低的顺序为文字组、邮票、邮贴、图片叠加图层（城墙）、邮政编码、收件人邮编、背景，如图 1-4-48 所示。

图 1-4-48　图层顺序

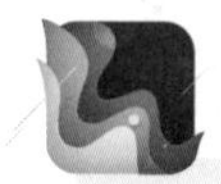

提示

为了更好地管理图层，可以适当地对图层进行分组及锁定。

19. 保存图像文件

单击“文件”→“存储为”命令，在弹出的“存储为”对话框中选择以 PSD 格式保存。完成后退出 Photoshop 2023。

项目二
图像的绘制

Photoshop 中提供了强大的图像绘制与修饰功能，使用画笔工具、铅笔工具、钢笔工具、形状工具以及描边与填充等功能可以绘制与修饰出丰富且有创意的图像效果。

本项目通过“绘制深秋枫叶风景图”“绘制文明行车宣传画”“绘制环保宣传画”“绘制生日贺卡”等任务，练习设置绘图颜色和画笔工具、自定义画笔样式以及使用渐变工具、矩形工具、自定形状工具和椭圆工具等的方法，掌握钢笔工具和路径编辑的技巧，能用路径相关工具进行字体设计，学会使用 Photoshop 绘制简单风景图、宣传画及贺卡等。

任务 1　绘制深秋枫叶风景图

1. 掌握绘图颜色的设置方法。
2. 掌握画笔工具参数的设置方法。
3. 了解颜色替换工具的使用方法。
4. 能正确选取画笔样式。
5. 能使用画笔工具绘制枫叶及草地。

任务分析

秋天，是收获的季节，也是美丽的季节。古人云：“停车坐爱枫林晚，霜叶红于二月花。”漫山遍野的枫树、火红的枫叶是秋天最吸引人的风景之一。

本任务要求利用图 2-1-1 所示的草地枯枝素材，使用画笔工具绘制枫叶及枯黄的草地，完成一幅深秋枫叶风景图，如图 2-1-2 所示。打开素材文件后，首先设置前景色和背景色，然后选取画笔样式，设置画笔笔尖形状、形状动态、散布及颜色动态等画笔属性，新建图层绘制枫叶，最后用类似的方法绘制草地和小草。本任务的学习重点是画笔工具的使用与设置方法。

图 2-1-1　草地枯枝素材

图 2-1-2　深秋枫叶风景图

相关知识

一、绘图颜色的设置

设置绘图颜色有很多种方法，包括使用拾色器、吸管工具、颜色面板及色板面板等设置绘图颜色。

1. 拾色器

单击工具箱中的“设置前景色”按钮或“设置背景色”按钮都可以打开“拾色器”对话框。在该对话框中，可以基于 HSB（色相、饱和度、明度）、RGB（红色、绿色、蓝色）、Lab［明度、a 分量（绿色 – 红色轴）、b 分量（蓝色 – 黄色轴）］、CMYK（青色、洋红色、黄色、黑色）4 种颜色模式指定颜色，也可以根据 RGB 各分量的十六进制值指定颜色。

2. 吸管工具

通过吸管工具可以从当前图像上取样，单击取样点，则可将取样点的颜色设置为前景色；在按住 Alt 键的同时单击取样点，则可将取样点的颜色设置为背景色。在使用吸管工具进行颜色取样时，会出现一个取样环，环的上部为正在取样的颜色，环的下部为上一次取样的颜色。

3. 颜色面板

单击“窗口”→“颜色”命令即可显示颜色面板，先在该面板左侧单击“设置前景色”按钮或“设置背景色”按钮，再拖动滑块或者在数值框中输入具体数值设置颜色，如图 2–1–3 所示，也可以在底部的条形色谱上单击选择颜色。单击面板右上角的扩展按钮，在弹出的扩展菜单中可以选择不同的颜色模式滑块和色谱，如图 2–1–4 所示。

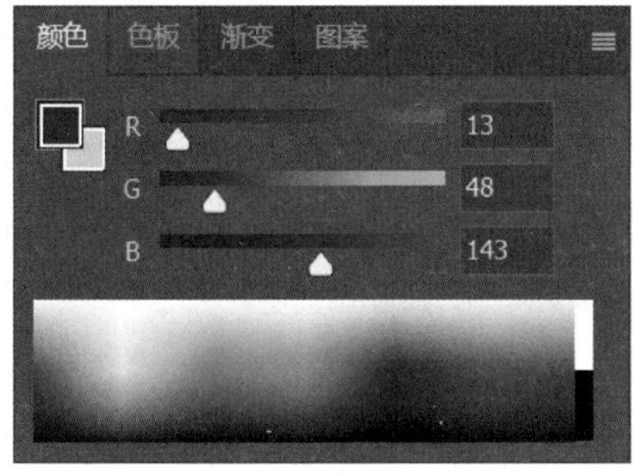

图 2–1–3　颜色面板

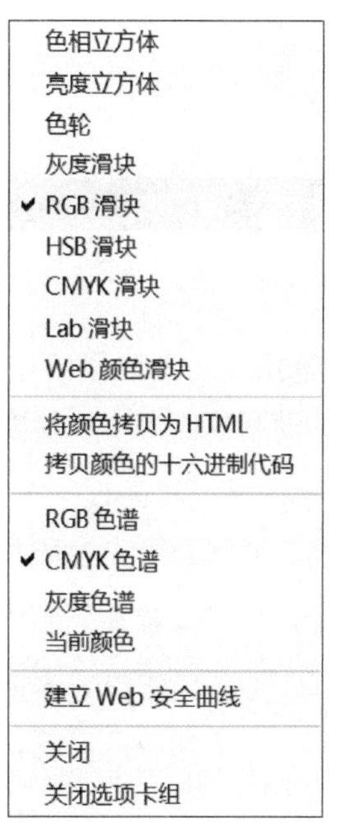

图 2–1–4　扩展菜单

4. 色板面板

色板面板中的颜色都是系统预设好的，可以直接选用，如图 2–1–5 所示。单击色板面板下方的“创建新色板”按钮，可将当前的前景色添加到色板中。单击色板面板右上角的扩展按钮，使用弹出的扩展菜单中的相关命令可追加或替换当前的颜色分组。

二、画笔工具

画笔工具是绘制图像的基本工具，既可以用于在空白图层中绘画，也可以用于

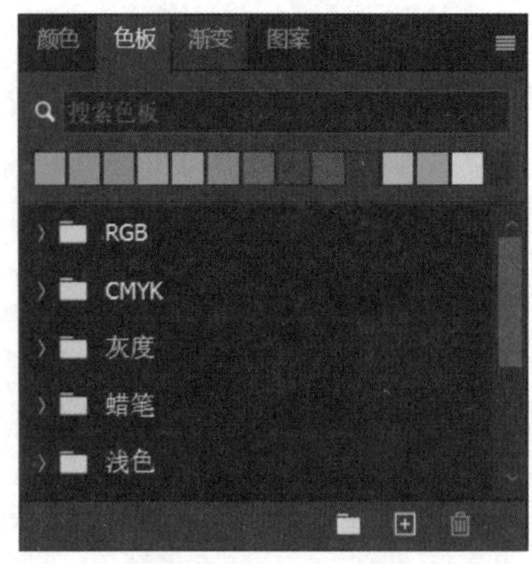

图 2-1-5　色板面板

对已有的图像进行修饰。在使用画笔工具时，必须在工具选项栏中选取一种画笔样式才可以绘制图像。“画笔工具”选项栏如图 2-1-6 所示，包括模式、不透明度及流量等属性。

图 2-1-6　“画笔工具”选项栏

“画笔预设”选取器按钮：单击该按钮可打开“画笔预设”选取器面板，在该面板中可设置画笔大小、硬度，还可以选择系统预设的画笔样式。

“切换画笔设置面板”按钮：单击该按钮可打开画笔设置面板，在该面板中可设置画笔笔尖形状、笔尖参数及特殊属性等。

模式：用于设置画笔颜色与原像素的混合模式。

不透明度：用于设置不透明度，其值越小，图像越透明。

流量：用于设置应用颜色的速率，其值越小，应用颜色就越慢。

在操作过程中，也可以使用组合快捷键调整画笔大小和硬度，具体方法如下：

按 [键或] 键可以快速调整画笔的大小，按 [键可以将画笔直径调小，按] 键可以将画笔直径调大。按 Shift+ [组合快捷键可以调小画笔硬度，按 Shift+] 组合快捷键可以调大画笔硬度。

Photoshop 画笔工具组中除了画笔工具，还有铅笔工具、颜色替换工具、混合器画笔工具等。铅笔工具可以仿照真实铅笔的绘画效果，常用于绘制卡通图案、动漫插图等。“铅笔工具”选项栏中的“自动涂抹”选项是其特有的功能，勾选此选项的复选框后，在与前景色相同的颜色区域内绘画时，铅笔工具会自动擦除图像中与前景色相同的颜色而显示背景色。

三、自定义的画笔样式

画笔样式的应用非常广泛，除了软件提供的画笔样式，还可以通过自定义画笔样式绘制出更具特色的图像效果。如果要将图像的某部分定义为画笔样式，并添加到“画笔预设”选取器面板中，方法如下：

1. 打开素材“奔马.jpg”，用套索工具选择图像“马”，如图 2–1–7 所示。

图 2-1-7　用套索工具选择图像“马”

2. 单击“编辑”→“定义画笔预设”命令，弹出“画笔名称”对话框，输入名称“奔马”，如图 2–1–8 所示，单击“确定”按钮，即可将该图像设置为画笔样式。

图 2-1-8　设置“奔马”画笔样式

3. 单击工具箱中的“画笔工具”，单击工具选项栏中的“画笔预设”选取器按钮，在“画笔预设”选取器面板中可以看到自定义的画笔样式，如图 2–1–9 所示。

四、颜色替换工具

画笔工具组中的颜色替换工具可以用于处理需要调整局部颜色而保留原有整体风格的图像，下面简单介绍其操作方法。

1. 打开素材“人物.jpg”，如图 2–1–10 所示。

2. 设置前景色为红色（R：255，G：0，B：0），在工具箱中单击“颜色替换工具”，在工具选项栏中调整画笔的大小，设置模式为“颜色”，如图 2–1–11 所示。

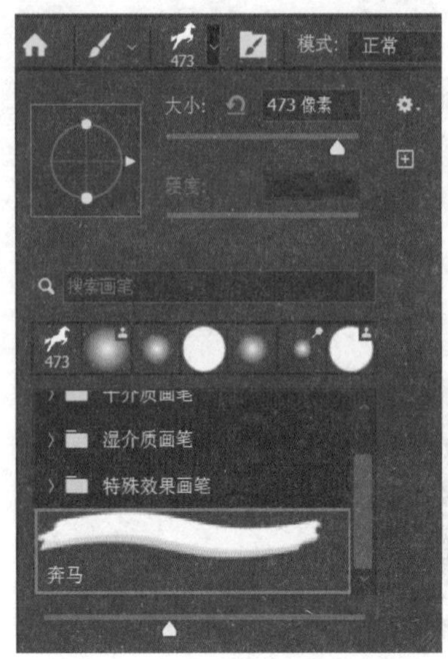

图 2-1-9 自定义的画笔样式

图 2-1-10 打开素材

图 2-1-11 “颜色替换工具”选项栏设置

3. 设置好参数后，用颜色替换工具在人物衣服上涂抹，使人物衣服变为红色，处理后的效果如图 2-1-12 所示。

图 2-1-12 使用颜色替换工具处理后的效果

任务实施

1. 打开素材图像文件

单击“文件”→“打开”命令，弹出“打开”对话框，选中素材“草地枯枝.jpg”，单击“打开”按钮，如图 2-1-13 所示。

图 2-1-13　打开素材图像文件

2. 设置前景色和背景色

（1）单击工具箱中的“设置前景色”按钮，弹出“拾色器（前景色）”对话框，设置前景色为红色（R：255，G：0，B：0），如图 2-1-14 所示，单击“确定”按钮，关闭对话框。

（2）单击工具箱中的“设置背景色”按钮，弹出“拾色器（背景色）”对话框，设置背景色为橙色（R：223，G：150，B：0），如图 2-1-15 所示，单击“确定”按钮，关闭对话框。

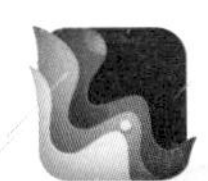

提示

在绘画时，要设置好前景色与背景色。前景色决定了使用绘画工具绘制的颜色以及使用文字工具创建的文字颜色，背景色则决定

了使用橡皮擦工具擦除的区域所呈现的颜色。在使用画笔工具的过程中可按 Alt 键调出吸管工具，拾取图像中的颜色作为画笔工具的颜色。

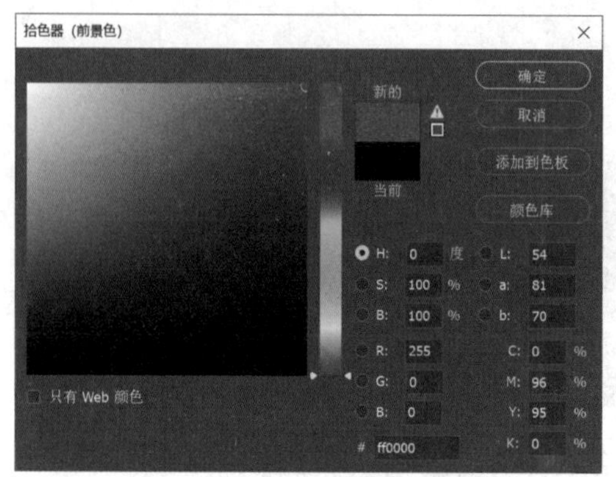

图 2-1-14　设置前景色为红色

图 2-1-15　设置背景色为橙色

3. 选取画笔样式并设置其模式

单击工具箱中的“画笔工具”，单击工具选项栏中的“画笔预设”选取器按钮，在“画笔预设”选取器面板中选取“散布枫叶”画笔样式，设置其模式为“正常”，如图 2-1-16 所示。

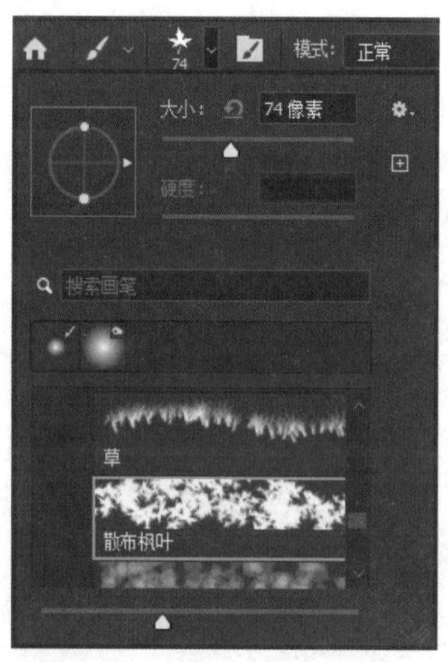

图 2-1-16　选取“散布枫叶”画笔样式并设置其模式

4. 设置画笔属性

单击“画笔工具”选项栏中的“切换画笔设置面板”按钮 （或单击“窗口”→“画笔”命令），打开画笔设置面板，设置画笔的相关参数。

（1）单击“画笔笔尖形状”，设置间距为 25%，其他参数设置如图 2–1–17 所示。

（2）单击“形状动态”，设置大小抖动为 100%，其他参数设置如图 2–1–18 所示。

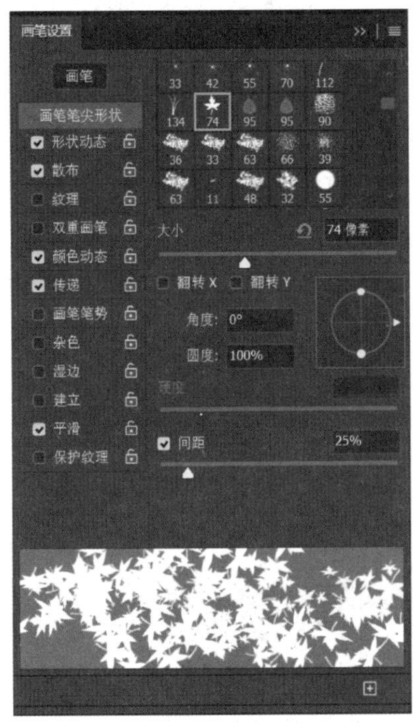

图 2–1–17　设置画笔笔尖形状

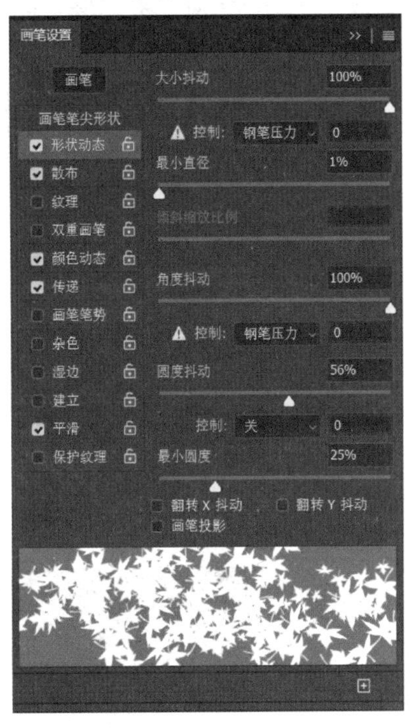

图 2–1–18　设置形状动态

（3）单击“散布”，设置散布为 450%、数量为 1、数量抖动为 98%，如图 2–1–19 所示。

（4）单击“颜色动态”，设置前景 / 背景抖动为 50%、色相抖动为 23%，如图 2–1–20 所示。

5. 绘制枫叶

（1）单击“图层”→“新建”→“图层”命令，弹出“新建图层”对话框，修改名称为“枫叶”，如图 2–1–21 所示，单击“确定”按钮，即可在背景图层上方生成“枫叶”图层。

（2）在打开的素材图像的枝干部位按住鼠标左键并拖动鼠标绘制枫叶，如图 2–1–22 所示。

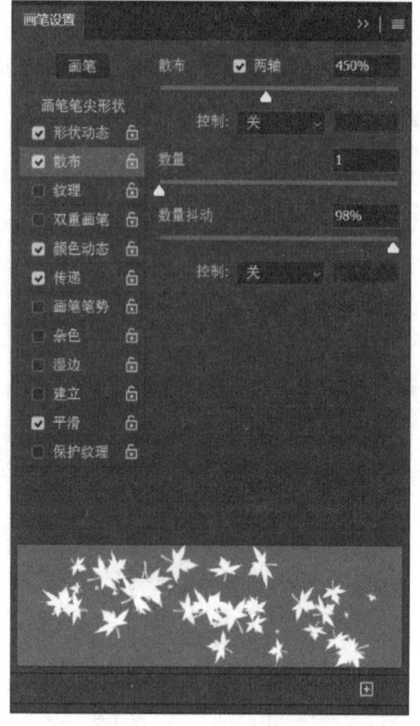

图 2-1-19　设置散布

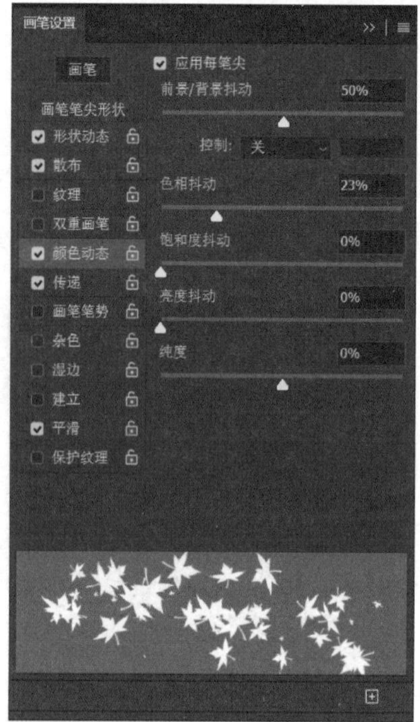

图 2-1-20　设置颜色动态

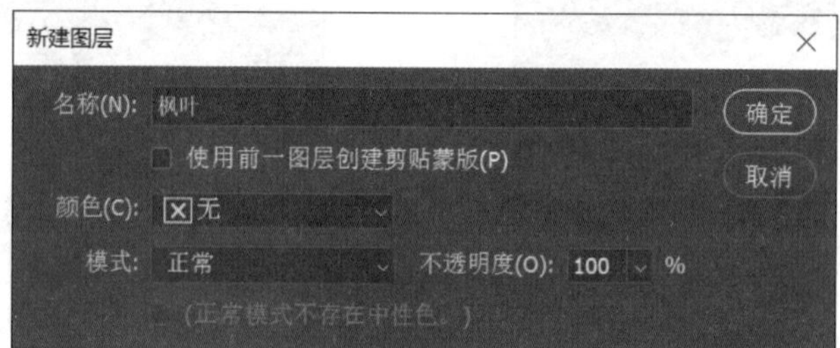

图 2-1-21　新建“枫叶”图层

图 2-1-22　绘制枫叶

6. 设置绘制草地的前景色和背景色

（1）单击工具箱中的“设置前景色”按钮，弹出“拾色器（前景色）”对话框，设置颜色为黄棕色（R：197，G：132，B：0）后单击“确定”按钮。

（2）单击工具箱中的“设置背景色”按钮，弹出“拾色器（背景色）”对话框，设置颜色为橙色（R：250，G：191，B：73）后单击“确定”按钮。

7. 绘制深秋的草地

（1）单击工具箱中的“画笔工具”，在“画笔工具”选项栏中单击“画笔预设”选取器按钮，在“画笔预设”选取器面板中选取“柔边圆”画笔样式，设置大小为125像素、硬度为0%，如图2-1-23所示，在“画笔工具”选项栏中设置模式为“正常”。

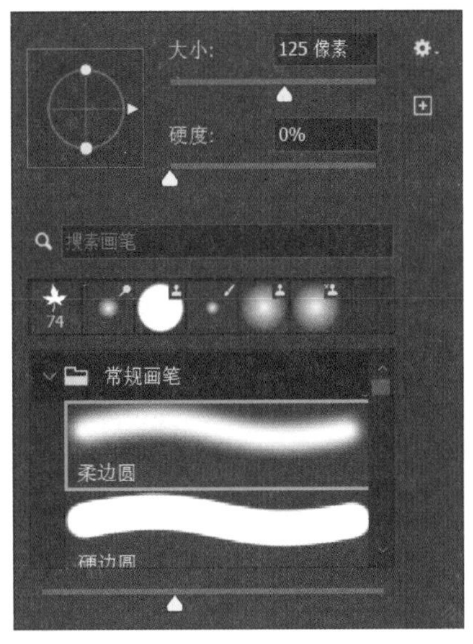

图2-1-23　选取“柔边圆”画笔样式

（2）单击背景图层，在图像底部按住鼠标左键并从左向右拖动鼠标绘制图像，直至将深秋的草地绘制完成，如图2-1-24所示。

图2-1-24　绘制深秋的草地

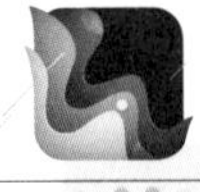

提示

画笔工具绘制的线条比较柔和；铅笔工具可以仿照真实铅笔的绘画效果，绘制的线条边缘清晰，一般用于绘制具有手绘效果的图像。

8. 设置画笔属性，绘制小草

（1）单击“图层”→“新建”→“图层”命令，弹出“新建图层”对话框，修改名称为“小草”，单击“确定”按钮，生成“小草”图层，将该图层放置于背景图层和“枫叶”图层之间。

（2）单击“画笔工具”选项栏中的“画笔预设”选取器按钮，在“画笔预设”选取器面板中选取“沙丘草”画笔样式，如图 2–1–25 所示，在“画笔工具”选项栏中设置模式为“正常”。

（3）单击“切换画笔设置面板”按钮，打开画笔设置面板，设置画笔的“散布”参数，如图 2–1–26 所示。

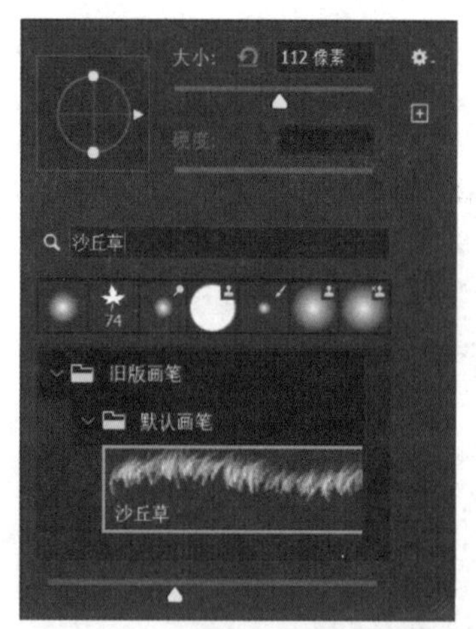

图 2–1–25　选取“沙丘草”画笔样式

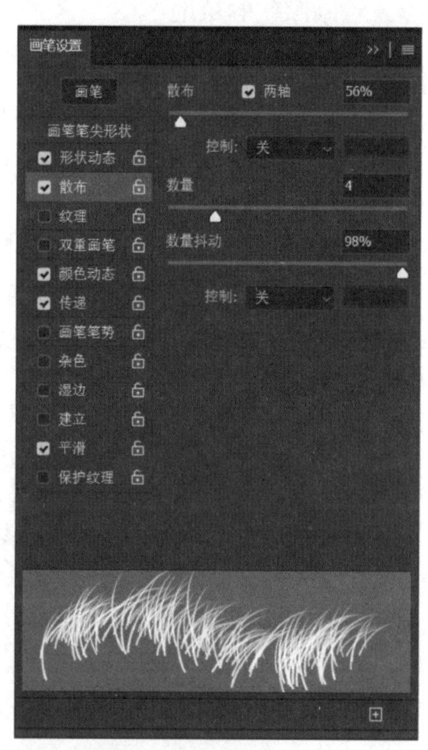

图 2–1–26　设置画笔的“散布”参数

（4）按 X 键切换前景色和背景色。

（5）在图像底部按住鼠标左键并从左向右拖动鼠标绘制小草。至此，整幅图像绘制完成，效果如图 2–1–2 所示。

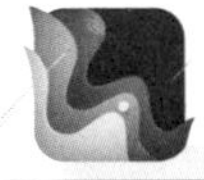

提示

如果在“画笔预设”选取器面板中没有找到“散布枫叶”和“沙丘草”画笔样式，可用以下的方法将画笔样式复位：首先单击“画笔预设”选取器面板右上角的按钮，在弹出的快捷菜单中选择“旧版画笔”，在弹出的提示对话框中单击“确定”按钮，然后在“画笔预设”选取器面板中搜索“散布枫叶”和“沙丘草”。

9. 保存和导出图像文件

单击“文件”→“存储为”命令，在弹出的“存储为”对话框中选择以PSD格式保存，设置文件名为“深秋枫叶”。单击“文件”→“导出”→“导出为”命令，在弹出的“导出为”对话框中设置文件格式为JPG，如图2-1-27所示，单击“导出”按钮，导出JPG格式文件。完成操作后退出Photoshop 2023。

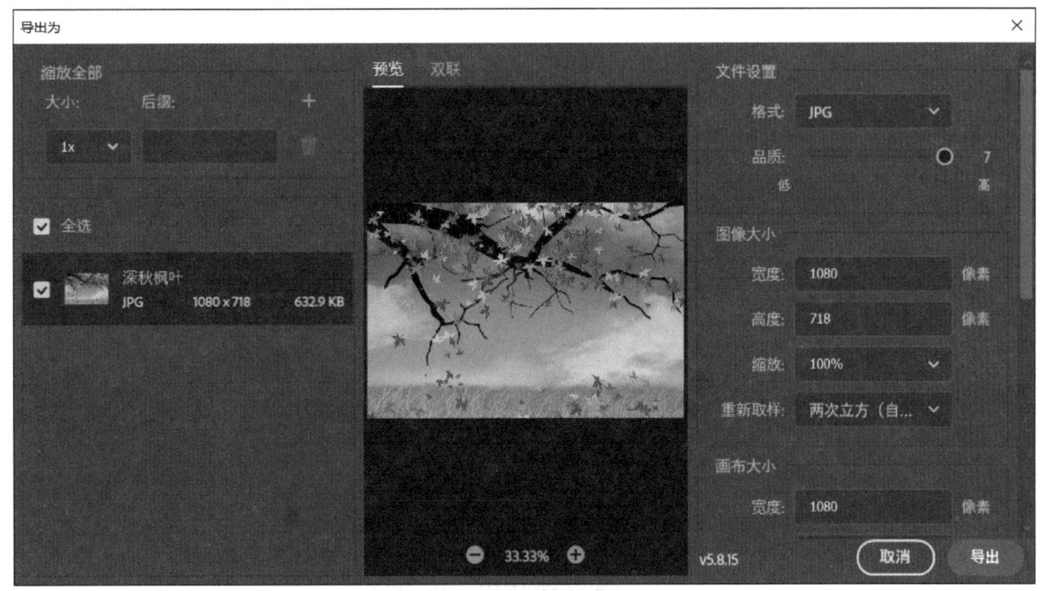

图2-1-27　“导出为”对话框

任务 2　绘制文明行车宣传画

学习目标

1. 掌握渐变工具的使用方法。
2. 能用钢笔工具绘制路径。
3. 能将路径转换为选区。
4. 能用形状工具绘制公路风景及红绿灯。

任务分析

随着社会经济持续、快速地发展，交通流量迅速增长，汽车已经成为家庭必备的交通工具。为了构建一个有序的交通环境，驾驶员在行车中必须严格遵守交通法规，做到文明驾驶、礼让行人。

本任务要求绘制一幅以“带文明上路　携安全回家”为主题的文明行车宣传画，如图 2-2-1 所示。在文明行车宣传画中使用钢笔工具绘制公路形状，使用形状工具绘

图 2-2-1　文明行车宣传画

制公路风景及红绿灯，使用文字工具制作宣传标语。本任务的学习重点是形状工具和钢笔工具的使用方法。

一、渐变工具

使用渐变工具为图像填充渐变色的方法如下：

1. 选中需要填充渐变色的图层或者选区。

2. 单击工具箱中的“渐变工具”，弹出渐变工具组（见图 2–2–2），在“渐变工具”选项栏中可以设置渐变参数、编辑渐变色和选择渐变的类型。

图 2–2–2　渐变工具组

3. 将光标移到图像中，按住鼠标左键并拖动鼠标即可完成填充。

“渐变工具”选项栏如图 2–2–3 所示，如果需要修改渐变样式，则可以在“渐变编辑器”对话框中选择预设的样式，也可以编辑修改当前的样式，并可以对色标进行颜色设置。若需要在渐变条上添加色标，只需将光标移到需要添加色标处的渐变条边缘，当光标变为小手形状时，单击即可。

图 2–2–3　“渐变工具”选项栏

二、路径

选区是 Photoshop 中的一个重要概念，而路径是形成选区的基础。路径可以转换为选区，可使用颜色对选区进行填充或对选区轮廓进行描边，路径包括开放路径和闭合路径等。钢笔工具可绘制出各种不同形状的路径。路径是由一系列由锚点控制的矢量直线段或曲线段组成的，可以对其进行修改和调整，同时也可以对其进行无损缩放。

三、钢笔工具

钢笔工具是一种重要的绘图工具，它既可以用于绘制图像，又可以用于快速抠图。钢笔工具组（见图 2–2–4）中包含钢笔工具、自由钢笔工具、弯度钢笔工具、添加锚点工具、删除锚点工具和转换点工具，钢笔工具用于新建路径，自由钢笔工具可以将绘制的线段直接变成路径，再辅以转

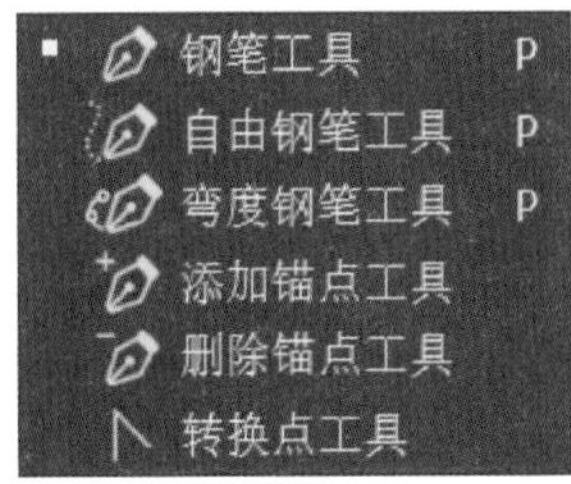

图 2–2–4　钢笔工具组

换点工具调整曲线弧度，使用添加锚点工具和删除锚点工具可以在建好的路径上增减锚点。

利用钢笔工具绘制路径时，两个锚点之间的连线就是路径。单击工具箱中的“钢笔工具”，在“钢笔工具”选项栏中设置模式为“路径”，如图 2-2-5 所示。在图像中单击确定路径的起点，将光标移动到要建立第二个锚点的位置上单击，即绘制了连接两个锚点的直线段，如图 2-2-6 所示。

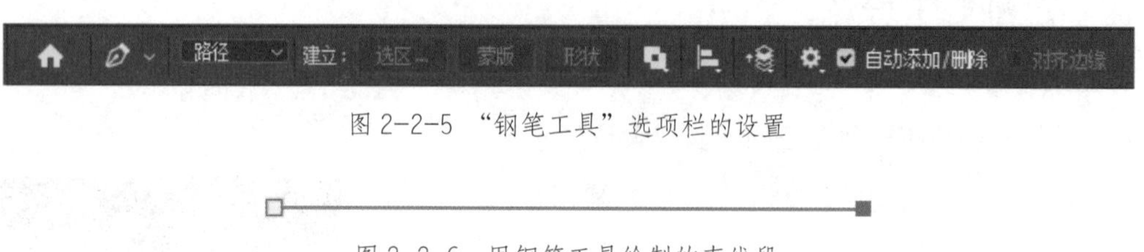

图 2-2-5 “钢笔工具”选项栏的设置

图 2-2-6 用钢笔工具绘制的直线段

线段起点的锚点是空心的，表示该锚点为未选中状态；线段终点的锚点是实心的，表示该锚点为被编辑状态。这两个锚点都没有方向线，称作直线锚点。选中锚点并按住鼠标左键不放即可利用方向线调整路径的方向和形状，按住 Ctrl 键拖动锚点可以调整方向线的长度和方向。

四、形状工具组

除了使用钢笔工具组中的工具绘制形状，还可以使用形状工具组中的工具绘制特定的形状。Photoshop 2023 中的形状工具组中包含矩形工具、椭圆工具、三角形工具、多边形工具、直线工具和自定形状工具，如图 2-2-7 所示。

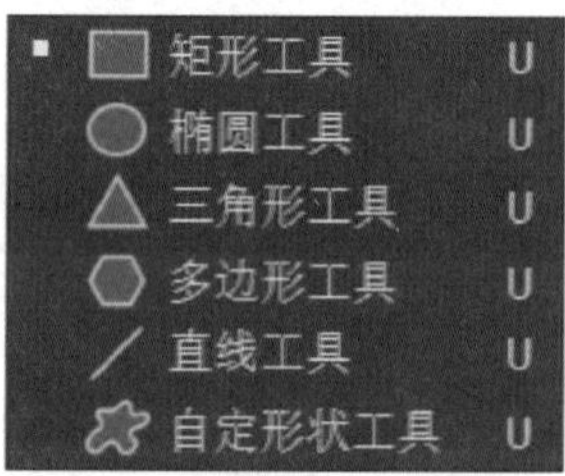

图 2-2-7 形状工具组

1. 绘制模式

“自定形状工具”选项栏和“钢笔工具”选项栏类似，都有形状、路径和像素 3 种模式，如图 2-2-8 所示。

图 2-2-8 “自定形状工具”选项栏

（1）形状模式

形状模式是最常用的模式，用于在独立的图层中创建形状。在工具选项栏中可以设置形状的填充类型（有纯色、渐变、图案 3 种），也可以通过单击“拾色器”按钮选择任意颜色。在对描边宽度进行调整时，可以输入任意参数，描边有一个隐藏功能，即描边类型的编辑功能，还可以通过单击描边选项面板中的“更多选项”按钮自定义更多线型。

形状工具的布尔运算共有 4 个布尔运算状态、1 个新建图层、1 个合并形状组件共 6 个选项。新建图层是直接绘制形状并另外新建一个图层；合并形状组件是把所有同一个图层中经过布尔运算的形状合并成新的路径形状；布尔运算状态中的合并形状是指相加，减去顶层形状是指用顶层形状减去下层形状，与形状区域相交是指显示两个形状重叠的区域，排除重叠形状是指重叠区域为空。

（2）路径模式

路径模式仅用于绘制路径，无颜色填充。其用法基本和形状模式一致，唯一不同的是，路径模式下绘制出来的路径没有图层，只能在路径面板中查看到。

（3）像素模式

像素模式用于绘制用前景色填充的图像，没有路径。

2. 自定形状工具

Photoshop 2023 中内置了丰富的矢量图形供用户选择，自定形状工具可以绘制出自定义或预设的特殊形状。绘制时光标的起点为自定形状的中心，终点为自定形状的一个顶点。单击“形状”右侧的下拉按钮▮，打开“自定形状”拾色器，如图 2–2–9 所示，在形状库中选择相应的形状即可进行绘制。

图 2–2–9 “自定形状”拾色器

如果找不到自定形状，则可以单击“窗口”→“形状”命令，在弹出的形状面板中单击右侧的扩展按钮▤，在扩展菜单（见图 2–2–10）中选择“旧版形状及其他”追加形状。

3. 多边形工具

多边形工具可以绘制出所需的多边形或星形。绘制时光标的起点为多边形的中心，终点为多边形的一个顶点，“多边形工具”选项栏如图 2–2–11 所示，可以在此工具选项栏中设置边的数量，用于绘制正多边形。

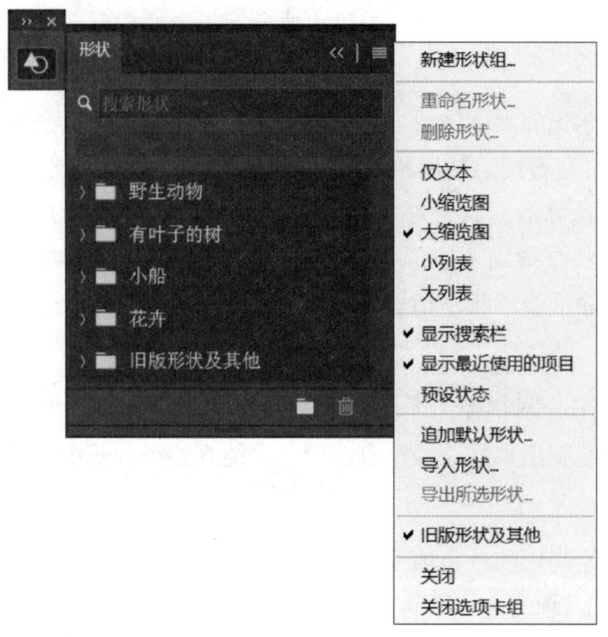

图 2-2-10　扩展菜单

图 2-2-11　“多边形工具”选项栏

1. 新建图像文件

单击“文件”→“新建”命令，弹出“新建文档”对话框，设置参数如下：名称为“文明行车”，宽度为 800 像素，高度为 1 100 像素，分辨率为 72 像素 / 英寸，颜色模式为 RGB 颜色、8 bit（位），背景内容为白色，如图 2–2–12 所示。设置好参数后，单击“创建”按钮。单击“文件”→“存储为”命令，将其保存为“文明行车 .psd”文件。

2. 给背景图层填充渐变效果

（1）设置前景色为浅绿色（R：10，G：200，B：100）、背景色为浅蓝色（R：120，G：210，B：255）。单击工具箱中的“渐变工具”，在工具选项栏中单击“线性渐变”按钮，并单击“点按可编辑渐变”按钮，弹出“渐变编辑器”对话框，选择名称为“前景色到背景色渐变”，如图 2–2–13 所示，拉一个从左下角到右上角的线性渐变，为背景图层填充渐变色，效果如图 2–2–14 所示。

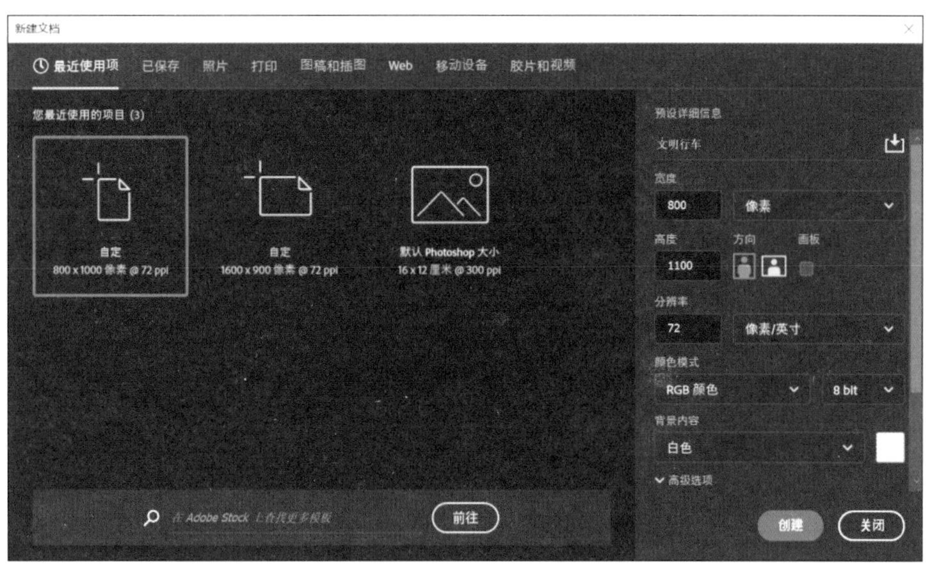

图 2-2-12　“新建文档”对话框

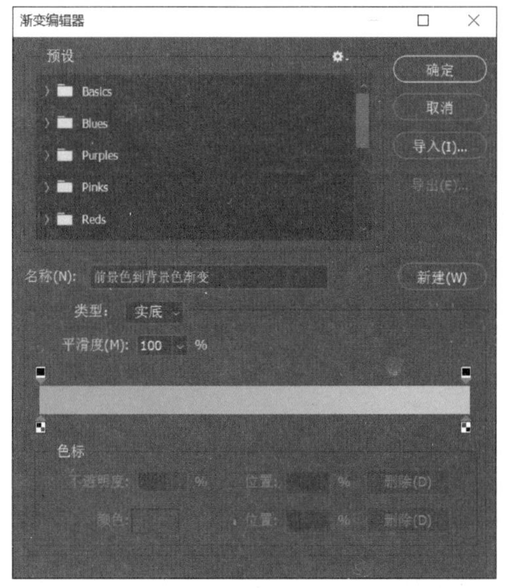

图 2-2-13　“渐变编辑器”对话框

图 2-2-14　填充渐变色的效果

（2）单击“滤镜”→“模糊”→“高斯模糊”命令，在弹出的“高斯模糊”对话框中设置半径为 300 像素，如图 2-2-15 所示，单击“确定”按钮，效果如图 2-2-16 所示。

3. 用钢笔工具绘制公路

（1）单击“视图”→“标尺”命令（或按 Ctrl+R 组合快捷键）调出标尺，调出两条参考线并找到背景图层的中心。新建图层，更名为“公路”，单击工具箱中的“钢笔

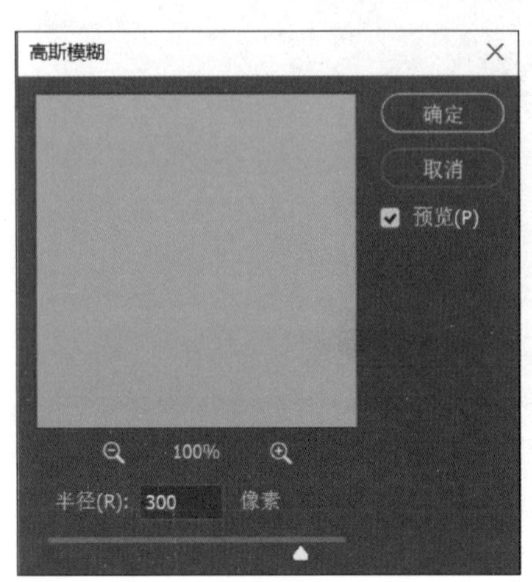

图 2-2-15　高斯模糊参数设置

图 2-2-16　高斯模糊效果

工具”，在工具选项栏中选择“路径”模式，绘制公路中间的部分，首先确定起始锚点，然后单击确定下一个锚点的位置，两点之间的连线就是路径，效果如图 2–2–17 所示。

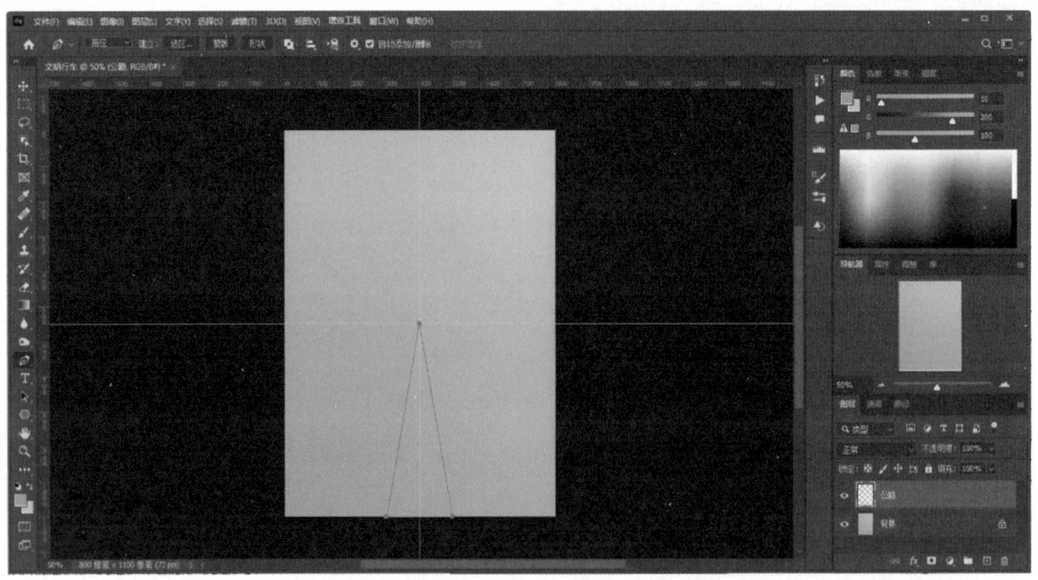

图 2-2-17　绘制公路中间的部分

（2）在图像上单击鼠标右键，在弹出的快捷菜单中单击“建立选区”命令，弹出“建立选区”对话框，单击“确定”按钮，将路径转换为选区，用油漆桶工具将选区填充为黄色（R：255，G：255，B：0），如图 2–2–18 所示。填充完成后，按 Ctrl+D 组合快捷键取消选区。

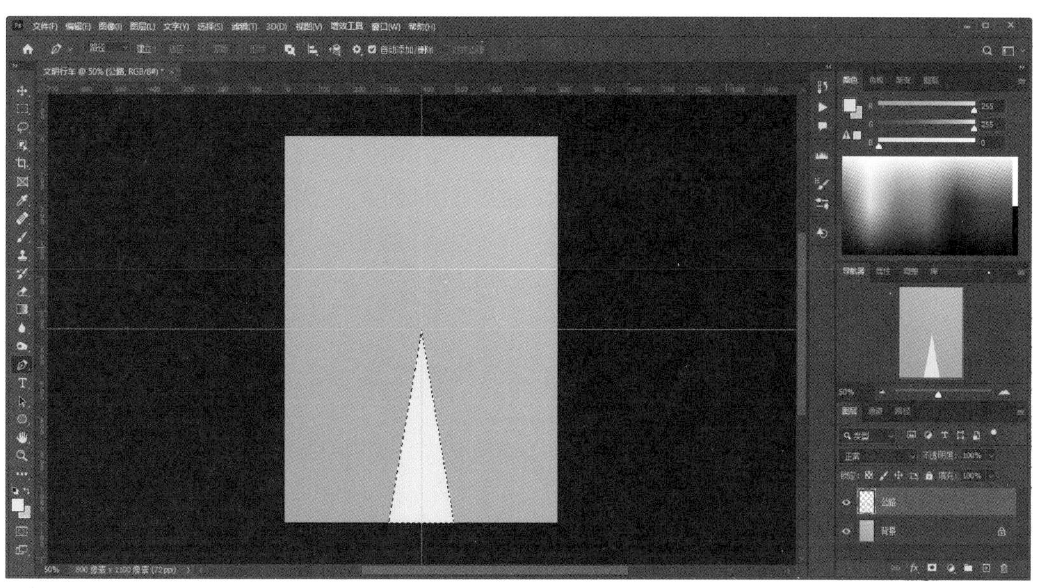

图 2-2-18　将选区填充为黄色

（3）用类似的方法绘制公路中间的黑绿色部分，将其填充为黑绿色（R：41，G：56，B：53），效果如图 2-2-19 所示；绘制公路旁边的黑色部分并填充颜色，如图 2-2-20 所示。

图 2-2-19　将公路中间部分填充为黑绿色

图 2-2-20　绘制公路旁边的黑色部分并填充颜色

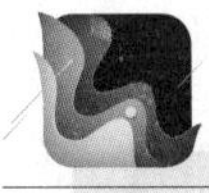

提示

路径可以通过钢笔工具绘制，也可以由选区转换而来。在图像处理中需要绘制一些特定的形状或选区时，只能使用路径制作精确的形状。

若路径不是闭合状态，填色时系统会将起点和终点视为用直线连接起来的。

单击路径面板上的“从选区生成工作路径”按钮，可以将选区转换为路径。

4. 绘制自定形状

（1）绘制云朵和太阳

在形状工具组中单击“自定形状工具”，如图 2–2–21 所示。

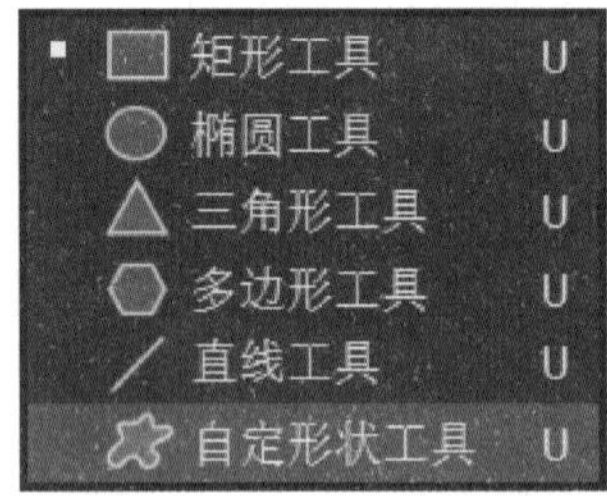

图 2-2-21　单击“自定形状工具”

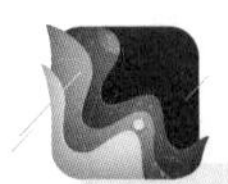

提示

在使用形状工具时，每次拖动鼠标创建形状时都会弹出该形状的属性面板，在属性面板中可以分别调整形状的宽度、高度和位置、颜色等属性。

在“自定形状工具”选项栏中选择“形状”模式，设置填充颜色为白色、无描边，在形状库中找到云朵的形状，如图 2–2–22 所示。若在形状库中没有找到云朵的形状，则可以单击“窗口”→“形状”命令，在弹出的形状面板中单击右上角的扩展按钮 ▤，在扩展菜单中选择“旧版形状及其他”，在“旧版形状及其他”→“所有旧版默认形状 .csh”→“旧版默认形状”→“自然”文件夹中找到形状。

图 2-2-22 “自定形状工具”选项栏

按住鼠标左键并拖动鼠标绘制出 3 朵大小不一的云。将创建的 3 个形状图层合并并栅格化图层，修改图层名称为“云朵”。双击“云朵”图层，打开“图层样式”对话框，为该图层添加投影，参数设置如图 2-2-23 所示。

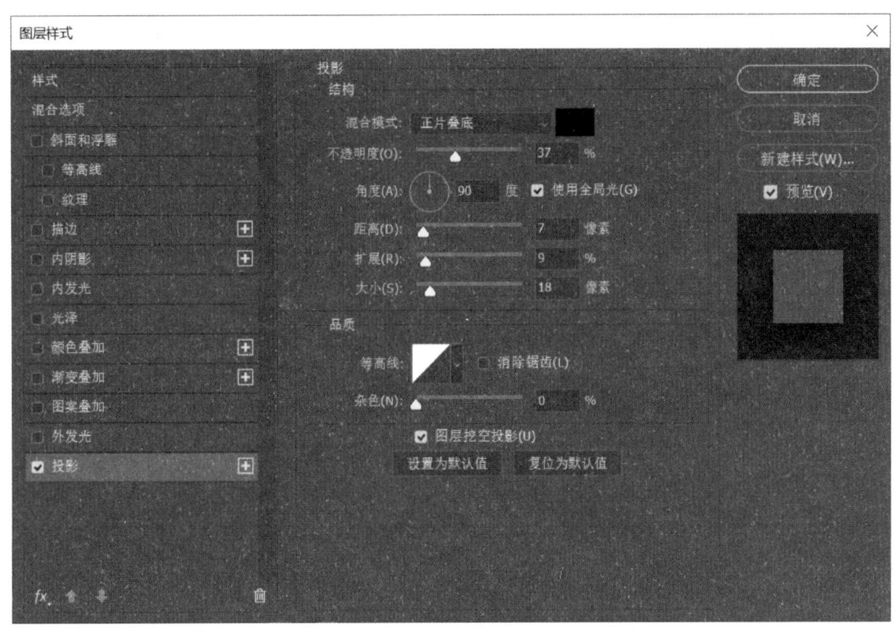

图 2-2-23 “投影”参数设置

在形状库中找到“太阳 2”的形状，设置自定形状工具的属性：填充颜色为 RGB 黄，无描边。按住鼠标左键并拖动鼠标绘制出一个太阳，栅格化图层，修改图层名称为“太阳”。复制“云朵”图层样式到“太阳”图层，太阳、云朵的投影效果如图 2-2-24 所示。

（2）绘制树

保持选中“自定形状工具”，在形状库中找到树的形状，设置自定形状工具的属性：填充颜色为深绿色（R：0，G：146，B：52），无描边。遵循近大远小的原则，按住鼠标左键并拖动鼠标绘制树的形状。将这些形状图层合并并栅格化图层，修改图层名称为“树”。再复制一个图层，进行水平翻转，如图 2-2-25 所示。

5. 绘制红绿灯

单击工具箱中的“矩形工具”，绘制一个矩形，将其填充为黑色。单击工具箱中的“椭圆工具”，调整其参数，按住 Shift 键绘制 3 个正圆形，分别填充 RGB 红、RGB 黄

图 2-2-24　太阳、云朵的投影效果

图 2-2-25　绘制树

和 RGB 绿。依次将 3 个正圆形栅格化后合并图层，修改图层名称为“红绿灯”。双击“红绿灯”图层，打开“图层样式”对话框，分别添加“斜面和浮雕”“内发光”两种图层样式，其参数设置可参考图 2-2-26 所示，单击“确定”按钮，效果如图 2-2-27 所示。

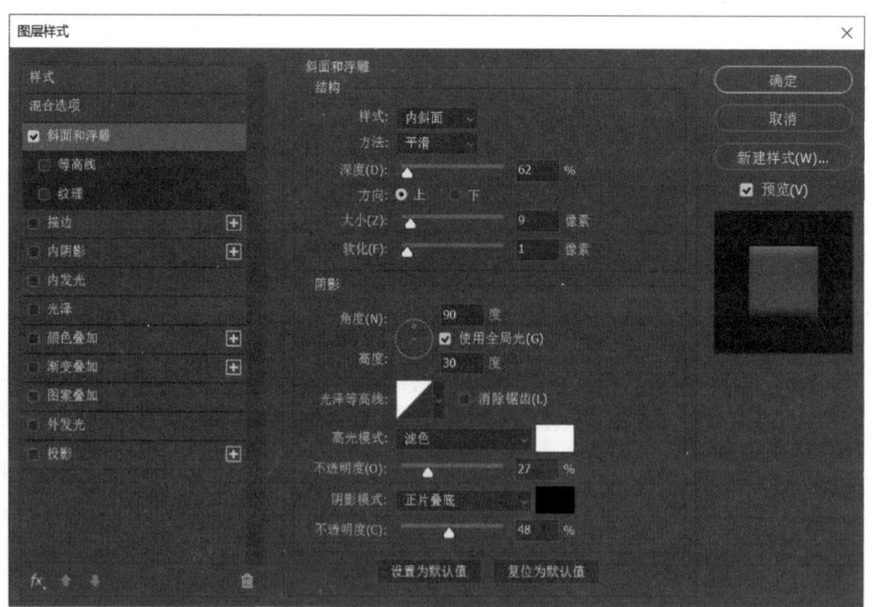

a）

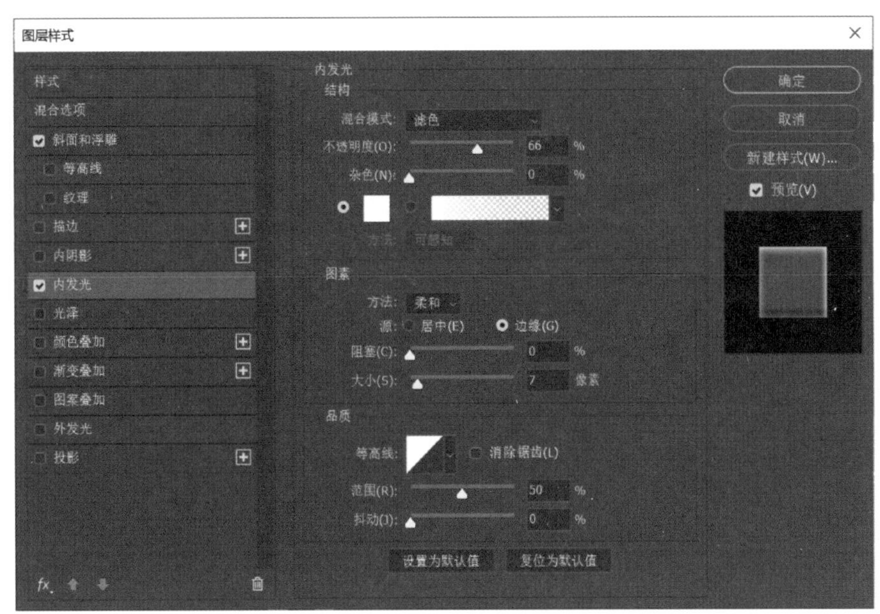

b）

图 2-2-26　添加图层样式

a）“斜面和浮雕”参数设置　b）“内发光”参数设置

图 2-2-27　“红绿灯”图层样式的效果

6. 添加公路限制速度数字

（1）输入数字

单击工具箱中的“横排文字工具”，输入“60 60”（60 与 60 之间的空格根据图像尺寸自定），选择字体为 Impact Regular、字体大小为 80、文本颜色为黄色（R：255，G：255，B：0），将数字放在公路双黄线两侧，如图 2–2–28 所示。

（2）调整数字的大小及位置

按 Ctrl+T 组合快捷键进入自由变换状态，在自由变换控件的角手柄处按住鼠标左键并拖动鼠标将数字放大，并将其移到合适的位置，按回车键结束，如图 2–2–29 所示。

图 2–2–28　添加公路限制速度数字

图 2–2–29　调整数字的大小及位置

（3）将数字转换为位图

选中该数字图层，单击鼠标右键，在弹出的快捷菜单中单击“栅格化文字”命令（见图 2–2–30），此时数字转换为位图。

提示

对于形状图层、文字图层和智能对象图层等包含矢量数据的图层，只有进行栅格化处理后才能应用更多的效果和工具。栅格化图层以后，不能再修改文字内容。

（4）设置透视效果

按 Ctrl+T 组合快捷键进入自由变换状态，单击鼠标右键，在弹出的快捷菜单中单击“透视”命令，拖动数字右上方的角手柄，按回车键完成透视制作，调整其大小和位置，如图 2–2–31 所示。

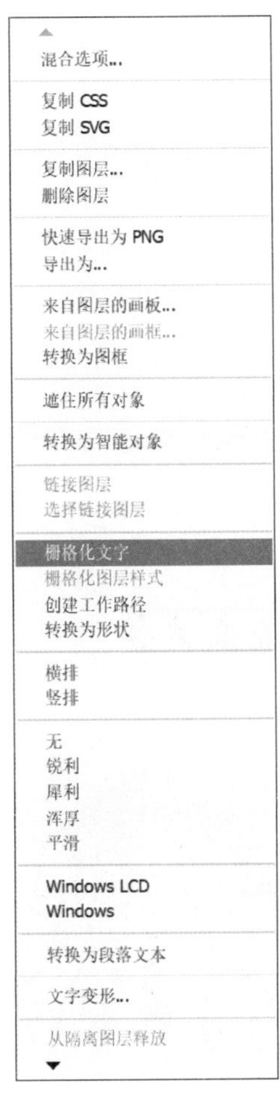

图 2-2-30　单击“栅格化文字”命令

图 2-2-31　设置透视效果

7. 绘制交通标志牌

单击工具箱中的“三角形工具”，在“三角形工具”选项栏中设置填充颜色为黄色（R：253，G：219，B：0）、无描边，如图 2-2-32 所示，按住 Shift 键的同时按住鼠标左键并拖动鼠标绘制一个等边三角形（外三角形）。保持选中“三角形工具”，按照上述步骤绘制一个内三角形，设置无填充、描边颜色为黑色（R：0，G：0，B：0）、描边宽度为 5 像素，如图 2-2-33 所示。单击工具箱中的“横排文字工具”，在三角形中输入文字“慢”，在工具选项栏中设置文字字体为黑体、文本颜色为黑色，效果如图 2-2-34 所示。

形状　填充：　描边：　3 像素　W：0 像素　H：0 像素　0 像素　对齐边缘

图 2-2-32　“三角形工具”选项栏设置（外三角形）

形状　填充：　描边：　5 像素　W：0 像素　H：0 像素　0 像素　对齐边缘

图 2-2-33　“三角形工具”选项栏设置（内三角形）

8. 绘制禁止标志和汽车

单击“自定形状工具”，在“自定形状工具”选项栏中的形状库中找到“禁止”标志和“汽车 2”形状（“禁止”标志和“汽车 2”形状需要在“符号”形状组中找到），设置自定形状工具的属性：填充颜色为红色（R：255，G：0，B：0），描边颜色为白色（R：255，G：255，B：255），描边宽度为 3 像素，绘制禁止标志；填充颜色为橙色（R：239，G：145，B：73），描边颜色为白色（R：255，G：255，B：255），描边宽度为 3 像素，绘制汽车，如图 2-2-35 所示。

图 2-2-34 绘制交通标志牌的效果

图 2-2-35 绘制禁止标志和汽车

9. 输入宣传标语

（1）单击工具箱中的“直排文字工具”，输入“带文明上路　携安全回家”，在工具选项栏中设置字体为思源宋体、字体大小为 90 点、文本颜色为红色（R：255，G：0，B：0），将“带”和“携”字单独填充为黄色（R：252，G：219，B：0），设置消除锯齿方法为“锐利”。

（2）双击文字图层，给图层添加“描边”和“投影”两种图层样式，参数设置如图 2-2-36 所示，单击“确定”按钮，效果如图 2-2-1 所示。

10. 保存和导出图像文件

单击“文件”→“存储”命令，仍以 PSD 格式保存文件。单击“文件”→“导出”→“导出为”命令，导出 JPG 格式文件。完成后退出 Photoshop 2023。

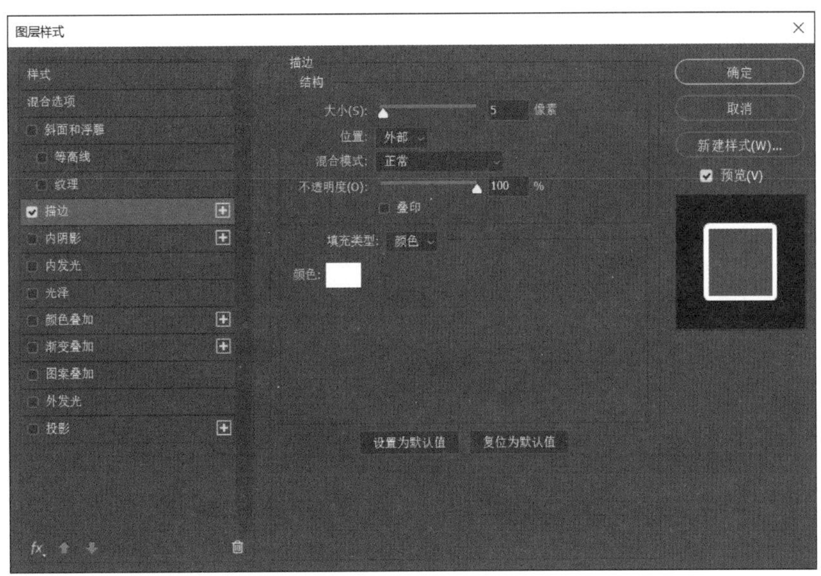

a）

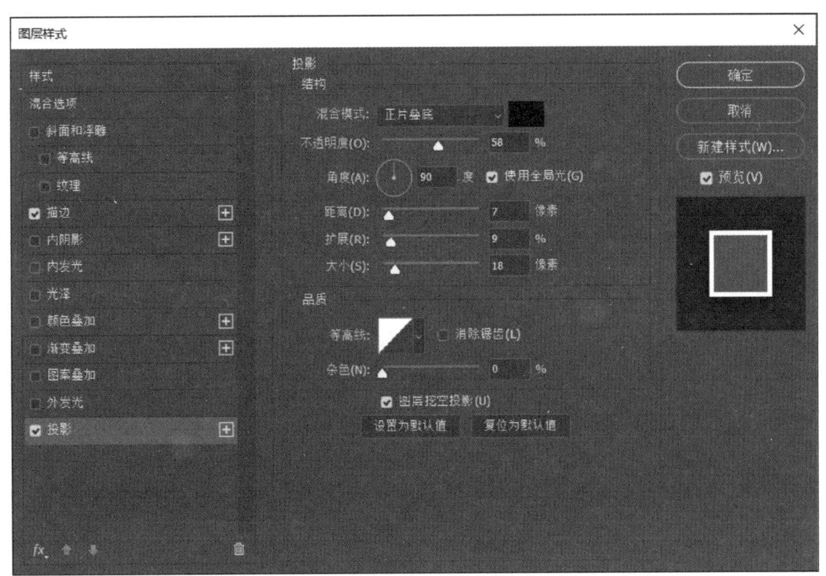

b）

图 2-2-36　添加图层样式

a）“描边”参数设置　b）“投影”参数设置

任务 3　绘制环保宣传画

1. 掌握添加、删除与转换锚点的方法。
2. 掌握修改路径的方法。
3. 掌握自由钢笔工具的使用方法。
4. 能使用钢笔工具绘制曲线路径。
5. 能使用路径功能绘制不规则的形状。

绿色是大自然的底色，自然美景能让人们在绿水青山中共享自然之美、生命之美、生活之美，保护环境、建设美丽家园是人类的共同梦想和追求。

为了深入开展文明教育，倡导文明、健康的思想观念和绿色的生活方式，某学校拟举办以“绿水青山就是金山银山”为主题的宣传活动，要求为活动绘制一张环保宣传画，如图 2-3-1 所示。本任务主要运用路径功能进行形状绘制，学习重点是使用钢笔工具绘制曲线路径及修改路径的方法。

图 2-3-1　环保宣传画

一、使用钢笔工具绘制曲线路径

使用钢笔工具绘制某一锚点时，按住鼠标左键并拖动鼠标即可完成该锚点上曲线路径的绘制，如图 2-3-2 所示。方向线的长度和角度决定经过该锚点路径的曲率和方向，方向线只有在该锚点被选中的状态下才显示。

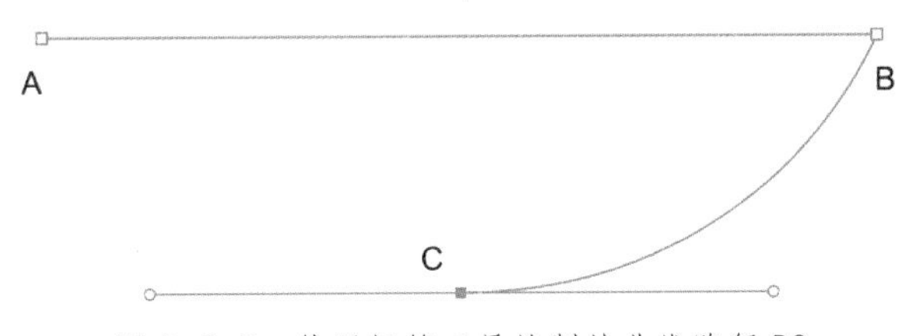

图 2-3-2　使用钢笔工具绘制的曲线路径 BC

二、使用钢笔工具绘制非连续路径

路径可以是连续的一段，也可以是非连续的多段。使用钢笔工具绘制非连续的多段路径时，需要先按住 Ctrl 键暂时切换到直接选择工具，单击空白处取消路径的编辑状态，然后松开 Ctrl 键，在光标形状恢复原状后继续绘制。

三、锚点的添加、删除与转换

1. 添加锚点

添加锚点有以下两种方法。

方法一：当钢笔工具在路径上变成“+”时，可以单击以添加锚点。

方法二：单击钢笔工具组中的“添加锚点工具”，将光标移到路径上单击以添加锚点。

2. 删除锚点

删除锚点有以下两种方法。

方法一：将钢笔工具移到锚点处，当其变成“-”时，单击以删除锚点。

方法二：单击钢笔工具组中的“删除锚点工具”，将光标移到锚点上单击以删除该锚点。

3. 转换锚点

利用转换点工具可以将没有方向线的角点和平滑点相互转换，转换锚点的操作步骤如下：

（1）单击钢笔工具组中的“转换点工具”。

（2）在没有方向线的角点上按住鼠标左键并拖动鼠标可以将没有方向线的角点转换为平滑点。反之，将光标移到平滑点上单击则可将平滑点转换为没有方向线的角点。

四、路径的修改

在路径选择工具组中单击“直接选择工具”，如图 2-3-3 所示，选中锚点 C 并向左移动，移动前后的效果如图 2-3-4 所示。

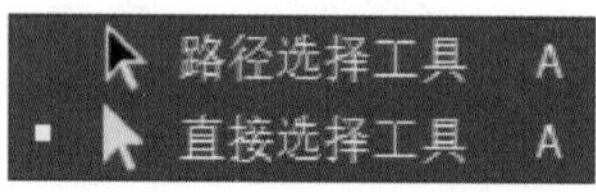

图 2-3-3　路径选择工具组

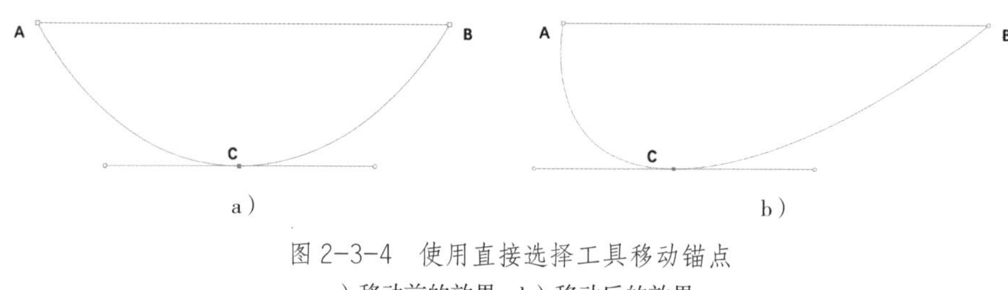

图 2-3-4　使用直接选择工具移动锚点

a）移动前的效果　b）移动后的效果

添加或删除方向线时可以使用转换点工具，也可以在钢笔工具模式下按住 Alt 键，单击锚点以添加或删除方向线。利用转换点工具可以单独调整锚点一侧的方向线。

五、自由钢笔工具

自由钢笔工具的功能与钢笔工具基本相同，但操作方法略有不同。钢笔工具是通过建立锚点来建立路径的，而自由钢笔工具则是通过绘制曲线来勾绘路径的。使用自由钢笔工具时可以像用画笔工具一样自由绘制路径，路径绘制完成后自动形成锚点，再做进一步的编辑和调节。锚点的数量由“自由钢笔工具”选项栏中的曲线拟合参数决定，参数值越小，锚点的数量越多，反之则越少，曲线拟合参数的范围为 0.5 ~ 10.0 像素。

1. 新建图像文件

单击“文件”→“新建”命令，弹出“新建文档”对话框，设置参数如下：名称为“环保宣传画”，宽度为 210 毫米，高度为 297 毫米，分辨率为 150 像素 / 英寸，颜色模式为 RGB 颜色、8 bit（位），背景内容为白色，如图 2-3-5 所示。设置完成后，单击“创建”按钮。单击“文件”→“存储为”命令，将其保存为“环保宣传画 .psd”文件。

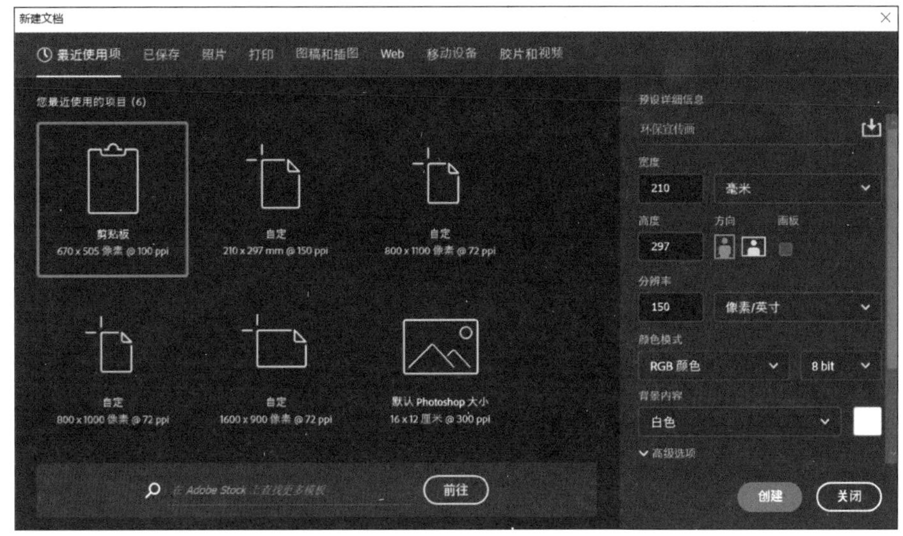

图 2-3-5　“新建文档”对话框

2. 绘制宣传画渐变背景

单击工具箱中的“渐变工具”，在工具选项栏中单击“线性渐变”按钮，在“渐变编辑器”对话框中设置渐变颜色为浅紫色（R：245，G：215，B：255）、白色（R：255，G：255，B：255）到浅蓝色（R：171，G：205，B：255），如图 2-3-6、图 2-3-7 所示。设置完成后，按住鼠标左键从画布左上角向右下角拖动鼠标，填充渐变背景，如图 2-3-8 所示。

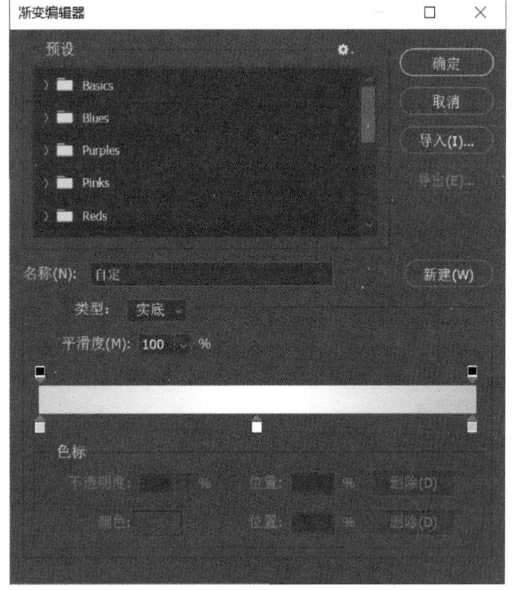

图 2-3-6　“渐变编辑器”对话框

3. 绘制青山

（1）新建“青山 1”图层，在工具箱中单击“钢笔工具”，在工具选项栏中设置模式为“路径”，绘制青山 1。先单击确定青山 1 的起始锚点，再单击确定下一个锚点，两点之间的连线就是路径，依次单击绘制青山 1 的轮廓路径，如图 2-3-9 所示。

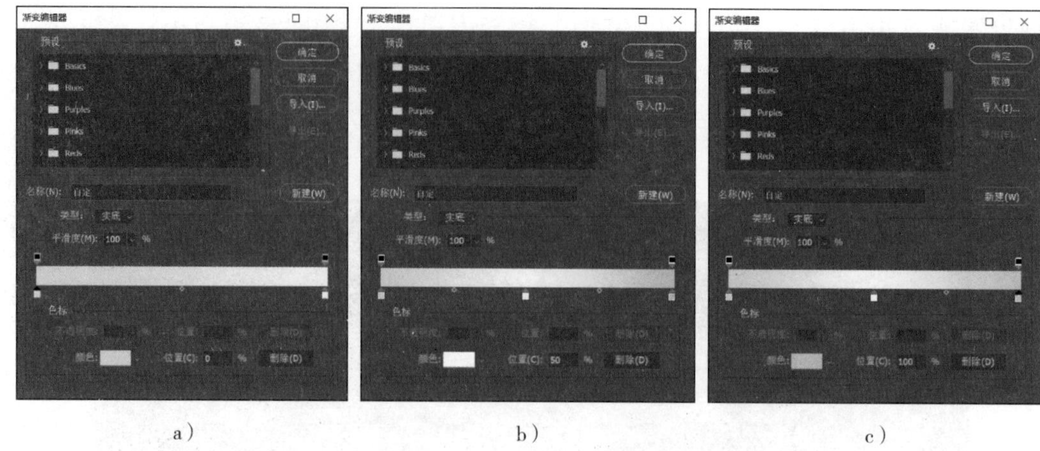

a）　　b）　　c）

图 2-3-7　单击色标设置渐变颜色

a）浅紫色　b）白色　c）浅蓝色

图 2-3-8　填充渐变背景

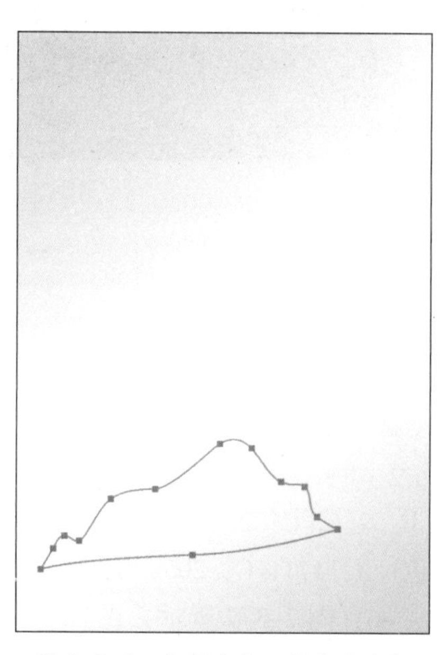

图 2-3-9　绘制青山 1 的轮廓路径

提示

在用钢笔工具勾勒曲线路径时容易出错，需要找准锚点，并仔细调整。可以将图层的不透明度调为 30%，将参考的图案放置在该图层的下方来辅助绘制路径、调整锚点和形成图像轮廓。

保持选中“钢笔工具”，按住 Ctrl 键并向不同方向拖动方向线，路径曲线会随着光标的移动而变化弧度。

（2）在图像上单击鼠标右键，在弹出的快捷菜单中单击“建立选区”命令，弹出“建立选区”对话框，设置羽化半径为0像素，单击“确定”按钮，将路径转换为选区。单击工具箱中的“渐变工具”，在工具选项栏中单击“线性渐变”按钮，打开“渐变编辑器”对话框，设置渐变颜色为深青色（R：13，G：93，B：129）到天青色（R：31，G：205，B：238），如图2-3-10所示，设置完成后，按住鼠标左键在选区内拖动填充，如图2-3-11所示，按Ctrl+D组合快捷键取消选区。

a）

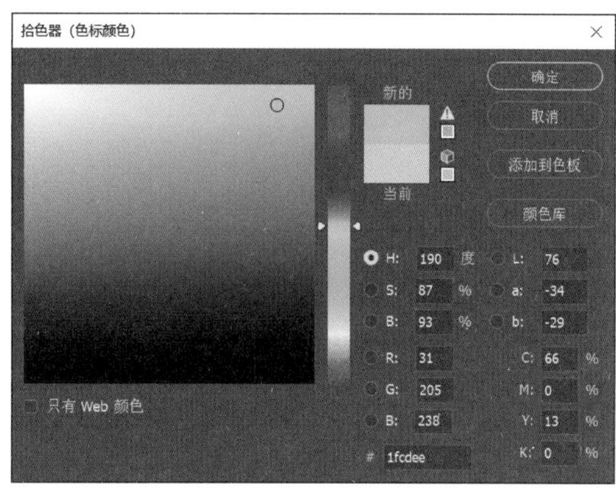

b）

c）

图2-3-10　设置渐变颜色

a）设置色标颜色（深青色）　b）设置色标颜色（天青色）　c）“渐变编辑器”对话框

（3）新建“青山2”图层，单击工具箱中的“钢笔工具”，绘制并填充青山2，调整青山1和青山2的图层顺序，如图2-3-12所示。

图 2-3-11　填充青山 1 选区

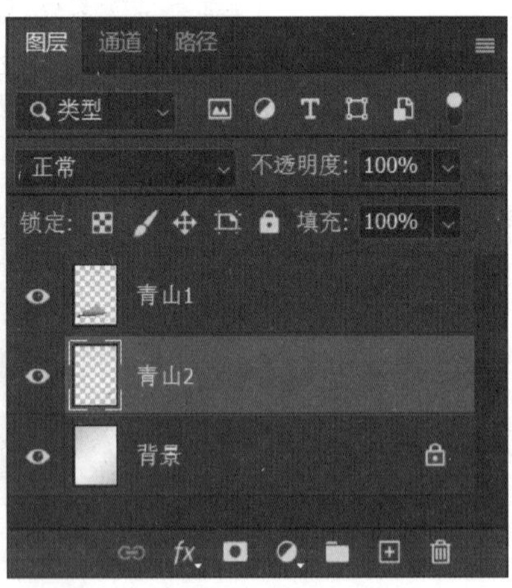

a）　　　　b）

图 2-3-12　绘制并填充青山 2
a）青山 2 效果　b）图层面板

4. 绘制绿水

（1）绘制绿水轮廓路径并填充颜色

新建“绿水 1”图层，单击“钢笔工具”，在工具选项栏中设置模式为“路径”，如图 2-3-13 所示，绘制绿水 1 的轮廓路径并进行颜色填充，如图 2-3-14 和图 2-3-15 所示。

图 2-3-13 “钢笔工具”选项栏设置

图 2-3-14　绘制绿水 1 的轮廓路径

图 2-3-15　填充绿水 1 选区

新建图层“绿水 2”，单击“钢笔工具”，绘制并填充绿水 2，调整所有青山和绿水的图层顺序，如图 2-3-16 所示。

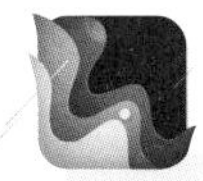

提示

在使用钢笔工具时，按 Ctrl 键可以把钢笔工具转换为直接选择工具；按 Alt 键可以把钢笔工具转换为转换点工具；按 Ctrl+Alt 组合快捷键可以把钢笔工具转换为路径选择工具，从而移动路径（移到目标位置后松开 Alt 键，否则会复制路径）。

（2）添加图层样式

调整完成后，双击“青山 1”图层，打开“图层样式”对话框，选择“描边”样

a）　　　　b）

图 2-3-16　绘制并填充绿水 2

a）绿水 2 效果　b）图层面板

式，设置大小为 6 像素、不透明度为 100%、颜色为金色（R：219，G：197，B：161），如图 2-3-17 所示。在“青山 1”图层上单击鼠标右键，在弹出的快捷菜单中单击“拷贝图层样式”命令，依次粘贴“青山 1”图层样式到“青山 2”“绿水 1”“绿水 2”图层，描边效果如图 2-3-18 所示。

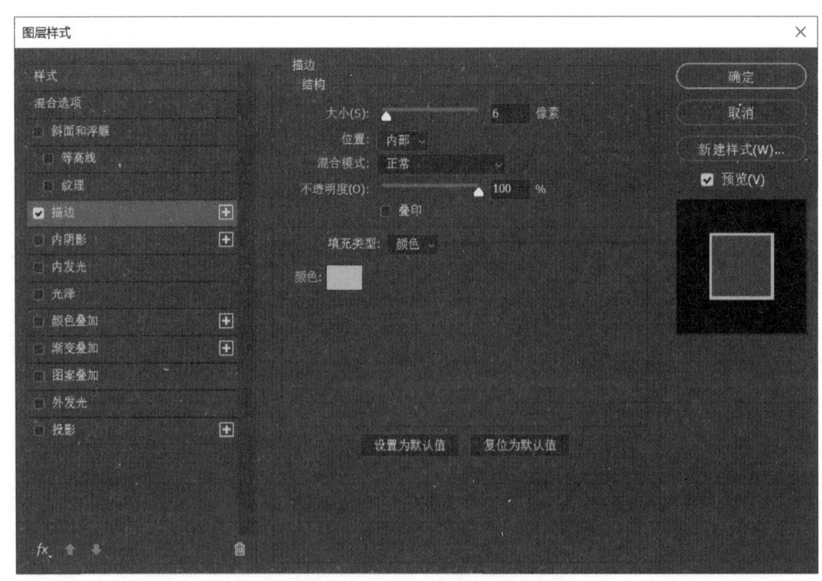

图 2-3-17　“图层样式”对话框

（3）绘制水纹效果

新建“水纹”图层，单击“画笔工具”，在“画笔工具”选项栏中单击“画笔预设”选取器按钮，在“画笔预设”选取器面板中选择“硬边圆”画笔样式，设置画笔大小为6像素，设置前景色为金色（R：219，G：197，B：161）。单击“钢笔工具”，在工具选项栏中设置模式为“路径”，在绿水边缘绘制水纹轮廓路径，如图2-3-19所示。绘制完成后，在路径上单击鼠标右键，在弹出的快捷菜单中单击“描边路径”命令，弹出“描边路径”对话框，选择工具为“画笔”，如图2-3-20所示，单击“确定”按钮，描边完成后删除路径，绘制的水纹效果如图2-3-21所示，所有的水纹绘制完成后，将“水纹”图层调整到所有青山和绿水图层的下面。

图2-3-18　描边效果

图2-3-19　绘制水纹轮廓路径

提示

用钢笔工具绘制好路径后，若用组合快捷键描边，则需要提前设置画笔的属性，画笔大小为1～4像素即可，不要太大，颜色为默认的黑色。

路径可以是闭合的，也可以是不闭合的。当需要使用钢笔工具绘制闭合的路径时，将钢笔工具移到起点，在光标右下角就会出现一个圆圈，与套索工具的使用方法类似。

图 2-3-20 “描边路径”对话框

图 2-3-21 绘制水纹的效果

5. 绘制金色的燕子

新建“燕子”图层，单击“钢笔工具”，在工具选项栏中设置模式为“路径”，在青山上方绘制燕子轮廓路径，绘制时先用钢笔工具绘制关键锚点，然后利用直接选择工具对锚点进行调整，如图 2-3-22 所示。绘制完成后，在画布上单击鼠标右键，在弹出的快捷菜单中单击“建立选区”命令（或按 Ctrl+ 回车组合快捷键）。在工具箱中单击“渐变工具”，在工具选项栏中单击“线性渐变”按钮，打开“渐变编辑器”对话框，在渐变条 0% 的位置设置渐变颜色为深金色（R：208，G：126，B：20）、在渐变条 50% 的位置设置渐变颜色为金黄色（R：245，G：212，B：103），在渐变条 100% 的位置设置渐变颜色为深金色（R：208，G：126，B：20），如图 2-3-23 所示。设置

图 2-3-22 绘制燕子轮廓路径

完成后，按住鼠标左键在选区内拖动填充。复制“燕子”图层两次，按 Ctrl+T 组合快捷键对燕子的大小和位置进行调整，效果如图 2-3-24 所示。

图 2-3-23　设置渐变颜色

图 2-3-24　添加燕子效果

6. 添加宣传文字

打开素材“绿水青山就是金山银山.png”，先按 Ctrl+A 组合快捷键全选，然后按 Ctrl+C 组合快捷键复制，再按 Ctrl+V 组合快捷键粘贴到“环保宣传画”图像窗口，最后按 Ctrl+T 组合快捷键自由变换大小，并将其调整到合适的位置，如图 2-3-1 所示。

7. 保存和导出图像文件

单击“文件”→“存储”命令保存文件。单击“文件”→“导出”→“导出为”命令，导出 JPG 格式文件。完成后退出 Photoshop 2023。

任务 4　绘制生日贺卡

1. 掌握油漆桶工具及拾色器的使用方法。
2. 掌握选区的编辑方法。
3. 掌握矩形工具和椭圆工具的使用方法。
4. 能使用前景色进行路径填充。
5. 能使用路径相关工具进行字体设计。

逢年过节，自己动手绘制一张贺卡送给家人和朋友，不仅可以表达自己的心意，还能展示自己的专业技能。

生日贺卡是一种常用的贺卡，本任务要求综合使用钢笔工具、形状工具、文字工具等多种工具绘制生日贺卡，如图 2–4–1 所示。首先使用油漆桶工具给贺卡填充背景色，然后使用钢笔工具绘制生日蛋糕，再通过创建文字路径制作特效文字，最后绘制或插入其他装饰形状和素材，营造生日气氛。本任务的学习重点是使用钢笔工具绘制曲线路径、修改路径及使用路径相关工具进行字体设计的方法。

图 2–4–1　生日贺卡

一、油漆桶工具

油漆桶工具用于填充前景色或图案，在其工具选项栏中可以选择填充的内容，容差与允许填充的范围相关，容差越大，油漆桶工具允许填充的范围就越大。“油漆桶工具”选项栏如图 2–4–2 所示。油漆桶工具的使用方法为：先在“油漆桶工具”选项栏中选好要填充的前景色或图案，再填充到需要填充的形状当中即可。

图 2-4-2 “油漆桶工具”选项栏

二、钢笔工具的使用技巧

1. 为了避免在使用钢笔工具绘制路径时出现锯齿现象，最好先将路径转换为选区，然后对选区进行描边处理，这样在得到原路径线条的同时又消除了锯齿。

2. 使用钢笔工具绘制路径时，按住 Shift 键可以绘制水平、垂直或倾斜 45° 方向的路径。

3. 使用钢笔工具时按住 Alt 键，用笔形光标单击并拖动锚点可以改变方向线的方向。

4. 按住 Alt 键，用路径选择工具单击路径会选中整个路径，要同时选中多个路径时，可以按住 Shift 键后逐个单击加选。

5. 对于复杂的图像，使用钢笔工具可以建立轮廓清晰、完整的选区，将需要抠图的部分裁剪后保存即可。

三、路径的填充和描边

1. 使用前景色填充路径

填充路径是指将颜色（前景色、背景色、自定义颜色）或图案填充到路径内部的区域。使用前景色填充路径的方法为：先选中需要填充颜色的路径，再选中相应的图层，设置合适的前景色，单击路径面板上的“用前景色填充路径”按钮即可使用当前前景色对路径进行填充。

2. 使用画笔工具描边路径

描边路径是指使用画笔工具、铅笔工具、橡皮擦工具、涂抹工具等沿路径进行绘制。使用画笔工具描边路径的方法为：选中要编辑的图层，在路径面板中选中要描边的路径，单击工具箱中的“画笔工具”，设置合适的参数，单击路径面板上的“用画笔描边路径”按钮即可。

四、矩形工具

使用矩形工具可以绘制出矩形或正方形。使用矩形工具绘制矩形时，只需单击工具箱中的“矩形工具”，按住鼠标左键在画布上拖动鼠标即可绘制出所需形状。在拖动时按住 Shift 键，则可绘制出正方形。也可以在“矩形工具”选项栏中设置相关参数进行绘制，如图 2-4-3 所示。

图 2-4-3 “矩形工具”选项栏

单击“设置其他形状和路径选项”按钮，弹出路径选项面板，如图 2-4-4 所示，其中包括以下选项。

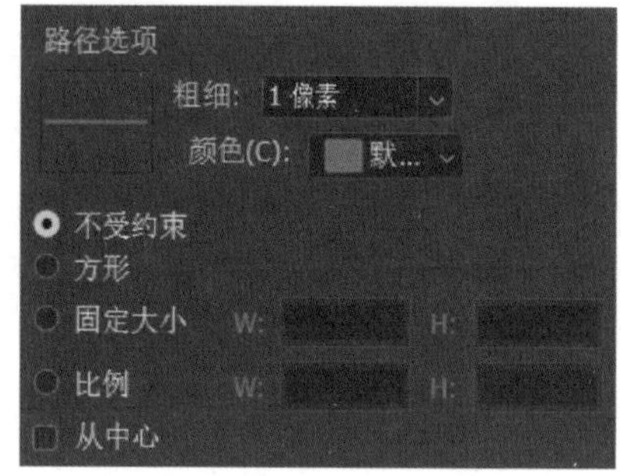

图 2-4-4 路径选项面板

1. 不受约束：选择此项后，矩形的形状完全由光标的拖拉决定。

2. 方形：选择此项后，绘制的矩形为正方形。

3. 固定大小：选择此项后，可以在“W”和“H”中输入所需的宽度值和高度值，默认单位为像素。

4. 比例：选择此项后，可以在“W”和“H”中输入所需的相对宽度值和相对高度值。

5. 从中心：选择此项后，拖拉矩形时光标的起点为矩形的中心。

五、椭圆工具

使用椭圆工具可以绘制椭圆形或正圆形，按住 Shift 键可以绘制正圆形，其工具选项栏如图 2-4-5 所示。

图 2-4-5 “椭圆工具”选项栏

单击“设置其他形状和路径选项”按钮，弹出路径选项面板，如图 2-4-6 所示，其中包括以下选项。

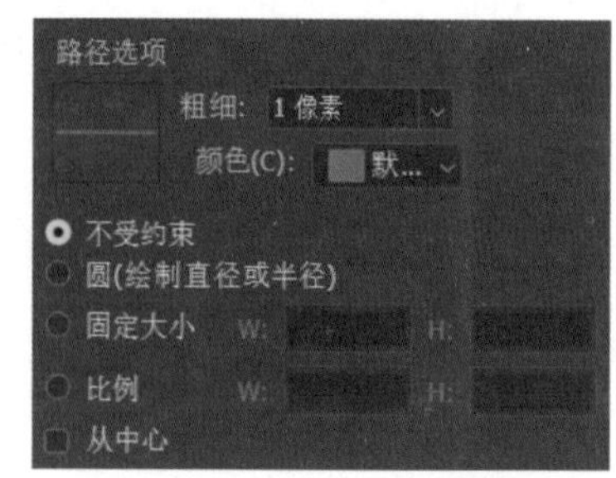

图 2-4-6 路径选项面板

1. 不受约束：选择此项后，用光标可以随意拖拉出任意大小和比例的椭圆形。

2. 圆（绘制直径或半径）：选择此项后，用光标可以拖拉出正圆形。

3. 固定大小：选择此项后，在“W”和“H”中输入适当的数值可以固定椭圆形长轴和短轴的长度。

4. 比例：选择此项后，在“W”和“H”中输入适当的整数可以固定椭圆形长轴和短轴的比例。

5. 从中心：选择此项后，光标拖拉的起点为椭圆形的中心。

1. 新建图像文件

单击“文件”→“新建”命令，弹出“新建文档”对话框，设置参数如下：宽度为 143 毫米，高度为 210 毫米，分辨率为 96 像素 / 英寸，颜色模式为 RGB 颜色、8 bit（位），背景内容为白色，如图 2-4-7 所示。设置完成后，单击“创建”按钮。单击“文件”→“存储为”命令，将其保存为“生日贺卡 .psd”。

图 2-4-7 “新建文档”对话框

2. 填充背景

单击工具箱中的“设置前景色”按钮，弹出“拾色器（前景色）”对话框，设置前景色为粉色（R：246，G：227，B：229），如图 2-4-8 所示，单击“确定”按钮。单击工具箱中的“油漆桶工具”（或按 Alt+Delete 组合快捷键）给贺卡填充背景色。

3. 绘制生日蛋糕

将生日蛋糕分两部分绘制：蛋糕部分和奶油部分。

（1）新建图层 1，在工具箱中单击“钢笔工具”，在工具选项栏中选择“路径”模式，绘制蛋糕部分。绘制完成后，单击鼠标右键，在弹出的快捷菜单中单击“建立选区”命令（或按 Ctrl+ 回车组合快捷键），填充深粉色（R：255，G：153，B：166），按 Ctrl+D 组合快捷键取消选区，如图 2-4-9 所示。

图 2-4-8 “拾色器（前景色）”对话框

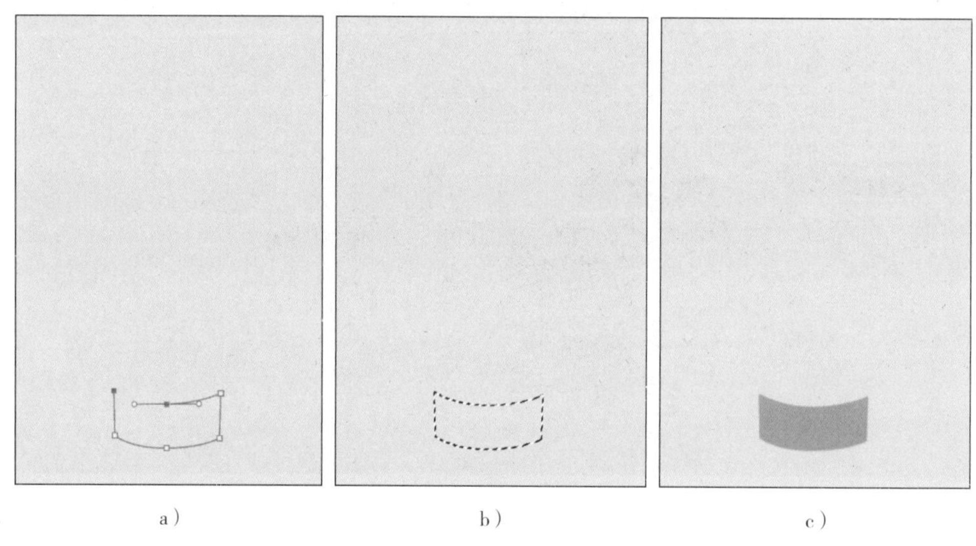

a）　　b）　　c）

图 2-4-9 用钢笔工具绘制蛋糕部分

a）绘制路径 b）建立选区 c）填充深粉色

提示

调整路径时，单击该路径上的一个锚点后，按住 Alt 键再单击该锚点，这时其中一根方向线消失，再单击下一个路径的锚点时路径的方向就不会受影响了。

按住 Alt 键，单击路径面板上的“删除当前路径”按钮，可以在不弹出提示对话框的情况下直接删除路径。按 Ctrl+H 组合快捷键可以隐藏路径。

抠图时，若要抠的主体和背景颜色相近且主体的外形不规则，使用魔棒工具无法完成，那么就需要使用钢笔工具进行抠图操作。

（2）新建图层 2，在工具箱中单击“钢笔工具”，绘制蛋糕的奶油部分。绘制完成后，单击鼠标右键，在弹出的快捷菜单中单击“建立选区”命令，填充巧克力色（R：177，G：66，B：46），如图 2-4-10 所示，按 Ctrl+D 组合快捷键取消选区。

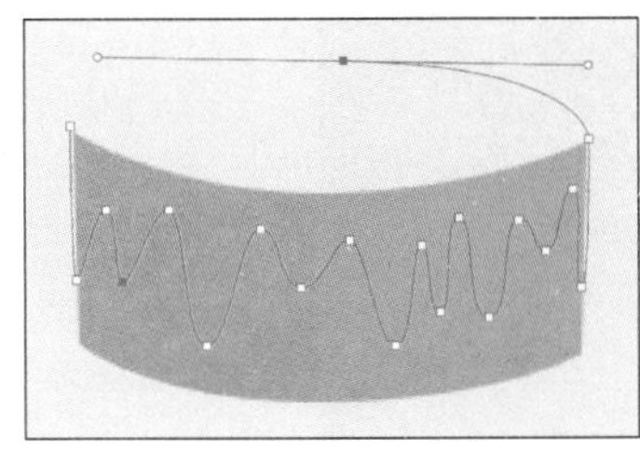

a）

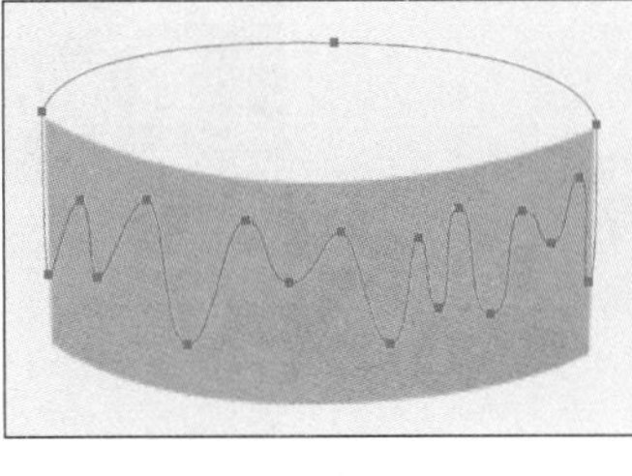

b）

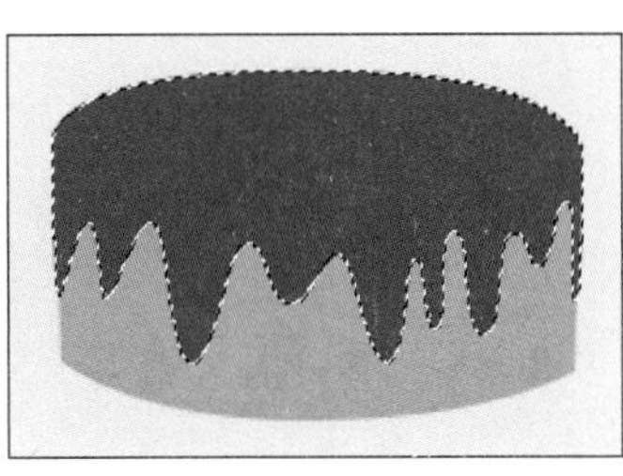

c）

图 2-4-10　用钢笔工具绘制蛋糕的奶油部分
a）绘制路径　b）形成封闭路径　c）建立选区并填充颜色

（3）单击工具箱中的“椭圆工具”，在奶油上绘制彩色糖果作为点缀。绘制完成后，将所有的彩色糖果图层选中，单击鼠标右键，在弹出的快捷菜单中单击“栅格化图层”命令，再单击鼠标右键，在弹出的快捷菜单中单击“合并图层”命令，将所有的彩色糖果图层合并为一个新图层，并将该图层重命名为“图层 3”，如图 2-4-11 所示。

（4）将图层 1、2、3 合并为一个新图层并重命名为“蛋糕”，复制“蛋糕”图层。按 Ctrl+T 组合快捷键，用自由变换控件调整蛋糕的位置和大小，绘制蛋糕的第二层。按照上面的步骤绘制蛋糕的第三层，如图 2-4-12 所示。

4. 绘制蜡烛

（1）单击工具箱中的“矩形工具”，在蛋糕顶层绘制一个矩形框，设置填充颜色为黄色（R：255，G：222，B：0）、无描边。在“矩形 1”图层上单击鼠标右键，在弹出的快捷菜单中单击“栅格化图层”命令，再将该图层重命名为“蜡烛”。

（2）新建图层，将图层重命名为“火焰”，用钢笔工具绘制火焰的形状，填充颜色为红色（R：255，G：0，B：33），如图 2-4-13 所示。

5. 绘制云朵

单击工具箱中的“椭圆工具”，依次绘制数个椭圆形，填充颜色为白色（R：255，

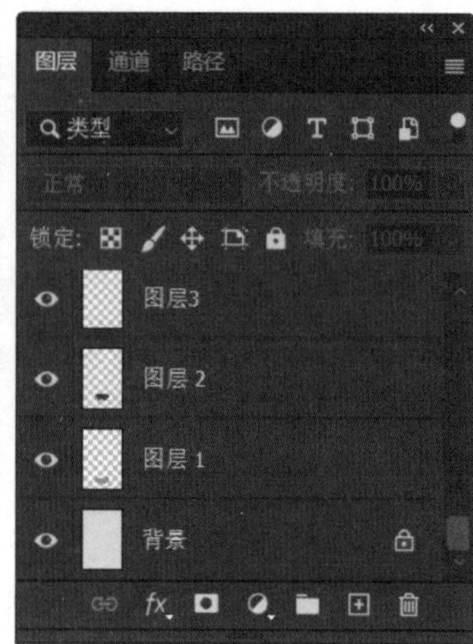

a）　　b）

图 2-4-11　绘制彩色糖果
a）彩色糖果　b）图层面板

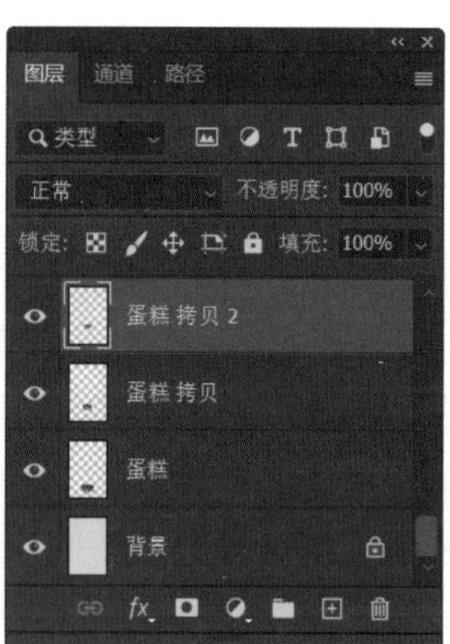

a）　　b）

图 2-4-12　绘制三层蛋糕
a）蛋糕效果　b）图层面板

G：255，B：255），将其组合成云朵的形状。先将椭圆形云朵图层全部选中，单击鼠标右键，在弹出的快捷菜单中单击“合并形状”命令，再将该图层重命名为“云朵”。复制“云朵”图层，通过自由变换控件将云朵拖动到不同的位置，并调整各自大小，如图 2-4-14 所示。

图 2-4-13 绘制蜡烛

图 2-4-14 绘制云朵

6. 制作“生日快乐”文字效果

（1）单击“文件”→“新建”命令，弹出“新建文档”对话框，设置参数如下：宽度为 300 毫米，高度为 210 毫米，分辨率为 96 像素 / 英寸，颜色模式为 RGB 颜色、8 bit（位），背景内容为白色，如图 2-4-15 所示，单击“创建”按钮，创建一个新的文档。

（2）单击工具箱中的“横排文字工具”，在工具选项栏中设置文本字体为迷你简准圆、字体大小为 160 点、消除锯齿方法为“锐利”、对齐方式为左对齐文本，如图 2-4-16 所示，输入汉字“生日快乐”，将文字调整到居中。

（3）在文字图层上单击鼠标右键，在弹出的快捷菜单中单击“创建工作路径”命令，如图 2-4-17 所示。隐藏文字图层，得到文字路径效果，如图 2-4-18 所示。

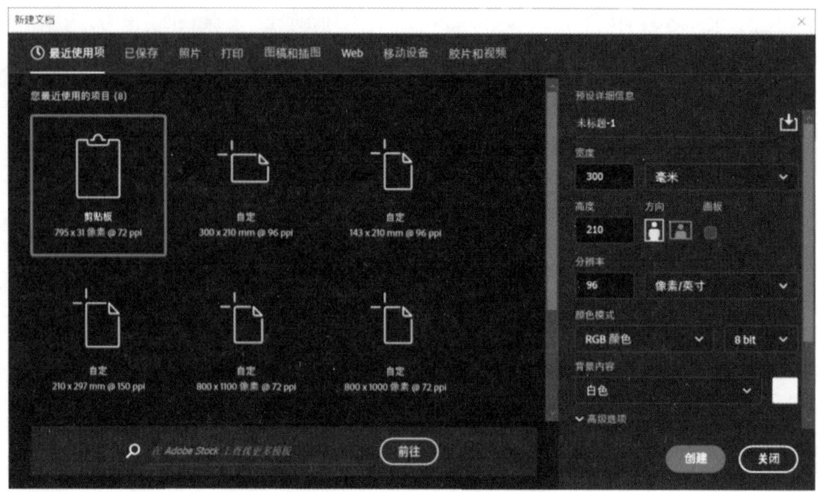

图 2-4-15 “新建文档”对话框

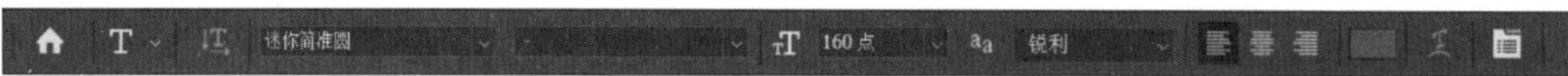

图 2-4-16 “横排文字工具”选项栏设置

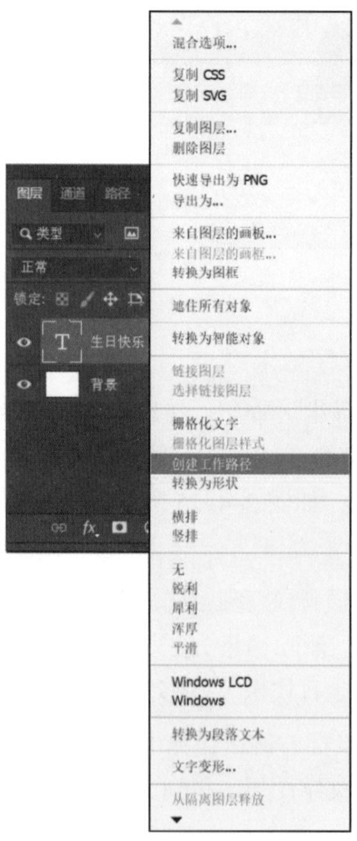

图 2-4-17 单击“创建工作路径”命令

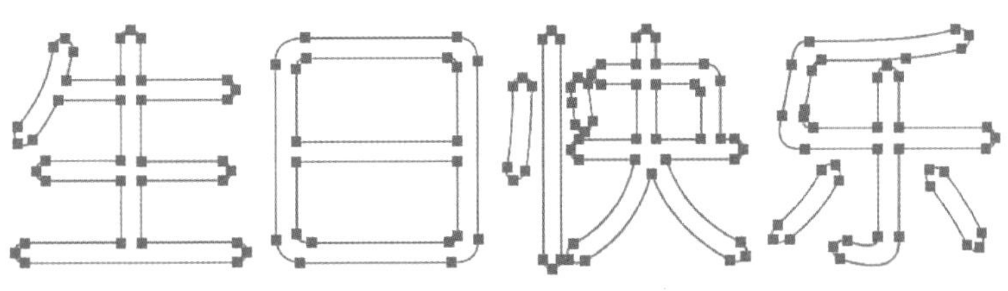

图 2-4-18　文字路径效果

提示

用文字工具创建文字时，有“形状”“路径”和“像素”3 种模式，当设置模式为“路径”时，可以通过输入文字创建出文字的路径，再通过转换点工具进一步将文字调整为特殊的字体，具有很强的自由性。

（4）单击工具箱中的“直接选择工具”和“添加锚点工具”，制作特效文字。文字路径的修改效果如图 2-4-19 所示。

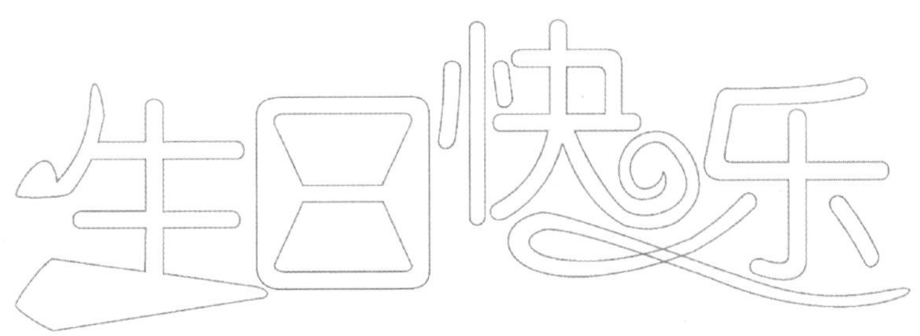

图 2-4-19　文字路径的修改效果

（5）新建图层，将 4 个文字路径分别转换为相应的选区，用油漆桶工具分别填充相应的颜色［“生”（#10b8ab）、“日”（#ffe401）、“快”（#b24330）、“乐”（#fe001a）］，增加画面活泼感，按 Delete 键删除路径。双击此文字图层，打开“图层样式”对话框，为图层添加“描边”和“投影”图层样式，设置描边颜色为白色，参数设置如图 2-4-20、图 2-4-21 所示，单击“确定”按钮。将制作好的文字效果应用到“生日贺卡”文件中，效果如图 2-4-22 所示。

7. 制作“HAPPY BIRTHDAY”文字效果

（1）单击工具箱中的“横排文字工具”，在工具选项栏中设置字体为 Bauhaus 93、字体样式为 Regular、字体大小为 40 点、消除锯齿方法为“锐利”、对齐方式为左对齐文本，如图 2-4-23 所示，输入英文“HAPPY BIRTHDAY”，与上一排汉字相对居中。

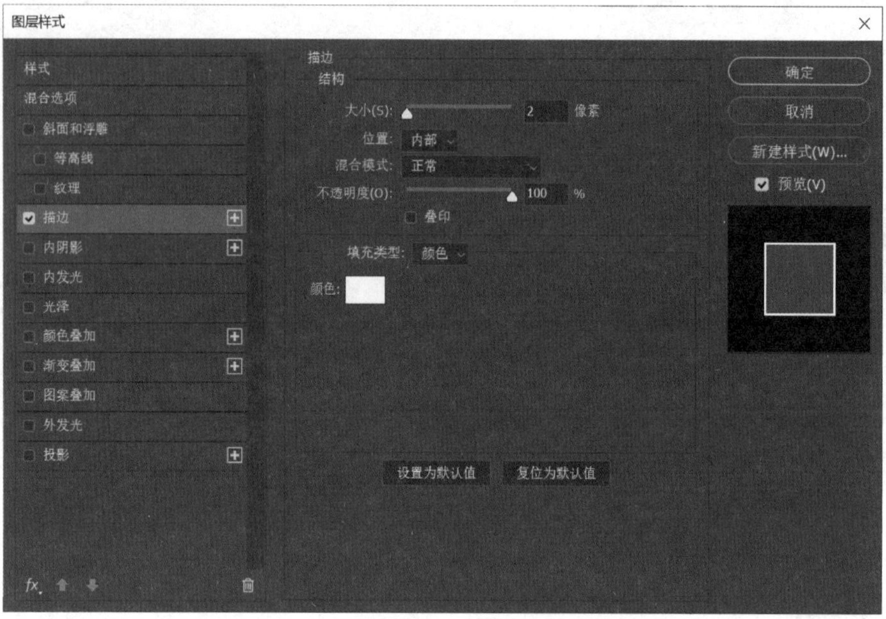

图 2-4-20 “描边”参数设置

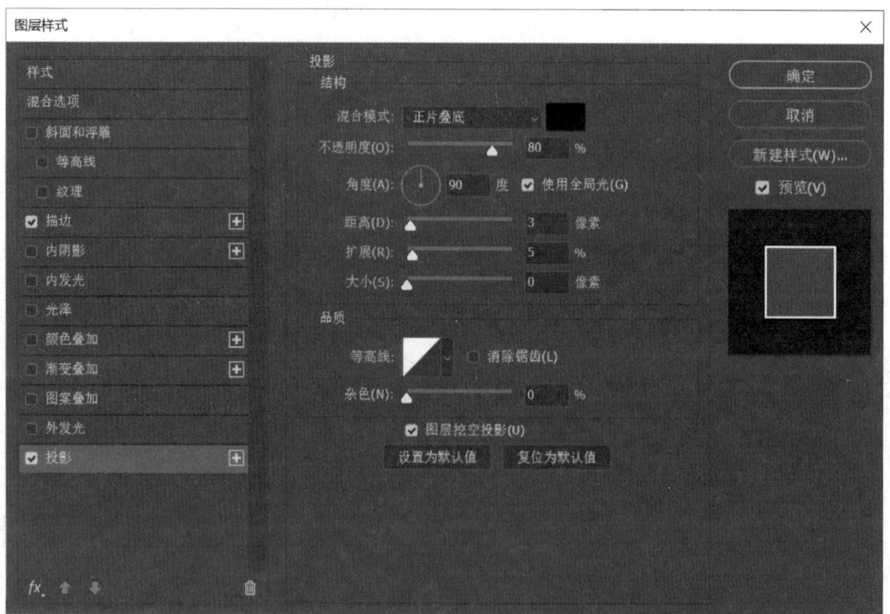

图 2-4-21 “投影”参数设置

图 2-4-22　文字效果

图 2-4-23　“横排文字工具”选项栏设置

（2）单击英文，依次选中字母，分别在工具选项栏中为字母设置所需要的颜色，增加画面活泼感。双击此文字图层，打开“图层样式”对话框，为图层添加“描边”和“投影”图层样式，参数设置与图 2-4-20、图 2-4-21 所示类似，英文字体效果如图 2-4-24 所示。

8. 添加素材

单击“文件”→“置入嵌入对象”命令，插入素材“素材 1.jpg”“素材 2.jpg”，按 Ctrl+J 组合快捷键对“素材 2”图层进行复制，按 Ctrl+T 组合快捷键并进行自由变换，调整素材的大小和位置，效果如图 2-4-25 所示。

9. 添加自定形状

单击工具箱中的“自定形状工具”，在工具选项栏中的形状库中选择“旧版形状及其他”→“所有旧版默认形状 .csh”→“横幅和奖品”→“横幅 4”，如图 2-4-26

所示。在英文字体下层绘制一条横幅，并在“日”字的中间绘制两个心形，效果如图 2-4-1 所示。

图 2-4-24　英文字体效果

图 2-4-25　添加素材效果

形状　填充：　描边：　3像素　W：0像素　H：0像素　形状：　对齐边缘

图 2-4-26　“自定形状工具”选项栏设置

提示

在旧版的 Photoshop 软件中，自定形状工具可以选择很多形状。但是在新版的 Photoshop 软件中，却只有“野生动物”等少数形状。当找不到需要的形状时，单击“窗口”→“形状”命令，打开形状面板，单击扩展按钮，在弹出的菜单中选择“旧版形状及其他”，在“自定形状工具”选项栏中就可以选择更多形状了。

10. 保存和导出图像文件

单击“文件”→“存储”命令保存文件。单击“文件”→“导出”→“导出为”命令，导出 JPG 格式文件。完成后退出 Photoshop 2023。

项目三
风光图像的处理

一张精彩的风光图像作品除前期拍摄中的构图、取景和创意外，更离不开后期的处理。风光图像处理是 Photoshop 这款专业后期软件的主要用途之一，可以运用 Photoshop 的图层、通道、蒙版等工具对图像进行调色、抠图、合成，从而制作出各种不同风格的风光图像作品，其中调色不仅是风光图像处理的重要内容，也是 Photoshop 的重要功能。

本项目通过"制作古色古香图像效果""制作日落沙滩图像效果""制作都市印象图像效果""制作校园掠影图像效果""制作风光照片后期效果"等任务，学习图层样式、图层混合模式、滤镜等的作用和使用方法，练习使用填充图层、调整图层等对风光图像进行调色的基本操作，掌握图层、通道、蒙版等在处理风光图像中的使用技巧，能使用滤镜组中的滤镜及 Camera Raw 滤镜等对风光图像制作各种特殊图像效果，从而具备一定的风光图像处理能力。

任务 1　制作古色古香图像效果

1. 掌握图层样式的含义和添加方法。
2. 掌握文字图层、普通图层等图层的使用方法。
3. 掌握色彩平衡和替换颜色等命令的使用方法。
4. 能使用不同种类的图层样式对图像进行处理。

本任务要求以湖畔风景图为素材，如图 3–1–1 所示，利用普通图层、文字图层等图层以及图层样式、色彩平衡、替换颜色等功能，制作出饱和度较低、偏黄色调的古色古香图像效果，如图 3–1–2 所示。本任务的学习重点是图层样式的使用方法和调色的操作技巧。

图 3–1–1　湖畔风景图

图 3–1–2　古色古香图像效果

一、调色关键词

在进行调色的过程中，所有的调色操作都与色彩的基本属性有关。色彩分为无彩色系和有彩色系，无彩色系为黑色、白色、灰色；有彩色系为除黑色、白色、灰色以外的其他颜色。

1. 色相、明度和饱和度

颜色的三个属性包括色相、明度和饱和度。

（1）色相

色相就是颜色的“相貌”，是区分不同颜色的重要指标，也就是通常所说的颜色，如红色、青色、蓝色、紫色和黄色等，通常人眼能分辨出来的颜色大概有 180 种。在不同的颜色模式下，颜色的范围和数量也是不同的，RGB 颜色比 CMYK 颜色的色域更宽，色彩更丰富。例如，采用 RGB 颜色时，若 R、G、B 这 3 个数值都是 0，相当于没有任何颜色，将得到黑色；若 R、G、B 这 3 个数值都是 255，将得到白色；当 R、G、B 这 3 个数值相等（除 0、255 以外）时，将得到灰色，这 3 个数值越趋近于 255，灰色越浅，这 3 个数值越趋近于 0，灰色越深。

（2）明度

明度是指颜色的明暗程度。明度的高低取决于该种颜色中白色的比例，白色的比例越高，明度越高；反之，明度越低。

（3）饱和度

饱和度是指颜色的鲜艳程度，即颜色的纯度。饱和度的高低取决于该色中含色成分与消色成分（灰色）的比例。含色成分的比例越高，饱和度越高；消色成分的比例越高，饱和度越低。

2. 色性

色性是指色彩的冷暖倾向。倾向于蓝色的颜色为冷色调，倾向于橘色的颜色为暖色调。

3. 色调

色调是指图像整体的颜色倾向。调整色调可以提高图像的清晰度，使图像看上去更生动。如图 3–1–3 所示，山地效果图为蓝色调图像；如图 3–1–4 所示，日落效果图为橘色调图像。

图 3–1–3　蓝色调图像

图 3–1–4　橘色调图像

二、图层样式的添加

图层样式是一种附加在图层中所有图像上的特殊效果，如描边、光泽、发光、投影等。Photoshop 2023 中共有 10 种图层样式，这些图层样式可以单独使用，也可以同时使用，达到为作品增色的目的。

使用图层样式时，首先选中需要添加图层样式的图层（不能为空图层或背景图层），添加图层样式的方法如下。

方法一：单击“图层”→“图层样式”命令，在弹出的子菜单中选择一种图层样式，如图 3-1-5 所示。

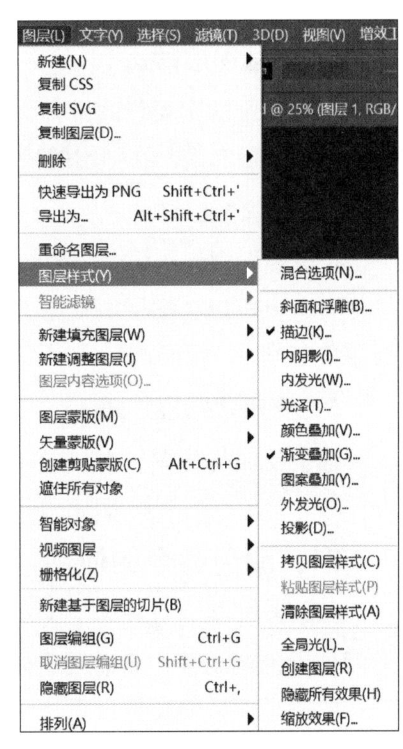

图 3-1-5 “图层样式”子菜单

方法二：单击图层面板底部的“添加图层样式”按钮 。

方法三：在图层面板中双击需要添加图层样式的图层名称后方的空白处。

上述 3 种方法都可以打开“图层样式”对话框，在对话框中的列表中选择图层样式，可以根据需要修改样式的各项参数。

方法四：单击“窗口”→“样式”命令，打开样式面板，在面板中选择一种预设样式即可快速应用图层样式。

下面介绍本任务中使用的描边和渐变叠加两种图层样式的含义。

1. 描边

描边可以用颜色、渐变以及图案描绘图像的轮廓，可设置描边大小、位置、颜色、混合模式、不透明度及填充类型等参数。

2. 渐变叠加

渐变叠加用于快速为图层赋予某种渐变效果，通过这种方式赋予的渐变效果可以随时调整，可设置渐变颜色、样式、角度和缩放等参数。不仅能制作出带有多种颜色的对象，还可以巧妙地设置渐变效果，制作凸起、凹陷等三维效果及带有反光质感的效果。

三、图层样式的基本操作

1. 隐藏与显示图层样式

在图层面板中单击图层中“效果”前面的“切换所有 / 单一图层效果可见性”图标

可控制图层样式的隐藏与显示。

2. 复制图层样式

选中一个带有图层样式的图层，单击鼠标右键，在弹出的快捷菜单中单击“拷贝图层样式”命令，选择要粘贴图层样式的图层，再单击鼠标右键，在弹出的快捷菜单中单击“粘贴图层样式”命令。复制图层样式可减少重复操作，提高工作效率。

3. 缩放图层样式

对图层中的图层样式进行大小比例的整体微调时，只需在图层面板中的该图层样式上单击鼠标右键，在弹出的快捷菜单中单击“缩放效果”命令后设置参数即可。

4. 清除图层样式

可以在图层面板中选中要清除的图层样式，按住鼠标左键将其拖动到“删除图层”按钮上；也可以在图层面板中的要清除图层样式的图层上单击鼠标右键，在弹出的快捷菜单中单击“清除图层样式”命令。

5. 栅格化图层样式

选中要栅格化图层样式的图层，单击“图层”→“栅格化”→“图层样式”命令即可。

四、调色命令的使用

在图像处理的过程中，大多数情况下都需要进行色调调整，通过调整色调可以提高图像的清晰度，使图像看上去更加生动。调色命令有很多，但其使用方法都比较相似，首先选中需要调色的图层，然后单击“图像”→“调整”子菜单中的各种调整命令，如图 3-1-6 所示，即可进行相应的调色操作，如调整图像的色相 / 饱和度、亮度 / 对比度等，可以使整个画面看起来更协调、舒服。这种方式会直接将调色效果作用于图层，属于不可修改的方式。

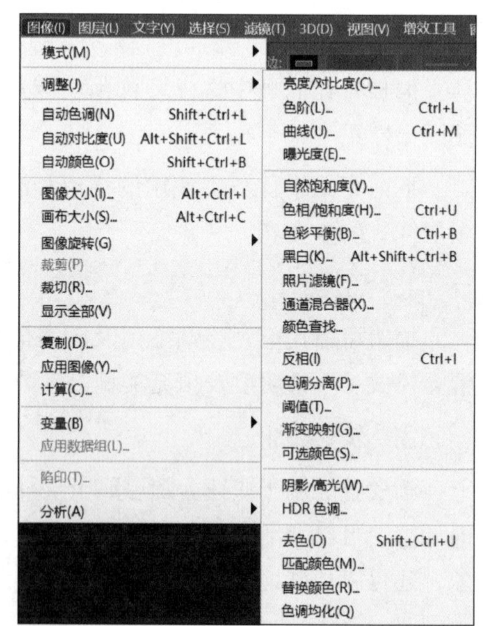

图 3-1-6 “调整”子菜单中的各种调整命令

下面介绍一下本任务中用到的色彩平衡和替换颜色两个命令。

1. 色彩平衡

色彩平衡是指根据颜色的补色原理控制图像颜色的分布。通过在减少某种颜色的同时增加这种颜色的补色可对图像进行偏色问题的校正。

2. 替换颜色

替换颜色用于修改图像中选定颜色的色相、饱和度和明度，可先通过吸管工具选取图像中的某种颜色，然后将其改变为其他任意一种颜色。

在图像处理的过程中，还经常用到色相 / 饱和度、亮度 / 对比度、曲线等命令。通过曲线命令可以对亮度 / 对比度、色相 / 饱和度、色彩平衡进行调整，可以更方便、更多样化地调整图像。

1. 新建图像文件

单击“文件”→“新建”命令，弹出“新建文档”对话框，设置参数如下：名称为“古色古香”，宽度为 27 厘米，高度为 36 厘米，分辨率为 300 像素 / 英寸，背景内容为白色。

2. 利用图层样式制作背景

（1）新建图层 1，隐藏背景图层的“指示图层可见性”图标，用矩形选框工具绘制合适大小的矩形选框，留一个像素宽的边缘线，设置前景色为白色，填充矩形选框为白色（或按 Alt+Delete 组合快捷键），如图 3–1–7 所示。

图 3–1–7　绘制矩形选框

（2）单击图层面板中的“添加图层样式”按钮，在弹出的快捷菜单中单击“描边”命令，弹出“图层样式”对话框，设置描边大小为 5 像素、位置为“外部”、不透明度为 100%、填充类型为“颜色”，设置颜色为土黄色（R：152，G：130，B：0），如图 3–1–8 所示，单击“确定”按钮。

（3）选择“渐变叠加”样式，设置混合模式为“正常”、渐变为橘黄色（R：255，G：175，B：80）到浅米黄色（R：230，G：218，B：200）的线性渐变，如图 3–1–9 所示。在“渐变编辑器”对话框中设置渐变条中间位置（50%）的颜色为橘黄色（R：255，G：175，B：80），如图 3–1–10 所示，单击“确定”按钮。

（4）按 Ctrl+D 组合快捷键取消选区，图层渐变效果制作完成，打开背景图层的“指示图层可见性”图标，效果如图 3–1–11 所示。

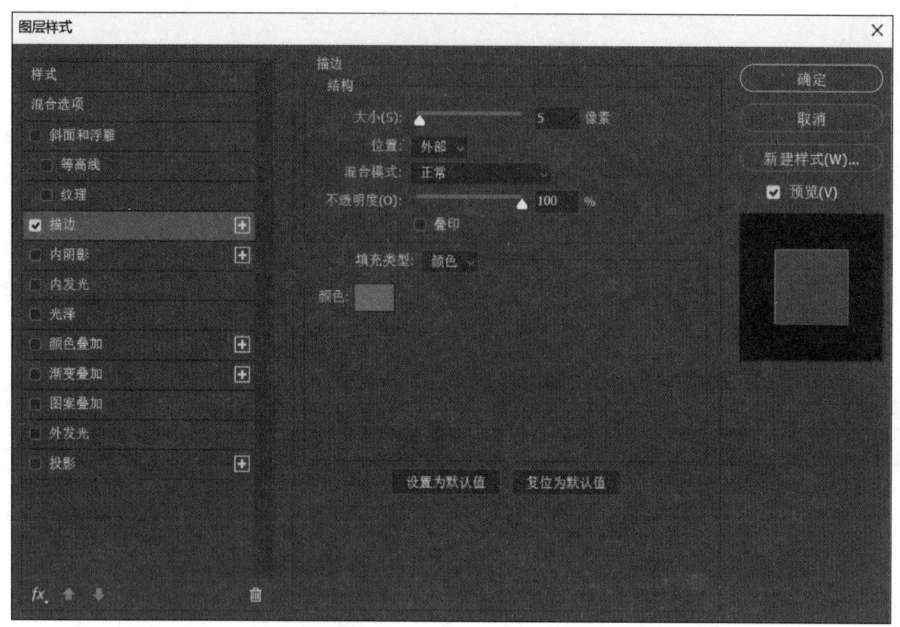

图 3-1-8 “描边”参数设置

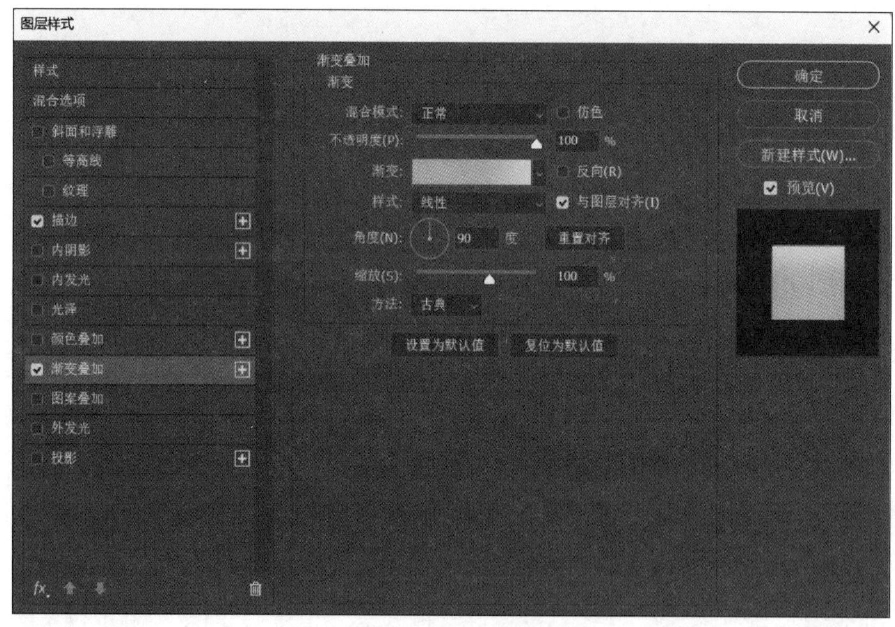

图 3-1-9 “渐变叠加”参数设置

3. 插入素材图像并调整图像色彩

（1）单击“文件”→“置入嵌入对象”命令，置入素材“湖畔.jpg”，将相对应的图层名称改为“美丽湖畔”；按 Ctrl+T 组合快捷键并调整图像大小，用移动工具将图像调整到合适的位置，如图 3-1-12 所示。

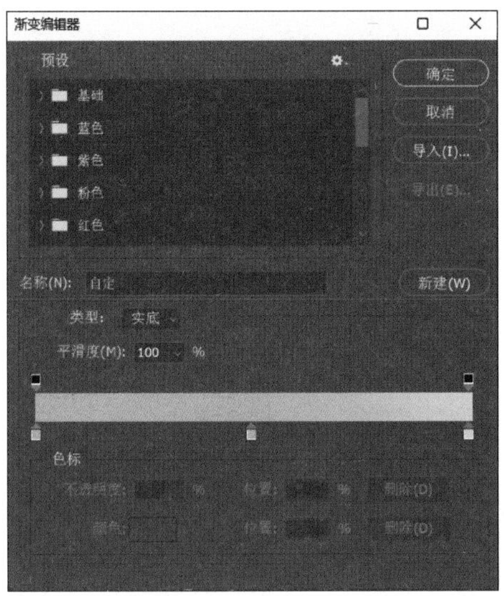

图 3-1-10　渐变颜色设置

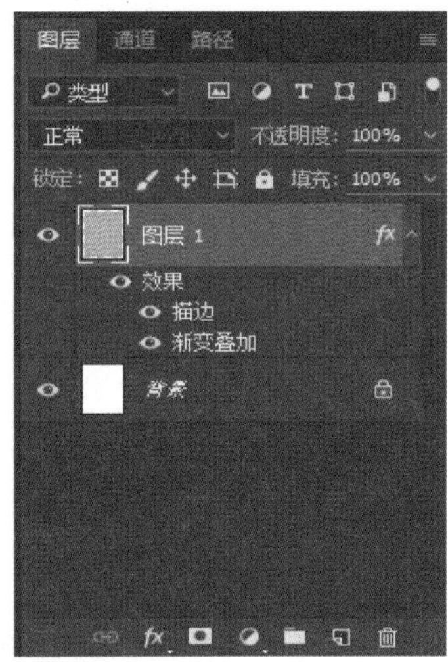

图 3-1-11　添加“描边”和“渐变叠加”后的效果

（2）单击“图层”→“栅格化”→“智能对象”命令，将图像变成可编辑的像素图。

（3）单击“图像”→“调整”→“色彩平衡”命令，弹出“色彩平衡”对话框，选择“高光”，设置色阶为（+60，−30，−30），如图 3-1-13 所示，使图像颜色与背景融合得更为自然，如图 3-1-14 所示。

图 3-1-12　插入素材图像并调整其大小和位置

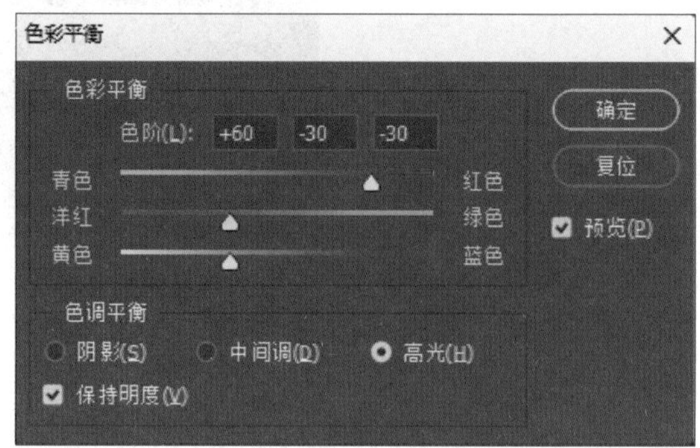

图 3-1-13　“色彩平衡”参数设置

图 3-1-14　设置“色彩平衡”参数后的效果

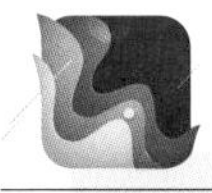

提示

蒙版即“遮罩”，是合成图像的重要工具，其主要作用是将图像中不需要编辑的图像区域进行保护。在蒙版上进行的任意操作都不会破坏图像，黑色对应的区域被保护（即遮挡），白色对应的区域为显示，从而能在不破坏原始图像的基础上实现特殊的图层叠加效果。

（4）设置前景色为黑色，单击“画笔工具”，选择柔边类的画笔，这样边缘就会柔和一点，将直径调整为合适大小，如300像素左右，将硬度设置为0%，如图3-1-15所示。选中“美丽湖畔”图层，单击图层面板中的“添加图层蒙版”按钮，用选好的画笔将风景图上半部分的天空遮盖起来，如图3-1-16所示，可以切换画笔颜色进行多次操作，反复修改到满意为止。

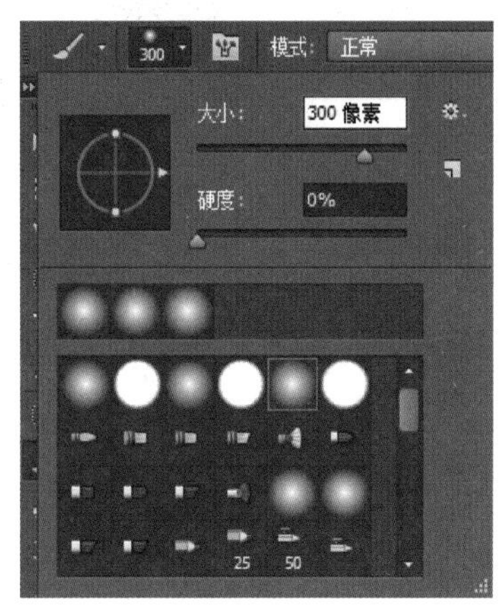

图3-1-15　画笔工具参数设置

（5）选中“美丽湖畔”图层，单击“图像”→“调整”→“替换颜色”命令，弹出“替换颜色”对话框，设置颜色容差为135，将色相等调整到合适的值，如图3-1-17所示，选中水面区域，替换水面的颜色，调整色彩后的效果如图3-1-18所示。

图3-1-16　用画笔工具在蒙版中涂抹

图 3-1-17 “替换颜色”对话框

图 3-1-18 调整色彩后的效果

4. 利用文字图层制作文字效果

（1）新建图层 2，制作左上方文字“公园佳景”。用矩形选框工具在左上方合适的位置绘制矩形选框，单击“编辑”→“描边”命令，弹出“描边”对话框，设置描边宽度为 4 像素，设置颜色为黄绿色（R：174，G：135，B：78）。在选框内输入“公园佳景”，设置字体为思源黑体、字体大小为 36 点、文本颜色为棕色（R：162，G：131，B：87），效果如图 3-1-19 所示。

图 3-1-19 “公园佳景”文字效果

（2）用文字工具输入“印象”，设置字体为临海隶书、字体大小为 80 点、文本颜色为棕色（R：162，G：131，B：87），将其调整到合适的位置，如图 3-1-20 所示。

（3）用文字工具输入“美丽湖畔”4 个字，设置字体为三极行楷简体－粗、字体大小为 80 点、文本颜色为黑色、字间距为 50，将其调整到合适的位置，如图 3-1-21 所示。

图 3-1-20　“印象”文字效果

图 3-1-21　“美丽湖畔”文字效果

（4）用文字工具输入“行公园古道，赏湖畔美景，阅历史文化”，设置字体为全字库正楷体、字体大小为 38 点、文本颜色为黑色、字间距为 -50，将其调整到合适的位置，最终效果如图 3-1-2 所示。

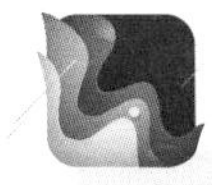

提示

文字也相当于一个图层，需要对文字进行修改时，一定要先选中需要修改的文字图层。

5. 保存和导出图像文件

单击“文件”→“存储为”命令，在弹出的“存储为”对话框中选择以 PSD 格式保存。单击“文件”→“导出”→“导出为”命令，导出 JPG 格式文件。完成后退出 Photoshop 2023。

任务 2　制作日落沙滩图像效果

1. 掌握调整图层中照片滤镜的使用方法。
2. 掌握应用图像命令的使用方法。
3. 能区分调色命令和调整图层。
4. 能使用填充图层和调整图层进行调色。
5. 能使用图层的混合模式制作各种不同的特殊图像效果。

黄昏时分，暖暖的沙滩、橙红色的夕阳、绚丽的晚霞……宜人的海边风景十分令人陶醉和向往。本任务要求将图 3-2-1 所示的海边风景图片素材制作成梦幻漂亮的日落沙滩图像效果（见图 3-2-2）。制作过程中主要通过使用填充图层、调整图层及图层的混合模式等，将图层操作、调色操作和蒙版操作结合在一起，使用照片滤镜为图像“蒙”上某种颜色，使图像产生明显的颜色倾向，从而达到调整色调的目的。本任务的学习重点是图层混合模式的设置方法。

图 3-2-1　海边风景图片素材

图 3-2-2　日落沙滩图像效果

一、调色的方法

1. 用调色命令调色

通过“图像”→“调整”子菜单中的色阶、曲线等调色命令进行调整会直接将调色效果作用于图层，属于不可修改方式。

2. 用调整图层调色

单击“图层”→“新建调整图层”命令，或单击图层面板中的“创建新的填充或调整图层”按钮，在弹出的快捷菜单（见图 3-2-3）中选择即可对该图层添加一种调整图层。这种方式属于可修改方式，如果对调色效果不满意，可以重新修改调整图层的参数，直到达到满意的效果为止。

二、照片滤镜

调整图层中的照片滤镜是一种用于调整照片色性的工具，其工作原理是模拟在照相机的镜头前增加彩色滤镜，镜头会自动过滤掉某些暖色光或冷色光，从而起到控制照片色性的效果。

图 3-2-4 所示为照片滤镜的属性面板，包括“滤镜”选项，其下拉列表中有各种滤镜；通过“颜色”选项可以设置想要的滤镜颜色；通过“密度”选项可以控制应用到图像中的颜色数量；通过“保留明度”选项可以决定是否保持高光部分，勾选其复选框有利于保持照片的层次感。

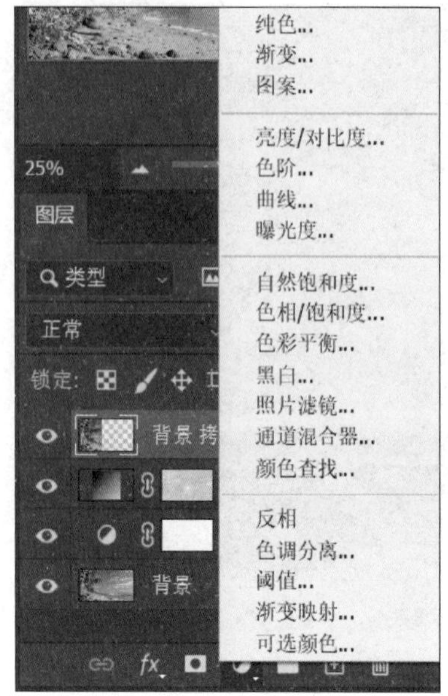

图 3-2-3　快捷菜单

图 3-2-4　照片滤镜的属性面板

三、图层的混合模式

在 Photoshop 中，通过设置图层的总体不透明度、填充不透明度和混合模式等可以合成丰富的图像效果。通过调整图层不透明度可以将图像元素逐渐透明化。混合模式用于设置图像叠加时，将某一图层和与其紧挨在一起的下面图层的颜色进行色彩混合，如色彩相加、相减或变换等，从而获得各种不同的特殊图像效果。

1. 图层混合模式的设置方法

首先选中要设置混合模式的图层，然后单击图层面板中的“设置图层的混合模式”下拉按钮，选择所需要的混合模式即可，如图 3-2-5 所示。

图 3-2-5　设置图层的混合模式

2. 图层混合模式的各种效果

图层的混合模式共分为 6 组，第一组包括正常和溶解，其实质是覆盖；第二组的主要功能是去掉图像中亮的部分，保留暗的部分，包括变暗、正片叠底、颜色加深、线性加深、深色；第三组的主要功能是混合后让图像更亮，去掉较暗的部分，包括变亮、滤色、颜色减淡、线性减淡（添加）、浅色；第四组的主要功能是混合后产生提高图像对比度的视觉效果，即让亮的部分更亮，暗的部分更暗，造成图像明暗对比的较大反差，减少层次感，包括叠加、柔光、强光、亮光、线性光、点光、实色混合；第五组的主要功能是用于制作特殊图像效果，该组模式不常使用，包括差值、排除、减去、划分；第六组的主要功能是用混合色图层调整基底图层（基层）的色相等，包括色相、饱和度、颜色、明度。

（1）正常：默认的图层混合模式，图层间相互不影响。当不透明度为100%时，下面图层的图像会被上面图层的图像完全覆盖。只有减小上面图层图像不透明度的数值后才能与下面图层的图像混合，不透明度数值越小，透明效果越明显。

（2）溶解：下面图层的颜色会被上面图层的颜色随机取代，产生一种两层图像相互融合的效果。该模式对羽化的边缘作用非常明显。

（3）变暗：比较上下两个图层的颜色，将其中较暗的颜色显示出来。也就是说，下面图层比上面图层亮的像素被取代，而较暗的像素不变。

（4）正片叠底：上面图层的颜色与下面图层的颜色进行混合，任何颜色与黑色混合产生黑色，任何颜色与白色混合保持不变。除黑色与白色外的颜色相叠加产生变暗的颜色。简单来说，正片叠底模式就是突出黑色的像素。

（5）颜色加深：通过提高上下层图像之间的对比度得到颜色加深的效果。与白色混合时，下面图层颜色不发生变化。

（6）线性加深：通过降低亮度使下面图层的颜色变暗。与白色混合时，下面图层的颜色不发生变化。

（7）深色：通过比较上下两个图层中图像所有通道值的总和，显示数值较小的颜色。

（8）变亮：与变暗模式相反，比较上下两个图层的颜色，将其中较亮的颜色显示出来。

（9）滤色：与正片叠底相反的一种混合模式，与黑色混合时颜色保持不变，与白色混合时得到白色。除黑色与白色之外的颜色相叠加产生变亮的颜色。

（10）颜色减淡：通过降低上下层图像之间的对比度使下面图层图像颜色变亮。

（11）线性减淡（添加）：与线性加深模式产生的效果相反，通过提高亮度使下面图层的颜色变亮。与黑色混合时，下面图层的颜色不发生变化。

（12）浅色：通过比较两个图像的所有通道值的总和，显示数值较大的颜色。

（13）叠加：将上下两个图层的颜色进行叠加，保持下面图层的亮度和暗度，下面图层的颜色不会被取代。

（14）柔光：根据上面图层颜色的不同使图像变暗或变亮。如果上面图层颜色的灰度大于 50%，图像变亮；如果上面图层颜色的灰度小于 50%，图像变暗。

（15）强光：对颜色进行过滤，具体取决于当前图像的颜色。如果上面图层颜色的灰度大于 50%，图像变亮；如果上面图层颜色的灰度小于 50%，图像变暗。这种模式适合为图像增加暗调。

（16）亮光：通过提高（降低）对比度加深（减淡）颜色，具体取决于上面图层的颜色。如果上面图层颜色比 50% 灰度亮，则通过降低对比度使图像变亮；如果上面图层颜色比 50% 灰度暗，则通过提高对比度使图像变暗。

（17）线性光：通过提高（降低）亮度加深（减淡）颜色，具体取决于上面图层的颜色。如果上面图层的颜色比 50% 灰度亮，则通过提高亮度使图像变亮；如果上面图层的颜色比 50% 灰度暗，则通过降低亮度使图像变暗。

（18）点光：根据上面图层的颜色替换颜色。如果上面图层的颜色比 50% 灰度亮，则替换比上面图层颜色暗的像素；如果上面图层的颜色比 50% 灰度暗，则替换比上面图层颜色亮的像素。

（19）实色混合：将上层图像的 RGB 通道值添加到底层图像的 RGB 值，其结果是亮色更亮、暗色更暗。

（20）差值：以上面图层和下面图层中较亮颜色的亮度减去较暗颜色的亮度。上层图像与白色混合使底色反相，与黑色混合则不发生变化。

（21）排除：该模式与差值模式相似，但对比度更低，因而颜色较柔和。

（22）减去：在减去上面图层颜色的同时，也减去上面图层的亮度。

（23）划分：比较每个通道中的颜色信息，从底层图像中划分上层图像。

（24）色相：用底层图像的明度、亮度、饱和度以及上层图像的色相创建颜色。

（25）饱和度：用底层图像的明度、亮度、色相以及上层图像的饱和度创建颜色。在无饱和度的区域用此模式绘画不会发生变化。

（26）颜色：用底层图像的明度、亮度以及上层图像的色相、饱和度创建颜色，这样可以保留图像中的灰度，对于给单色图像上色或给彩色图像上色非常有用。

（27）明度：用底层图像的色相、饱和度以及上层图像的明度、亮度创建颜色。

四、图像的自动调整

在“图像”菜单中有自动色调、自动对比度、自动颜色这 3 种用于自动调整图像的命令，无须设置参数，便可快速处理一些图像中常见的色调和颜色问题。

1. 自动色调

自动色调常用于校正图像常见的偏色问题，当图像总体出现偏色时，可以使用自动色调处理图像中的高光和阴影，使图像有较好的层次效果，看起来更自然。

单击“图像”→“自动色调”命令，可以自动校正图像中白色和黑色的像素比并按比例重新分布中间像素值，系统通过搜索图像来标识阴影、中间调和高光，侧重于快速调整图像的基本色调。图 3–2–6 所示为使用自动色调命令调整前后的效果对比图。

a）　　b）

图 3–2–6　使用自动色调命令调整前后的效果对比图

a）调整前　b）调整后

2. 自动对比度

单击“图像”→“自动对比度”命令，不仅能自动调整图像的对比度，还能调整图像的明暗程度。该命令通过剪切图像中的白色与黑色像素的百分比，使图像中的高光看上去更亮、阴影看上去更暗，从而增强图像对比度。图 3–2–7 所示为使用自动对比度命令调整前后的效果对比图。

3. 自动颜色

单击“图像”→“自动颜色”命令，系统通过搜索实际图像，而不是通道中的用于暗调、中间调和高光的直方图来调整图像的对比度和颜色，侧重于更精细地调整图像颜色，系统自动调整图像的颜色会使颜色更加自然。图 3–2–8 所示为使用自动颜色命令调整前后的效果对比图。

a）　　b）

图 3-2-7　使用自动对比度命令调整前后的效果对比图
a）调整前　b）调整后

a）　　b）

图 3-2-8　使用自动颜色命令调整前后的效果对比图
a）调整前　b）调整后

1. 打开素材图像文件

单击“文件”→“打开”命令，弹出“打开”对话框，选中素材“海边沙滩 .jpg”，单击“打开”按钮，打开选中的素材图像文件。

2. 调整色调

（1）给背景图层添加日落色调

选中背景图层，单击“图层”→“新建调整图层”→“照片滤镜”命令，弹出“新建图层”对话框，如图 3-2-9 所示，单击“确定”按钮。也可以单击“图像”→“调整”→“照片滤镜”命令，但是采用前一种方法更好，便于再次修改效果。

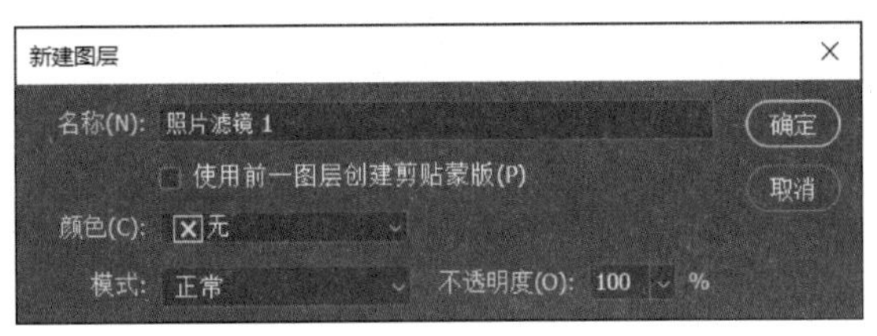

图 3-2-9 “新建图层”对话框

新建图层后，弹出照片滤镜的属性面板，设置滤镜为“Warming Filter（85）”、密度为“20%”，如图 3-2-10 所示，整个图像都变为浅橙黄色调，如图 3-2-11 所示。

图 3-2-10 照片滤镜的属性面板

图 3-2-11 密度为 20% 的效果

（2）加深日落效果

再次在照片滤镜的属性面板中设置滤镜为“Warming Filter（85）”、密度为“83%”，如图 3-2-12 所示，整个图像都变为橙黄色调，如图 3-2-13 所示。

图 3-2-12　照片滤镜的属性面板

图 3-2-13　密度为 83% 的效果

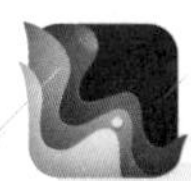

提示

照片滤镜与摄影师使用的彩色滤镜效果非常相似，能给图像“蒙”上某种颜色，使图像产生明显的颜色倾向，常用于制作冷调和暖调的图像。

在图像处理过程中，要善于使用调整图层，这样既不用改变原图层，又可以随时改变调整图层的参数。

3. 制作太阳

（1）单击“图层”→“新建填充图层”→“渐变”命令，弹出“新建图层”对话框，设置名称为“日落”，勾选“使用前一图层创建剪贴蒙版”复选框，如图 3-2-14 所示，单击“确定”按钮。

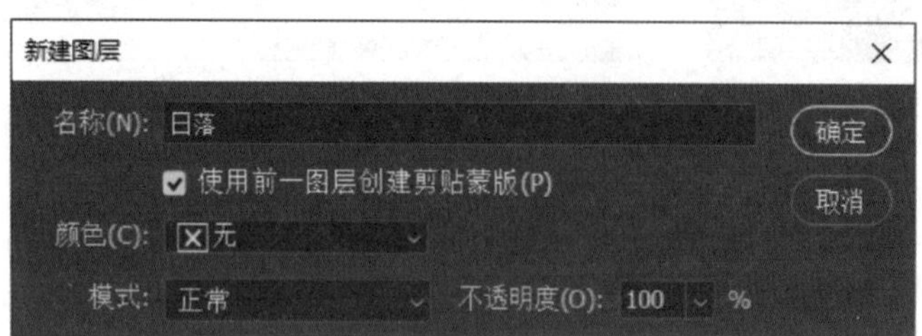

图 3-2-14　“新建图层”对话框

提示

创建剪贴蒙版是指通过使用处于下方图层的形状控制其上方图层的显示范围，达到剪贴画的效果，即“下形状上颜色”。最下面的一个图层叫作基底图层，位于其上的图层叫作顶层，基层只能有一个，顶层可以有若干个。

（2）在弹出的“渐变填充”对话框中设置渐变参数，选择样式为“径向”，如图 3-2-15 所示。

（3）单击渐变条，弹出“渐变编辑器”对话框，设置最左侧的色标为白色、不透明度为 100%；设置最右侧的色标为黑色、不透明度为 0%。

（4）分别在渐变条中添加 3 个色标，颜色从左向右依次为浅黄色（R：255，G：238，B：187）、橘色（R：255，G：146，B：34）和深红色（R：153，G：34，B：0），位置从左向右依次为 10%、50%、75%，如图 3-2-16 所示，最后单击“确定”按钮完成渐变参数设置。

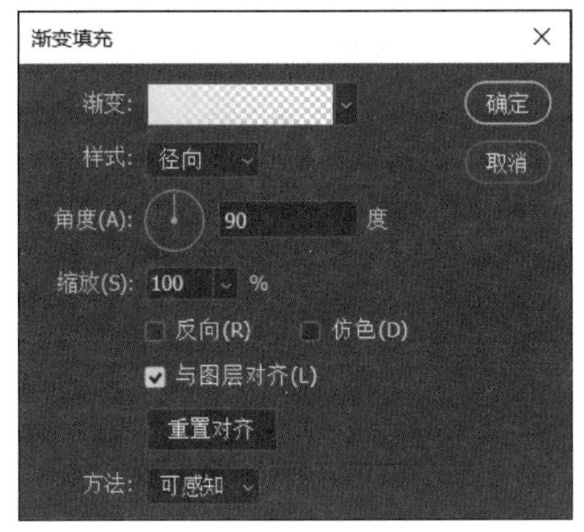

图 3-2-15　“渐变填充”对话框

图 3-2-16　“渐变编辑器”对话框

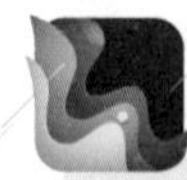

提示

“渐变编辑器”对话框中的参数设置主要是通过渐变条上下两侧的色标实现的，单击选中上方色标可设置不透明度，单击选中下方色标可设置渐变颜色。在渐变条上下两侧单击可以添加色标，拖动色标左右移动可以调节其位置。

4. 调整太阳位置

在图层面板中双击“日落”图层（见图 3–2–17），弹出“渐变填充”对话框（见图 3–2–18），使用移动工具移动太阳到合适的位置，单击“确定”按钮，关闭“渐变填充”对话框，效果如图 3–2–19 所示。执行这一步操作时一定要注意，在弹出“渐变填充”对话框后才能用移动工具移动渐变图层，否则移动不了。

图 3–2–17 双击“日落”图层

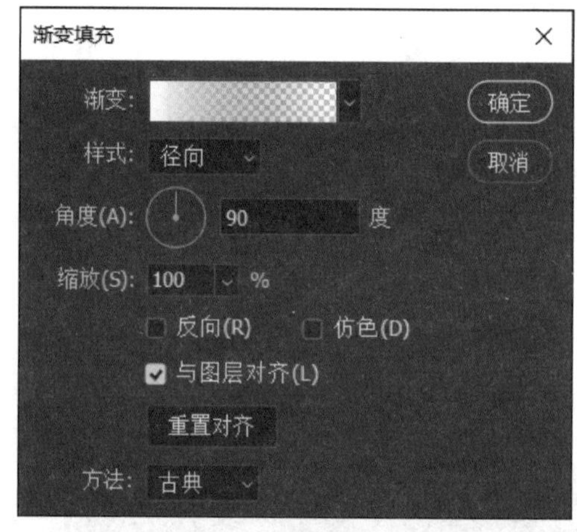

图 3–2–18 “渐变填充”对话框

5. 设置图层混合模式

在图层面板中选中“日落”图层，将图层的混合模式设置为“滤色”，效果如图 3–2–20 所示。

6. 使用应用图像命令修饰图像

通过应用图像命令可以将原图像的图层或通道与目标图像的图层或通道混合，从而创建特殊的效果。选中图层面板中“日落”图层的图层蒙版，单击“图像”→“应用图像”命令，弹出“应用图像”对话框，设置混合模式为“正片叠底”，勾选“蒙版”复选框，其他设置保持默认，如图 3–2–21 所示，单击“确定”按钮，效果如图 3–2–2 所示。

图 3-2-19　移动太阳到合适位置的效果

图 3-2-20　设置图层混合模式后的效果

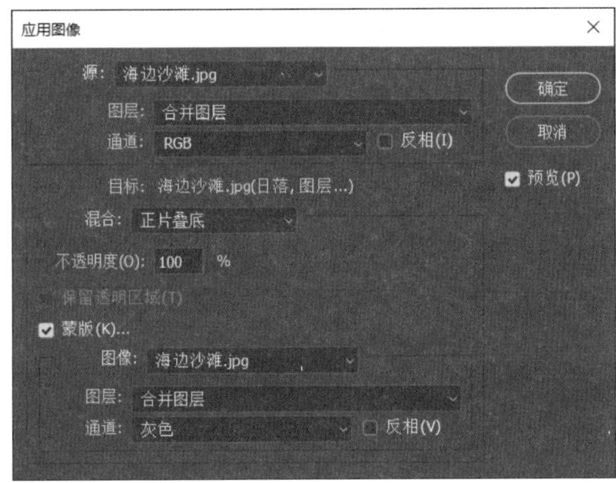

图 3-2-21　“应用图像”对话框

7．保存和导出图像文件

单击“文件”→“存储为”命令，在弹出的“存储为”对话框中选择以 PSD 格式保存。单击“文件”→“导出”→“导出为”命令，导出 JPG 格式文件。完成后退出 Photoshop 2023。

任务 3　制作都市印象图像效果

1. 掌握色相和饱和度的调整方法。
2. 掌握通道抠图的基本操作方法。
3. 掌握通道与选区之间的转换方法。
4. 掌握蒙版的类型、功能和使用方法。
5. 能使用曲线命令对图像进行颜色调整。
6. 能创建和编辑 Alpha 通道。

本任务要求将图 3–3–1 所示的建筑物素材图片进行处理，将素材中的建筑物和天空背景融合在一起，让人感觉到摩天大楼高耸入云端，仿佛俯仰所见即是蓝天白云，效果如图 3–3–2 所示。首先对整张图片进行调色（使天空变蓝），然后使用多边形套索工具选中玻璃幕墙的部分，利用通道得到选区，利用蒙版制作遮罩效果，将周围的建筑物反射到玻璃幕墙上，最后通过设置图层的混合模式完成图像效果图。本任务的学习重点是通道和蒙版的使用方法。

图 3-3-1　建筑物素材图片

图 3-3-2　都市印象图像效果

一、色相和饱和度的调整

1. 使用色相 / 饱和度命令调整

图像饱和度是指图像颜色的鲜艳程度。单击“图像”→“调整”→“色相 / 饱和度”命令，弹出“色相 / 饱和度”对话框，如图 3-3-3 所示。在此对话框中可以对图像整体或局部的颜色进行调整，以提高画面的饱和度；也可以分别对图像中各颜色的色相、饱和度、明度进行调整。先单击对话框左下方的“在图像上单击并拖动可修改饱和度。按住 Ctrl 键单击可修改色相”按钮，在图像上单击可以定位取样点的颜色，再拖动色相、饱和度、明度滑块，可以调整图像中与取样点相似的颜色区域。单击对话框中的“添加到取样”按钮和“从取样中减去”按钮可以添加及减少颜色范围。

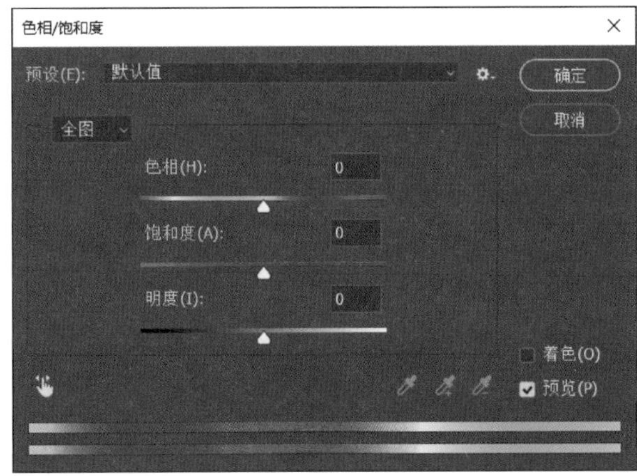

图 3-3-3　“色相 / 饱和度”对话框

调整色相是指更改画面各个部分或某种颜色的色相。

调整饱和度是指提高或降低画面整体或某种颜色的鲜艳程度。数值越大，画面颜色越鲜艳。

调整明度是指提高整个画面或某种颜色的明亮程度。数值越大，画面颜色越亮，越接近白色；数值越小，画面颜色越暗，越接近黑色。当数值为 100 时，画面呈现白色；当数值为 -100 时，画面呈现黑色。

在勾选对话框中的“着色”复选框后设置参数可以为图像重新着色，创建单色效果的图像，通常用于给黑色图片上色。

2. 使用海绵工具调整区域图像的饱和度

海绵工具主要用于精确提高或降低某一区域图像的饱和度。在减淡工具组（见图 3-3-4）中单击“海绵工具”，使用此工具在特定的区域内拖动可以根据图像的不同特点改变图像颜色的饱和度和亮度，以调节图像的色彩效果，让图像更鲜艳或自然。此外，也可以在“海绵工具”选项栏中设置各项参数控制图像的修饰效果。

图 3-3-4　减淡工具组

该工具组中的减淡工具和加深工具是色调工具。使用减淡工具在特定的图像区域内拖动可以让图像的局部颜色变得更加明亮，从而达到强调或突出表现的目的，对处理图像中的高光非常有用。加深工具的功能与减淡工具相反，使用加深工具在图像中涂抹，可以降低图像的亮度，使其变暗，从而校正图像的曝光度，以表现图像中的阴影效果。

二、曲线

曲线是常用的调色命令，既可用于画面明暗和对比度的调整，又可用于校正画面偏色问题及调整独特的色调效果。单击“图像”→“调整”→“曲线”命令，打开“曲线”对话框，如图 3-3-5 所示，“曲线”对话框中的左侧窗口为曲线调整区域，曲线的左下角控制画面的暗部区域，中间部分控制画面的中间调区域，右上角控制画面的亮部区域。在曲线上单击可以创建一个调节点，移动调节点可以改变曲线的形状，即对图像进行调整，将调节点移动到窗口左下角或右上角可将该点删除。通过改变曲线的形状，可以调整图像的明暗和对比度；通过变换颜色通道，可以校正画面偏色。曲线的输入值和输出值的范围是 0 ~ 255，横轴代表图像原来的亮度，纵轴代表图像调整后的亮度。

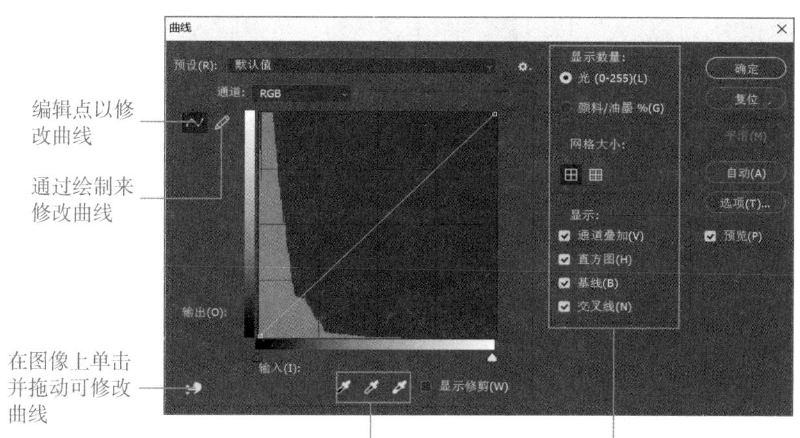

图 3-3-5 “曲线”对话框

三、通道

1. 通道及其类型

通道是一个以灰度图像形式存储图片颜色信息和选区的载体，分为颜色通道、Alpha 通道和专色通道 3 种类型。

颜色通道用于保存图像中颜色的分布信息，根据图像颜色模式的不同，颜色通道的种类也各异。

Alpha 通道是一种特殊通道，是通过通道面板创建的新通道，主要用于创建和存储选区。Alpha 通道可用于保存蒙版，即选区范围被保存后就会成为一个蒙版被保存在一个新增的通道中。Alpha 通道与选区关系密切，Alpha 通道中的白色区域为选区，黑色区域为非选区，灰色区域为有一定羽化效果的选区。

专色通道用于专色油墨印刷的附加印版。

2. 通道面板

单击“窗口”→“通道”命令，若“通道”前显示有“√”，即可调出通道面板，如图 3-3-6 所示，默认情况下，通道面板显示在图层面板附近。

图 3-3-6 通道面板

在通道面板中单击任意一个颜色通道，此时图像显示为该通道的灰度图像，如果要恢复图像的颜色，单击最顶部的复合（RGB）通道即可。使用通道面板可以完成新建、删除、复制、合并及拆分通道等操作。

通道面板上的主要按钮的功能如下。

“将通道作为选区载入”按钮 ：单击该按钮，可以载入所选通道图像的选区。

“将选区存储为通道”按钮 ：如果图像中有选区，单击该按钮则可以将选区中的内容存储到通道中。

“创建新通道”按钮 ：单击该按钮，可以新建一个 Alpha 通道。

“删除当前通道”按钮 ：将通道拖动到该按钮上，可以删除选中的通道。

3．通道数量

通道数量是由图像的颜色模式决定的。如 RGB 颜色模式的图像有 4 个通道（1 个复合通道和 3 个分别代表红色、绿色、蓝色的通道），CMYK 颜色模式的图像则有 5 个通道（1 个复合通道，另外 4 个分别代表青色、洋红色、黄色和黑色的通道）。

4．使用通道进行图像合成

将图 3–3–7 所示的素材图片“枯树 .jpg”“天空 .jpg”进行图像合成，得到图 3–3–8 所示的效果。

对于“枯树 .jpg”图片，如果想从图中用选框工具把枯树抠出来是比较困难的，使用通道是最好的办法，操作方法如下：

（1）在通道面板中找到对比度最强的蓝色通道。

（2）按住 Ctrl 键并单击通道，选中白色（亮）的区域，按 Ctrl+Shift+I 组合快捷键反选，即可选中黑色区域。

（3）单击复合通道，回到图层面板，按 Ctrl+C 组合快捷键复制该区域，按 Ctrl+V 组合快捷键粘贴该区域，枯树就被抠出来了。

（4）加入“天空 .jpg”图片即可完成两幅图像的合成。

a）

b）

图 3–3–7　素材图片

a）枯树　b）天空

图 3-3-8　合成后的效果

5. 使用通道制作奇特的效果

首先选中图像中的一个通道，对通道中的内容进行复制；然后选中另一个通道，进行粘贴，制作出奇特的效果，如图 3-3-9 和图 3-3-10 所示。

图 3-3-9　素材图像

图 3-3-10　效果图

操作方法如下：

（1）打开通道面板，选中绿色通道，按 Ctrl+A 组合快捷键全选，按 Ctrl+C 组合快捷键复制全部绿色通道。

（2）单击红色通道，按 Ctrl+V 组合快捷键粘贴，将复制的绿色通道粘贴到红色通

道中。

（3）单击复合通道，回到图层面板，红色的花就变成了蓝色的花。

四、蒙版

蒙版是一种特殊的选区，但它真正的用处并不是对选区进行操作，而是要保护被遮盖的区域不受任何编辑操作的影响。蒙版是 Photoshop 中用得比较多的一项功能，常用的有图层蒙版、矢量蒙版、快速蒙版和剪贴蒙版等。

1. 图层蒙版

图层蒙版存在于图层之上，使用图层蒙版可以进行各种图像的合成操作。在蒙版中进行图像处理时能迅速还原图像，避免在处理过程中丢失图像信息。

2. 矢量蒙版

矢量蒙版和图层蒙版的原理一样，只是用法不同。矢量蒙版是一种路径遮罩，通过建立路径或矢量形状控制图像的显示，通常只显示路径区域内的内容，即改变图像的局部显示效果。

3. 快速蒙版

使用快速蒙版可以在图像中创建一个临时的蒙版效果，可将任意选区转变为蒙版，将图像作为蒙版进行编辑，其优点是可以使用滤镜、羽化值等属性修改蒙版，用户可以自由地在蒙版和选区之间切换。

4. 剪贴蒙版

剪贴蒙版是由图层转换而来的，其功能是通过使用处于下方图层的形状限制上方图层的显示状态，达到一种剪贴画的效果。图层蒙版只需要一个图层就可以完成，而剪贴蒙版需要两个图层配合，剪贴蒙版最大的优点是可以通过一个图层控制多个图层的可见内容，而图层蒙版和矢量蒙版都只能控制一个图层的显示效果。

1. 打开图像文件

单击“文件”→“打开”命令，打开素材“建筑物 .jpg”。

2. 调整图像色调

（1）选中背景图层，调整蓝色天空的饱和度，使天空部分变蓝，其他部分不变。单击“图像”→“调整”→“色相 / 饱和度”命令，在弹出的“色相 / 饱和度”对话框中单击“在图像上单击并拖动可修改饱和度。按住 Ctrl 键单击可修改色相”按钮，在光标变成吸管工具后，单击白云。单击“添加到取样”按钮，选中白云中间的天空，在对话框中将色相调整为+12、饱和度调整为30，如图3–3–11所示，这样天空就变蓝了。

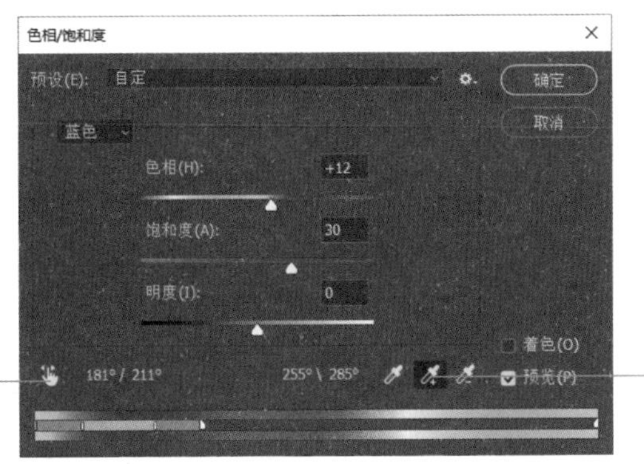

图 3–3–11　“色相 / 饱和度”参数设置

（2）单击“图像”→“调整”→“曲线”命令，弹出“曲线”对话框，对天空的色调进行微调，设置输入值和输出值分别为140、120，如图3–3–12所示，通过曲线使整体色调变得自然，效果如图3–3–13所示。

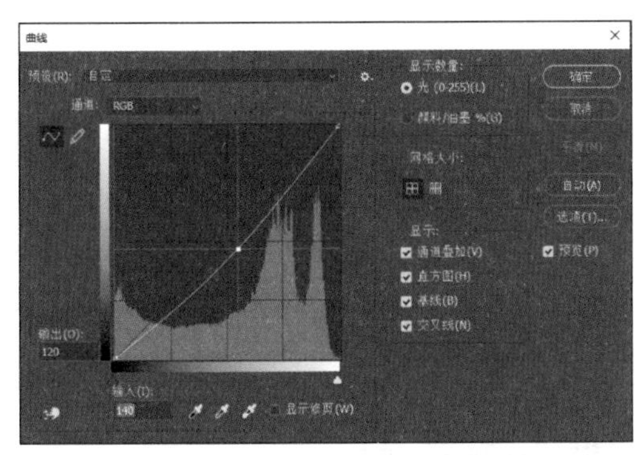

图 3–3–12　“曲线”对话框

图 3–3–13　使用曲线后的效果

提示

默认状态下，曲线命令用于对复合通道进行调整，也可以选择其中的一个通道进行调整。

3. 利用通道制作遮罩效果

（1）切换到通道面板，用多边形套索工具选中图像左上角（白云）的部分，如图 3-3-14 所示。单击“将选区存储为通道”按钮，生成 Alpha 1 通道，如图 3-3-15 所示，按 Ctrl+D 组合快捷键取消选区。

图 3-3-14 选中图像左上角（白云）的部分

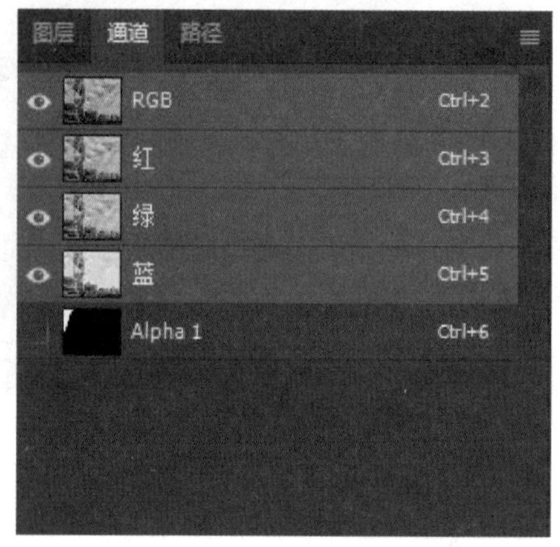

图 3-3-15 生成 Alpha 1 通道

（2）选中背景图层，用矩形选框工具选中图 3-3-16 所示的白云区域，单击鼠标右键，在弹出的快捷菜单中单击“通过拷贝的图层”命令，生成图层 1，用移动工具将白云移到合适的位置（左上角），如图 3-3-17 所示。

图 3-3-16 选中矩形的白云区域

图 3-3-17 移动白云到左上角

（3）选中 Alpha 1 通道，在通道面板中单击“将通道作为选区载入”按钮，返回到图层面板，选中图层 1，单击“添加图层蒙版”按钮，左上角的部分被云层覆盖，如图 3-3-18 所示。

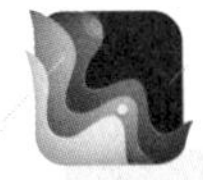

提示

添加图层蒙版时，若为选区，则单击“添加图层蒙版”按钮；若为路径，则单击“添加矢量蒙版”按钮。

（4）单击“文件”→“置入嵌入对象”命令，将“建筑物.jpg”图片置入文件中，用多边形套索工具选中大楼的主体结构（玻璃幕墙），单击“将选区存储为通道”按钮，生成 Alpha 2 通道，如图 3-3-19 所示。

图 3-3-18　添加图层蒙版的效果

图 3-3-19　生成 Alpha 2 通道

（5）在通道面板中单击“将通道作为选区载入”按钮，单击 RGB 通道，回到图层面板底部单击“添加图层蒙版”按钮，设置图层的混合模式为“滤色”、不透明度为 60%，效果如图 3-3-20 所示。

图 3-3-20　设置图层混合模式的效果

（6）使用多边形套索工具选中建筑物部分，单击“滤镜”→“模糊”→“高斯模糊”命令，设置半径为 1.5 像素，效果如图 3-3-21 所示。

图 3-3-21　高斯模糊效果

（7）依照步骤（4）~（6）的方法，插入素材图片“建筑物 1.jpg”到合适的位置，如图 3-3-22 所示，用于为建筑物上方的玻璃幕墙添加建筑物 1 的反光，如图 3-3-23 所示。重复上述步骤，添加建筑物 2、建筑物 3 并制作相应的玻璃反光效果，如图 3-3-24 和图 3-3-25 所示。

图 3-3-22　插入建筑物 1 到合适的位置

图 3-3-23　添加建筑物 1 的反光

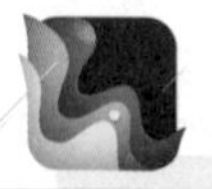

提示

在通道中，黑色代表非选区，白色代表选区。想要完整保留的区域和想要完全删除的区域应该分别显示为黑色和白色，才能得到精确的选区，对象才能被完整地提取出来。而类似毛发边缘、半透明云朵等对象则无法被完整地提取出来。

按住 Ctrl 键，单击所要选择的通道，可以将通道作为选区载入。

图 3-3-24　添加建筑物 2 的反光

图 3-3-25　添加建筑物 3 的反光

4. 添加光照效果

单击“文件”→“置入嵌入对象”命令，将素材图片“光晕.jpg”置入文件中（见图 3-3-26），并将其调整到合适的位置，设置图层的混合模式为“滤色”，效果如图 3-3-2 所示。

图 3-3-26　置入光晕图片

5. 保存和导出图像文件

单击“文件”→“存储为”命令，在弹出的对话框中选择以 PSD 格式保存。单击“文件”→“导出”→“导出为”命令，导出 JPG 格式文件。完成后退出 Photoshop 2023。

任务 4　制作校园掠影图像效果

1. 掌握滤镜库等特殊滤镜的使用方法。
2. 掌握滤镜组中滤镜的使用方法。
3. 能使用最小值和浮雕效果滤镜制作各种特殊效果。

校园掠影图像效果是以图 3-4-1 所示的校园风景照片为素材，先利用图层的混合模式和滤镜做出泛黄铅笔画的效果，再对文字图层等进行操作得到的，如图 3-4-2 所示。本任务的学习重点是选用合适的滤镜制作千变万化的特殊图像效果。

图 3-4-1　素材

图 3-4-2　校园掠影图像效果

一、“滤镜”菜单

滤镜主要用于实现图像的各种特殊效果，不同类型的滤镜可制作的效果也大不相同。Photoshop 2023 中的滤镜集中在“滤镜”菜单中，如图 3-4-3 所示，大致可分为内置滤镜和外挂滤镜两大类，内置滤镜是集成在 Photoshop 中的滤镜，包括被单列出来的特殊滤镜和不同类别的滤镜组。

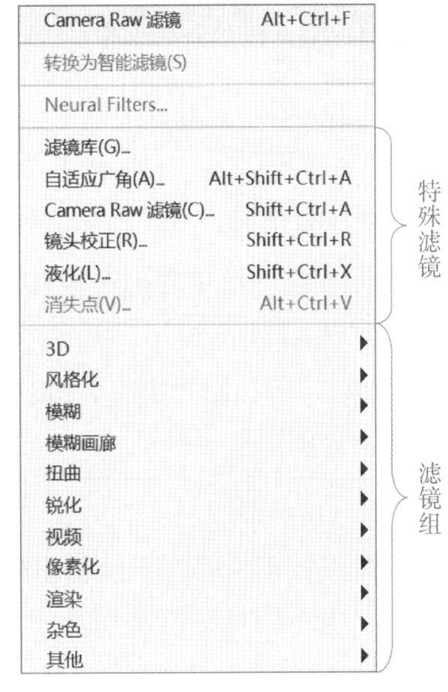

图 3-4-3　“滤镜”菜单

特殊滤镜位于“滤镜”菜单的上半部分，这些滤镜的功能比较强大，使用方法各不相同。

滤镜组中的每个菜单命令下都包含多种滤镜效果，这些滤镜大多数使用起来非常简单，只需要执行相应的命令并简单地调整参数就能得到丰富多彩的艺术效果。

外挂滤镜是 Photoshop 支持使用的第三方开发的滤镜。外挂滤镜的种类有很多，如人像皮肤美化滤镜、材质模拟滤镜等。这部分滤镜可能在“滤镜”菜单中没有显示，必须先安装才能使用。

二、特殊滤镜

下面介绍几个特殊滤镜。

1. 滤镜库

滤镜库中集合了很多滤镜，滤镜效果各不相同，但使用方法十分相似。在滤镜库中可以为一个图层添加一种或多种滤镜，操作方法如下：单击“滤镜”→“滤镜库”命令，打开滤镜库设置窗口，如图 3–4–4 所示。

图 3-4-4 滤镜库设置窗口

2. 自适应广角

自适应广角主要用于校正由广角镜头造成的变形问题，可以对广角、超广角及鱼眼效果进行变形校正，操作方法如下：单击“滤镜”→“自适应广角”命令，打开“自适应广角”设置窗口，如图 3–4–5 所示，可以设置校正的类型，包括鱼眼、透视、自动、完整球面。

3. 镜头校正

镜头校正主要用于校正扭曲、紫 / 绿边、四角失光问题，可以快速修复常见的镜头瑕疵，也可以用于旋转图像，或修复由相机在垂直或水平方向上倾斜导致的图像透视错误现象。单击“滤镜”→“镜头校正”命令，打开“镜头校正”设置窗口，调整图像四角失光现象，将移去扭曲设置为 +60、晕影数量设置为 +20，如图 3–4–6 所示，可以发现图像四角校正后亮度也提高了，如图 3–4–7 所示。

图 3-4-5 “自适应广角”设置窗口

图 3-4-6 “镜头校正”设置窗口

图 3-4-7 镜头校正效果

三、滤镜组

1. “3D”滤镜组

“3D”滤镜组中有生成凹凸（高度）图和生成法线图两种滤镜，其功能是利用漫射纹理生成更好效果的凹凸（高度）图或法线图，这两种效果图常用于游戏贴图中。

2. “风格化”滤镜组

下面介绍“风格化”滤镜组中几种常用的滤镜。

（1）风

此滤镜通过产生一些细小的水平线条模拟风吹效果，如图 3-4-8 所示，其参数如下。

方法：包含“风”“大风”和“飓风”3 种等级。

方向：设置风源的方向，包含“从右”和“从左”两种。

（2）浮雕效果

此滤镜通过勾勒图像或选区的轮廓和降低周围的颜色值生成凹陷或凸起的浮雕效果，如图 3-4-9 所示，其参数如下。

角度：设置浮雕效果的光线方向，光线方向会影响浮雕凸起的位置。

高度：设置浮雕效果的凸起高度。

数量：设置浮雕效果的作用范围。数值越大，边界越清晰（小于 40% 时，图像会变灰）。

（3）拼贴

拼贴将图像分解为一系列块状，使其偏离原来的位置，以产生不规则拼贴图像效果，如图 3-4-10 所示，其参数如下。

图 3-4-8　风吹效果

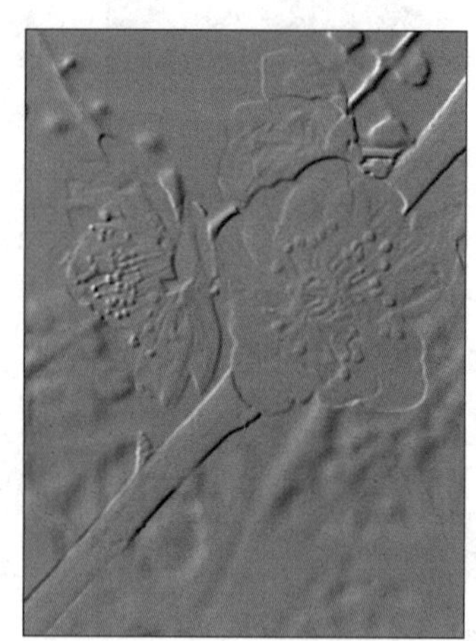
图 3-4-9　浮雕效果

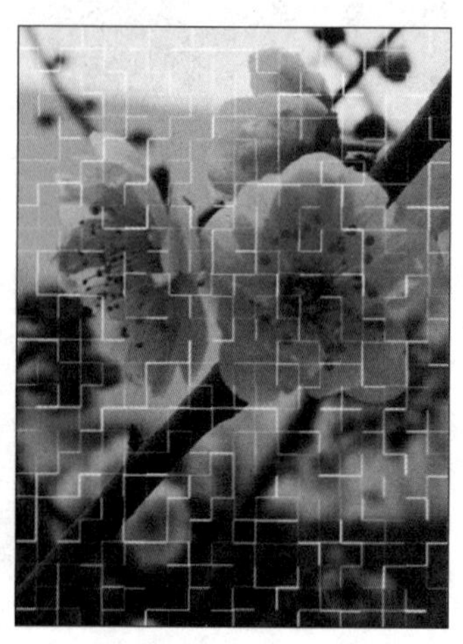
图 3-4-10　拼贴效果

拼贴数：设置在图像每行和每列中显示的贴块数。

最大位移：设置拼贴偏移原始位置的最大距离。

填充空白区域用：设置填充空白区域的方法。

3. “模糊”滤镜组

“模糊”滤镜组集成了 11 种模糊滤镜，用于淡化边界的颜色，使图像内容变得柔和。使用“模糊”滤镜组中的滤镜可以进行磨皮、制作景深效果或者模拟高速摄像机的跟拍效果。下面介绍几种“模糊”滤镜组中常用的滤镜。

（1）表面模糊

表面模糊在保留边缘的同时模糊图像，将接近的颜色融合为一种颜色，从而减少画面细节或降噪。使用表面模糊滤镜的素材和效果如图 3–4–11、图 3–4–12 所示，其参数如下。

半径：设置模糊取样区域的大小。

阈值：控制相邻像素值与中心像素值相差多大时才能成为模糊的一部分。若两者之差小于设定的阈值，其像素将被排除在模糊之外。

（2）动感模糊

动感模糊可以沿指定方向以指定距离进行模糊，产生的效果类似于在固定的曝光时间内拍摄一个高速运动的对象，效果如图 3–4–13 所示，其参数如下。

图 3–4–11　素材

图 3–4–12　表面模糊效果

图 3–4–13　动感模糊效果

角度：设置模糊的方向。

距离：设置像素模糊的程度。

（3）特殊模糊

特殊模糊常用于对图像或部分区域进行准确模糊，还可以用于图像的降噪处理。其只对有微弱颜色变化的区域进行模糊，模糊效果细腻，添加该滤镜后既能最大限度地保留画面内容的真实形态，又能使小的细节变得柔和。

使用特殊模糊滤镜进行图像处理前后的对比效果如图 3–4–14 至图 3–4–16 所示，其参数如下。

半径：设置应用模糊的范围。

阈值：设置像素具有多大差异后才会被模糊处理。

品质：设置模糊效果的质量，包含“低”“中”“高”3 种。

模式：选择“正常”，不会在图像中添加任何特殊模糊效果；选择“仅限边缘”，将以黑色显示图像，以白色描绘出图像边缘像素亮度值变化强烈的区域，如图 3–4–15 所示；选择“叠加边缘”，将以白色描绘出图像边缘像素亮度值变化强烈的区域，如图 3–4–16 所示。

图 3–4–14　素材

图 3–4–15　仅限边缘效果

图 3–4–16　叠加边缘效果

4. “模糊画廊”滤镜组

“模糊画廊”滤镜组中的滤镜用于对图像进行模糊处理，主要用于数码照片中制作特殊模糊效果，如模拟景深效果、旋转效果等。该滤镜组中包括场景模糊、光圈模糊、移轴模糊、路径模糊、旋转模糊 5 种滤镜，下面简要介绍前 3 种滤镜。

（1）场景模糊

场景模糊通过在画面中添加多个控制点并设置每个控制点参数，使画面中的不同部分产生不同的模糊效果，场景模糊效果如图 3–4–17 所示。

（2）光圈模糊

光圈模糊是一个单点模糊滤镜，根据不同的要求对焦点（画面中清晰的部分）的大小和形状、图像其余部分的模糊数量以及清晰区域和模糊区域之间的过渡效果进行相应的设置，光圈模糊效果如图 3–4–18 所示。

（3）移轴模糊

移轴模糊用于制作移轴摄影效果，泛指利用移轴镜头创作的作品效果，移轴模糊效果如图 3–4–19 所示。

图 3-4-17　场景模糊效果

图 3-4-18　光圈模糊效果

图 3-4-19　移轴模糊效果

5. “扭曲”滤镜组

“扭曲”滤镜组中的滤镜可以通过更改图像纹理和质感的方式扭曲图像效果。

“扭曲”子菜单中包括波浪、波纹、极坐标、挤压、切变、球面化、水波、旋转扭曲、置换 9 种滤镜，如图 3-4-20 所示。

6. “锐化”滤镜组

锐化可以使图像中的像素之间的颜色反差增大、对比增强，从而使图像看起来更清晰。因为图像处理过程可能会造成图像细节损失，所以锐化操作通常是图像处理的最后一个步骤。

“锐化”子菜单中包括 USM 锐化、进一步锐化、锐化、锐化边缘和智能锐化 5 种滤镜，如图 3-4-21 所示。其中 USM 锐化和智能锐化是最常用的锐化图像的滤镜，可以调整其参数；进一步锐化、锐化、锐化边缘属于无参数滤镜，适合微调锐化效果。

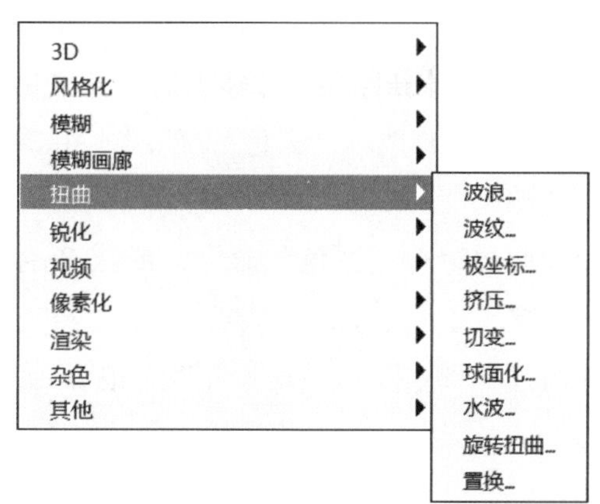

图 3-4-20　“扭曲”子菜单

图 3-4-21　“锐化”子菜单

7. “视频”滤镜组

“视频”滤镜组中包括 NTSC 颜色和逐行两种滤镜，可以将视频图像与普通图像相互转换，用于视频图像的输入和输出。

8. “像素化”滤镜组

“像素化”滤镜组用于将图像进行分块或平面化处理，包括彩块化、彩色半调、点状化、晶格化、马赛克、碎片和铜版雕刻 7 种滤镜。

9. “渲染”滤镜组

“渲染”滤镜组中包括火焰、图片框、树、分层云彩、光照效果、镜头光晕、纤维和云彩 8 种滤镜，其中比较典型的是纤维和云彩滤镜，可以利用前景色和背景色直接产生效果。

10. “杂色”滤镜组

“杂色”滤镜组可以用于添加或移去图像中的杂色，包括减少杂色、蒙尘与划痕、去斑、添加杂色和中间值 5 种滤镜。

11. “其他”滤镜组

“其他”滤镜组中包括 HSB/HSL、高反差保留、位移、自定、最大值和最小值 6 种滤镜，该组滤镜可以快速调整图像和色调反差。

1. 打开素材文件

单击“文件”→“打开”命令，打开素材“校园风光 .jpg”。

2. 调整图像效果

（1）选中背景图层，按住鼠标左键将其拖动到“创建新图层”按钮上后松开鼠标左键，即可复制背景图层。双击该图层名称，将图层名称改为“去色”，如图 3–4–22 所示。

（2）选中“去色”图层，单击“图像”→“调整”→“去色”命令，或按 Ctrl+Shift+U 组合快捷键将该图层去色，效果如图 3–4–23 所示。

（3）选中“去色”图层并复制，生成新图层，将图层名称改为“反相”，如图 3–4–24 所示。

（4）选中“反相”图层，单击“图像”→“调整”→“反相”命令，将该图层反相，效果如图 3–4–25 所示。

图 3-4-22　生成“去色”图层

图 3-4-23　去色效果

图 3-4-24　生成“反相”图层

图 3-4-25　反相效果

3. 制作滤镜效果

（1）单击“滤镜”→“其他”→“最小值”命令，在弹出的“最小值”对话框中设置半径为 1 像素，如图 3-4-26 所示，单击“确定”按钮，效果如图 3-4-27 所示。

（2）设置“反相”图层的混合模式为“颜色减淡”，效果和图层面板如图 3-4-28 所示。

（3）复制“反相”图层，将图层名称改为“混合选项”，如图 3-4-29 所示。单击“图层”→“图层样式”→“混合选项”命令，在弹出的“图层样式”对话框中向右拖动“下一图层”滑块，将数值调整为 122，如图 3-4-30 所示，单击“确定”按钮。

（4）按住 Ctrl 键，同时选中“混合选项”图层和“去色”图层，再按 Ctrl+E 组合快捷键将两个图层合并为独立图层，并将其命名为“合并”，效果如图 3-4-31 所示。

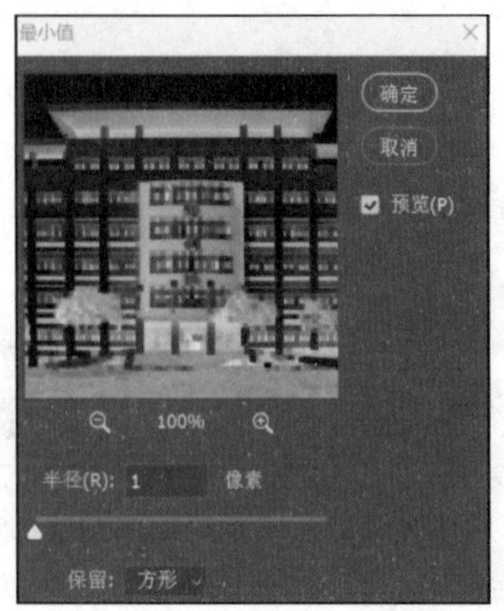

图 3-4-26 设置半径

图 3-4-27 制作滤镜效果

a）

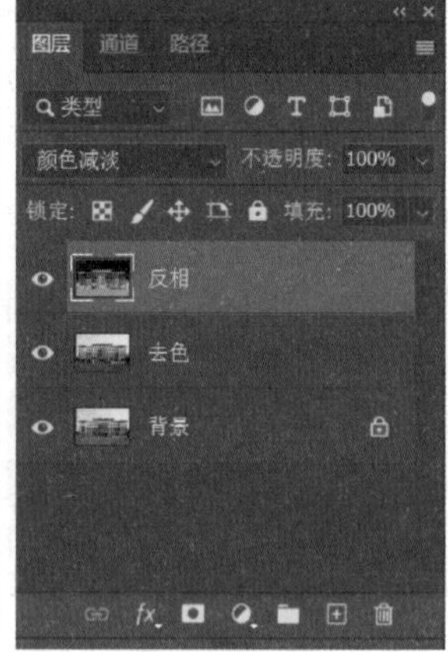

b）

图 3-4-28 设置“颜色减淡”混合模式
a）效果 b）图层面板

图 3-4-29 生成“混合选项”图层

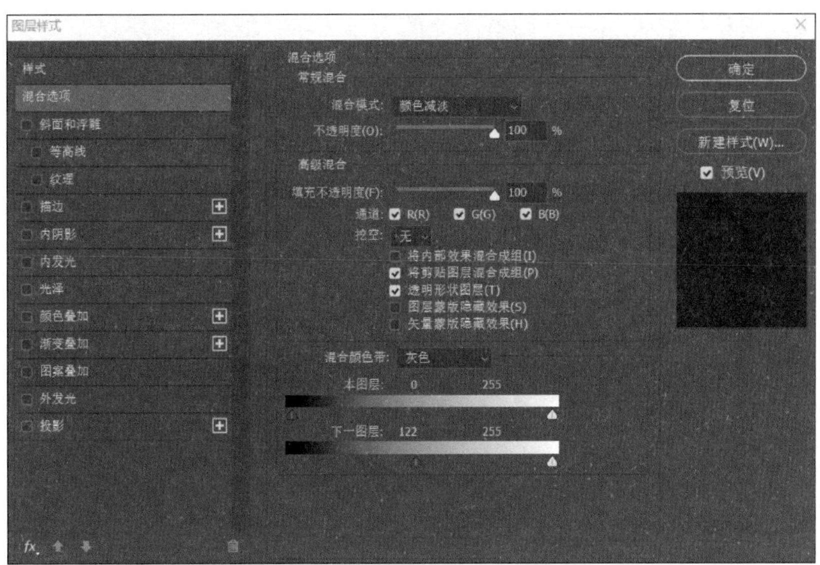

图 3-4-30 “混合选项”参数设置

图 3-4-31 “合并”图层效果

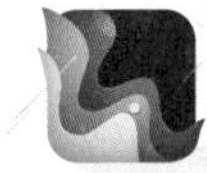

提示

按 Shift+Ctrl+E 组合快捷键可将所有可见图层合并生成一个新的独立图层，原图层的内容保持不变，这一操作也被称为盖印可见图层。

（5）置入素材“纸张.jpg”，调整图片的大小，将“纸张”图层移至“合并”图层的下方。选中“合并”图层，设置混合模式为“正片叠底”，制作出泛黄铅笔画效果，如图 3-4-32 所示。

图 3-4-32　制作泛黄铅笔画效果

4. 制作文字效果

（1）选中通道面板，在按住 Alt 键的同时单击通道下方的“创建新通道”按钮，弹出“新建通道”对话框，选择色彩指示为“被蒙版区域”，如图 3-4-33 所示，单击“确定”按钮，创建新通道 Alpha 1。

（2）在合适的位置输入文字“校园掠影”，设置字体为三极行楷简体、字体大小为 30，如图 3-4-34 所示。

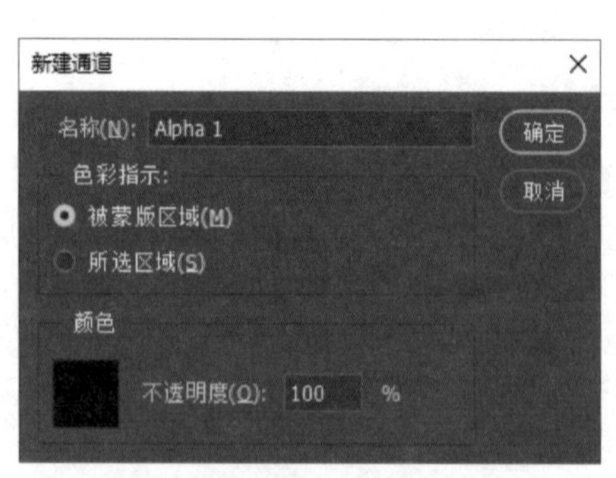

图 3-4-33　“新建通道”对话框

图 3-4-34　输入文字

（3）单击“滤镜”→“风格化”→“浮雕效果”命令，在“浮雕效果”对话框中

设置角度为 –35 度、高度为 4 像素、数量为 60%，如图 3–4–35 所示。

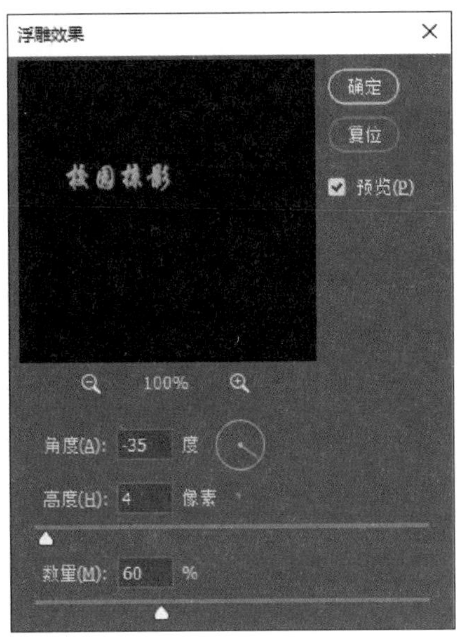

图 3–4–35　“浮雕效果”参数设置

（4）在按住 Ctrl 键的同时单击通道面板中的 Alpha 1 通道，选中浮雕文字选区，回到图层面板，新建图层 1，设置前景色为深红色（R：90，G：17，B：22），按 Alt+Delete 组合快捷键填充前景色，按 Ctrl+D 组合快捷键取消选区。将文字移到合适的位置，如图 3–4–36 所示。

图 3–4–36　移动文字到合适的位置

（5）选中图层 1，单击“滤镜”→“风格化”→“扩散”命令，在“扩散”对话框中选择“变暗优先”，单击“确定”按钮，将图层 1 的不透明度设置为 50%，效果如图 3-4-37 所示。

图 3-4-37　文字扩散效果

提示

在应用滤镜的过程中，按 Esc 键可以终止处理；按 Ctrl+F 组合快捷键可以重复上一步滤镜操作；按 Alt+Ctrl+F 组合快捷键可以打开最后一次进行滤镜参数设置的对话框，对滤镜参数重新进行设置。

普通滤镜是通过修改像素生成图像效果的，一旦保存，就无法恢复原始图像。如果在图层上单击鼠标右键，在弹出的快捷菜单中单击“转换为智能对象”命令，将其转换为智能对象后，再执行滤镜命令，这时滤镜效果便应用于智能对象上，不会修改图像的数据，这是一种非破坏性的滤镜，也被称为智能滤镜。

5. 保存和导出图像文件

单击“文件”→“存储为”命令，在弹出的对话框中选择以 PSD 格式保存。单击“文件”→“导出”→“导出为”命令，导出 JPG 格式文件。完成后退出 Photoshop 2023。

任务 5　制作风光照片后期效果

学习目标

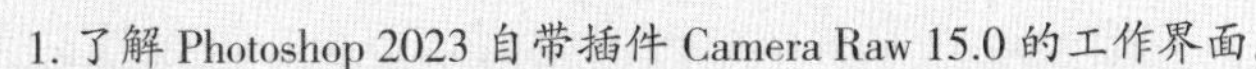

1. 了解 Photoshop 2023 自带插件 Camera Raw 15.0 的工作界面。
2. 掌握 Camera Raw 15.0 中面板的操作方法。
3. 能使用 Camera Raw 15.0 中的工具进行图像调整。

任务分析

人们用照相机拍摄照片后，可能会发现拍出来的效果不够理想。这时如果对照片进行后期处理，就可以把拍摄者的创作构思加进去，让照片能更好地表达拍摄者的情感，突出拍摄者的拍摄风格。

本任务要求对风光照片进行后期调整，以达到令人满意的效果，如图 3-5-1 所示。本任务学习照片后期调整的基本思路和对照片进行处理的基本流程，逐步建立对照片的基本分析方法，掌握照片后期调整的基本方法。本任务的学习重点是 Camera Raw 15.0 的基本操作方法。

a）

b）

图 3-5-1　风光照片
a）调整前　b）调整后

相关知识

一、Camera Raw 15.0

Photoshop 2023 自带插件 Camera Raw 15.0 对蒙版功能进行了升级，使得局部的精细化调整更加精准，并增加了选择人物、选择对象、选择背景、新人像自适应预设以及使用内容识别移除污点、瑕疵和其他干扰等新功能。单击“滤镜”→“Camera Raw 滤镜”命令即可进入 Camera Raw 15.0 的工作界面，如图 3-5-2 所示。可以直接用鼠标拖动调整直方图，直接通过直方图调整图像的明暗效果以及层次效果，直方图下方有照片的阴影、曝光、高光等参数设置。

图 3-5-2　Camera Raw 15.0 的工作界面

此工作界面右上方有“编辑”“修复”“蒙版”“红眼”“预设”及“更多图像设置”等工具按钮。

“编辑”工具包括配置文件以及基本操作选项，分别为基本、曲线、细节、混色器、颜色分级、光学、几何、效果、校准，这些都可用于控制照片明暗、色彩等效果。

“修复”工具包括内容识别移除、修复、仿制等基本工具，可以用于去除照片中的杂物。使用新的内容识别移除工具可以擦除污点、瑕疵和其他干扰。使用修复面板可以快速移除照片中的顽固污点、干扰等。

“蒙版”工具中的选择主体、选择天空和选择背景蒙版功能可以实现精确的编辑目标，可以快速编辑身体特定部分（包括皮肤、牙齿、眼睛等），并对照片中的一个或多个对象进行调整。

在 Camera Raw 15.0 的工作界面右下方有几个按钮，分别是“缩放工具”“抓手工具”“切换取样器叠加”和“切换网格覆盖图”等按钮。

缩放工具：当使用缩放工具时，通过单击可以缩小或放大照片的显示区域。

抓手工具：主要用于控制照片的显示区域，当放大照片时，可以使用抓手工具移动照片，方便观察到照片的细节。按 Ctrl+0 组合快捷键可以把照片缩放到窗口的默认大小，看到照片的全部。

切换取样器叠加：在后期修图调色时可以通过此工具选择更多的取色点，以便对颜色取样。

切换网格覆盖图：可以通过此工具控制网格大小，以便在进行修正和修图时使用相关的参考线。

二、图像调整的基本流程

图像调整没有固定的步骤和方法，通常先分析图像存在的问题，再针对问题逐一进行处理，同时观察图像效果，反复调整，直到效果令人满意为止。一般先对图像进行去除污点、校正变形等操作，然后进行色彩、色相等方面的调整，最后调整杂色、锐化细节。在调整过程中，既可以手动设置相关参数，也可以使用系统自动调整或预设工具。

用 Camera Raw 滤镜调整图 3–5–3 所示的素材，调整后的效果如图 3–5–4 所示，其主要调整流程如下：

图 3–5–3　素材

图 3–5–4　调整后的效果

1. 在 Camera Raw 15.0 的工作界面中观察直方图，查看高光和阴影是否和谐。
2. 在几何面板中调整图像的水平和垂直方向，将图像调正。
3. 在基本面板中调整图像的曝光等参数，也可以使用自动调整。
4. 如果天空显得不太蓝，可以在混色器面板中调整色相和饱和度。

5. 在细节面板中调整图像锐化值。

还可以通过应用预设的主题、添加蒙版快速对图像进行调整，用 Camera Raw 滤镜调整图 3–5–5 所示的素材，调整后的效果如图 3–5–6 所示，其主要调整流程如下：

图 3–5–5　素材

图 3–5–6　调整后的效果

1. 在 Camera Raw 15.0 的工作界面中观察直方图，查看高光和阴影是否和谐。

2. 单击“切换网格覆盖图”按钮后观察图像是否扭曲，调整图像的水平和垂直方向，将图像调正。

3. 用“修复”工具去除照片中的杂物。

4. 用“编辑”工具对照片进行控制明暗、色彩等效果的操作。

5. 用“蒙版”工具选择天空，调整天空的颜色。

6. 用“预设”工具为照片添加主题滤镜。

任务实施

1. 打开图像文件

单击“文件”→“打开”命令（或按 Ctrl+O 组合快捷键），弹出“打开”对话框，选择并打开相应的文件。如果打开的是相机的 Raw 文件（相机原始数据图像），将直接进入到 Camera Raw 15.0 的工作界面。

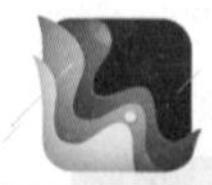

提示

如果打开的是 JPG 格式的文件，则需单击“滤镜”→“Camera Raw 滤镜”命令方可进入 Camera Raw 15.0 的工作界面。

2. 用“修复”工具去除图像中的杂物

单击 Camera Raw 15.0 的工作界面右上方的“修复”按钮，在右侧的修复面板中进行设置，其中有“内容识别移除”“修复”和“仿制”3 个按钮，合理使用这 3 个工具可以快速去除图像中的杂物，在本任务中单击“内容识别移除”按钮，参数设置如图 3-5-7 所示，去除图像中杂物前后的对比效果如图 3-5-8 所示。

图 3-5-7　修复面板中的参数设置

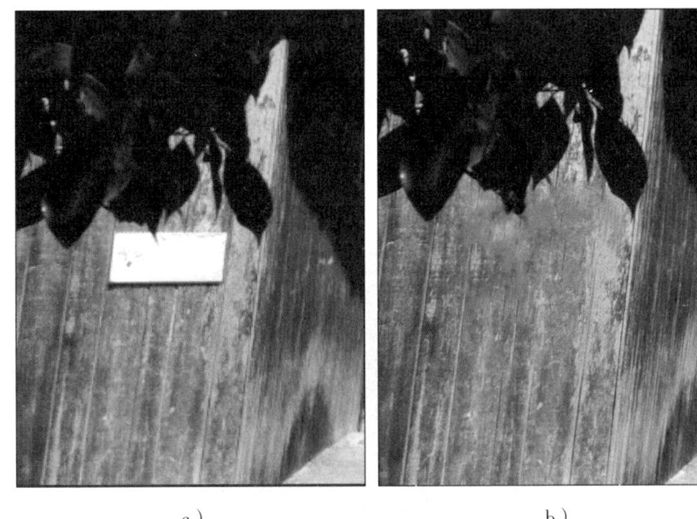

a）　　b）

图 3-5-8　去除图像中杂物前后的对比效果

a）去除杂物前　b）去除杂物后

3. 自动调整颜色

因为天气等原因，日常生活中拍摄的照片的颜色效果往往不尽人意，可以通过颜色调整使照片达到令人满意的效果。先单击“编辑”按钮，然后单击“自动”按钮，可以将照片自动调整成最佳颜色效果，如图 3-5-9 所示。

图 3-5-9　自动调整颜色

4. 应用预设主题效果

单击“预设”按钮，在图 3-5-10 所示的预设面板中有不同主题的效果可供选择，例如，本任务中应用风景主题中的“LN02”，效果如图 3-5-11 所示。

5. 添加蒙版

单击“蒙版”按钮，在弹出的图 3-5-12 所示的面板中可以一键选取主体、天空或者背景并为其添加蒙版。本任务中选择“天空”，选择合适的蓝色使天空显得更蓝，前后的对比效果如图 3-5-13 所示。

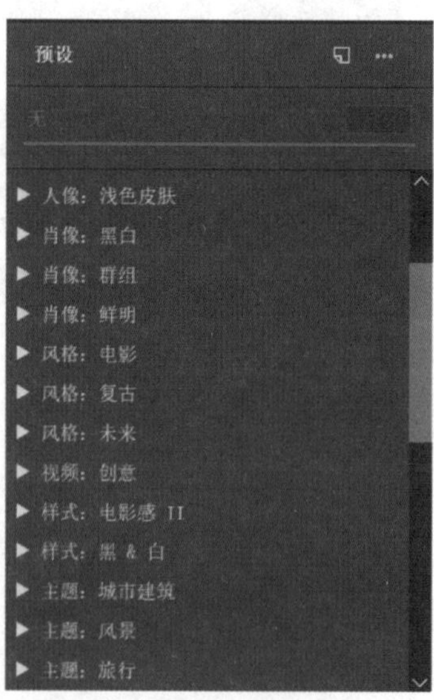

图 3-5-10　预设面板

图 3-5-11　应用“LN02”风景主题后的效果

图 3-5-12　蒙版面板

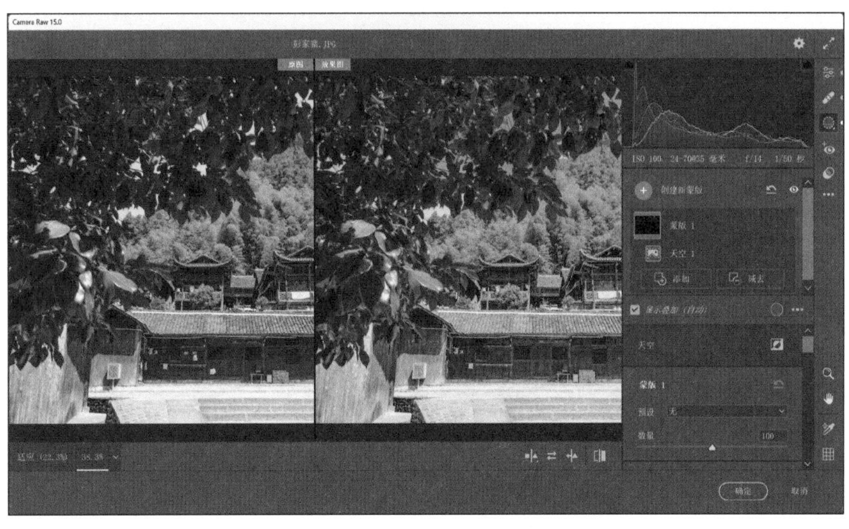

图 3-5-13　为天空添加蒙版前后的对比效果

6. 裁剪图像

在 Camera Raw 15.0 的工作界面中单击右下方的“确定”按钮，进入 Photoshop 工作界面。在 Photoshop 中对图像进行裁剪并更改图像构图，最终效果如图 3-5-1 所示。

7. 保存和导出图像文件

单击“文件”→“存储为”命令，在弹出的对话框中选择以 PSD 格式保存。单击“文件”→“导出”→“导出为”命令，导出 JPG 格式文件。完成后退出 Photoshop 2023。

项目四
电商图像的设计

图像作为传播信息的重要途径之一，在商品宣传中占有举足轻重的作用。电商营销推广需要通过电商图像设计增加商品的曝光量，从而达到提高点击量和转化量的效果，因此，电商图像的设计至关重要。

本项目通过“设计网店标志”“设计网店招牌”“设计网店详情页”“设计霓虹灯字”“设计网店横幅广告”等任务，练习路径的布尔运算、路径及图层的对齐与分布等操作，掌握使用图层蒙版、图层样式及滤镜制作图像特效的操作方法和技巧，综合运用 Photoshop 2023 的各种工具完成电商图像设计中图形的绘制和文字的设计，从而掌握电商图像的设计思路和基本方法、图文排版和配色技巧，具备一定的电商图像设计能力。

任务 1　设计网店标志

1. 掌握路径的布尔运算操作。
2. 掌握形状的填色和描边方法。
3. 能使用各种形状工具进行复杂图形的绘制。

网店标志（后文简称“店标”）是网店视觉传达的主要形象之一，是一种“视觉语言”。在网店的日常推广运营中，店标是向顾客通过视觉传达信息的重要元素，有着不可忽视的作用。某电商汇精展示用品准备对店面进行装修改造，要求重新设计店标。本任务要求根据该网店的经营特点和店主的需求，设计制作“汇精展示用品”店标，如图 4–1–1 所示。

汇精展示用品

图 4-1-1 “汇精展示用品”店标

店标是一种图形符号，一般由图案、颜色和文字构成，用于表达商家的核心诉求。常见的店标分为静态店标和动态店标两大类，静态店标分为文字型、图案型和组合型三类。本任务制作的店标为静态店标，“汇精展示用品”店标的图案主要由同一个圆形上的 4 段圆弧、4 个直角和 4 个矩形构成。在使用 Photoshop 设计此店标时，首先使用椭圆工具和路径布尔运算绘制圆弧，然后使用路径选择工具绘制直角，使用矩形工具绘制矩形，依次为形状填充颜色，最后添加文字。本任务的学习重点是路径布尔运算的操作方法。

一、路径布尔运算

路径可以进行相加、相减的布尔运算。操作方法如下：先绘制一个路径或形状，如图 4–1–2 所示，在工具选项栏中单击“路径操作”按钮，在其下拉菜单中选择一种操作方式，如图 4–1–3 所示，然后绘制另一个路径或形状，即可得到布尔运算结果。路径与形状的运算结果是一样的，路径操作方式有以下几种。

图 4-1-2　绘制路径或形状

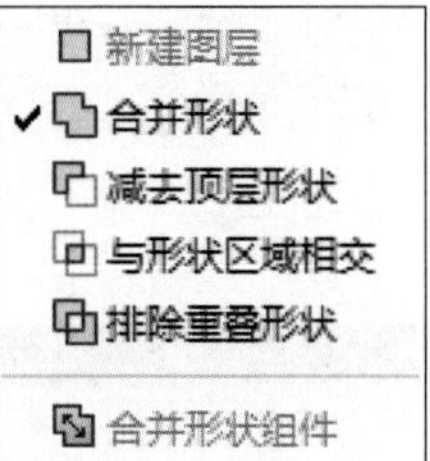

图 4-1-3　“路径操作”下拉菜单

1. 新建图层：默认选项为新建图层，自动在新图层中绘制新形状。

2. 合并形状：将新绘制的形状添加到原有的形状中，如图 4–1–4 所示。

3. 减去顶层形状：可以从原有的形状中减去新绘制的形状，如图 4–1–5 所示。

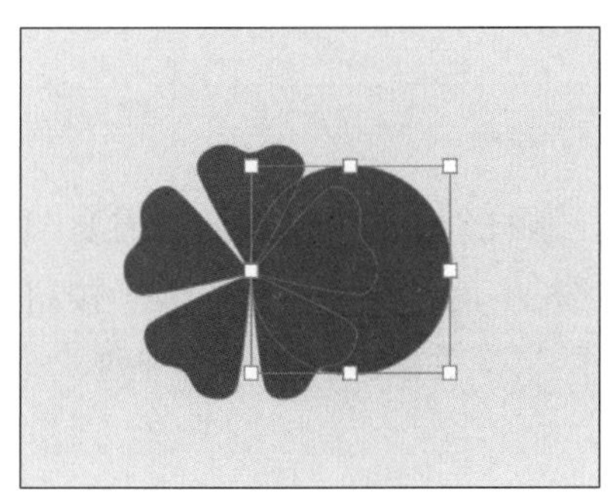

图 4-1-4　合并形状

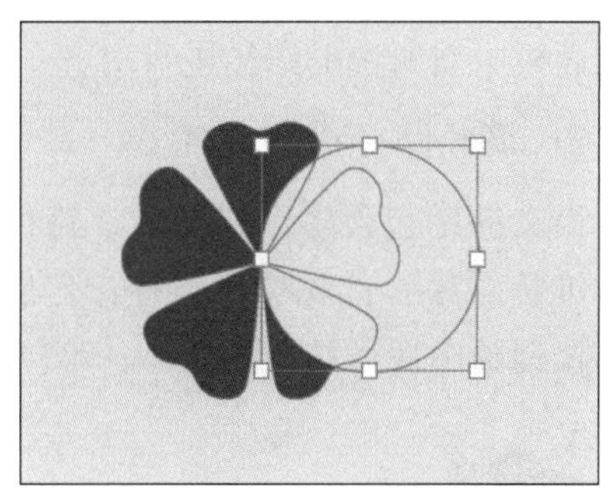

图 4-1-5　减去顶层形状

4. 与形状区域相交：可以得到新形状与原有形状的交叉区域，如图 4–1–6 所示。

5. 排除重叠形状：可以得到新形状与原有形状重叠部分以外的区域，如图 4–1–7 所示。

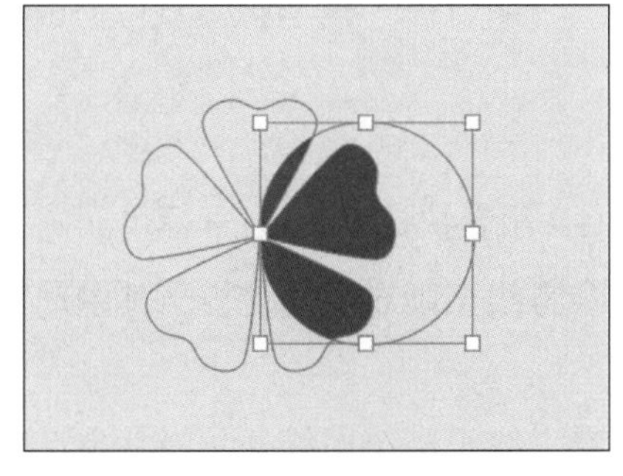

图 4-1-6　与形状区域相交

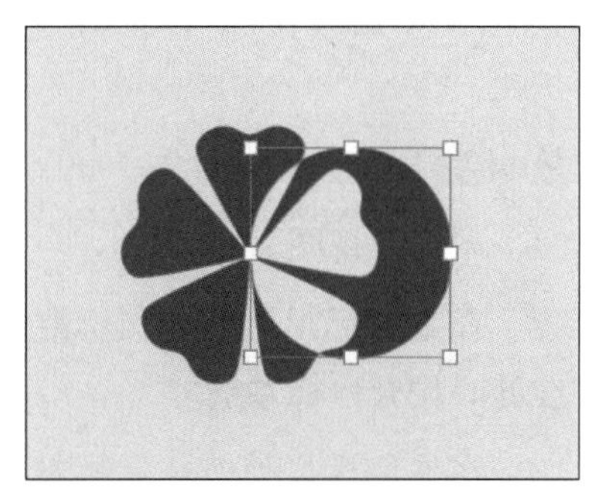

图 4-1-7　排除重叠形状

6. 合并形状组件 ：可以将新形状与原有形状合并为一个形状组件。

二、路径选择工具

“路径选择工具”选项栏如图 4–1–8 所示，通过此工具栏可以进行对齐、分布路径和调整路径排列方式等操作。

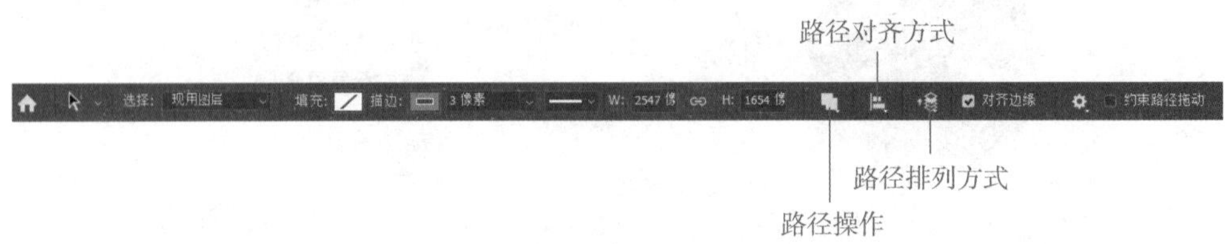

图 4-1-8 “路径选择工具”选项栏

1. 对齐、分布路径

通过对齐、分布路径可以对形状或者路径进行操作。首先单击工具箱中的“路径选择工具” 选择多个路径，然后单击工具选项栏中的“路径对齐方式”按钮，在其下拉面板中对所选的路径进行对齐、分布的设置。

2. 调整路径排列方式

当文件中包含多个路径时，路径的上下顺序会影响图像的效果，此时需要调整路径的堆叠顺序，首先选择路径，然后单击工具选项栏中的“路径排列方式”按钮，在其下拉菜单中选择相应的命令，可以将选中的路径的层次关系进行相应的排列。

1. 新建图像文件

单击“文件”→“新建”命令，弹出“新建文档”对话框，设置参数如下：名称为“店标”，宽度为 300 像素，高度为 300 像素，分辨率为 72 像素 / 英寸，颜色模式为 RGB 颜色、16 bit（位），背景内容为白色，如图 4–1–9 所示。设置完成后，单击“创建”按钮。

2. 绘制中心参考线

（1）单击“视图”→“标尺”命令（或按 Ctrl+R 组合快捷键），打开标尺。

（2）在上方标尺处按住鼠标左键，向下拖动参考线至画布中线处，当其主动吸附至中线处时松开鼠标左键。

（3）在左侧标尺处按住鼠标左键，向右拖动参考线至画布中线处，当其主动吸附至中线处时松开鼠标左键。

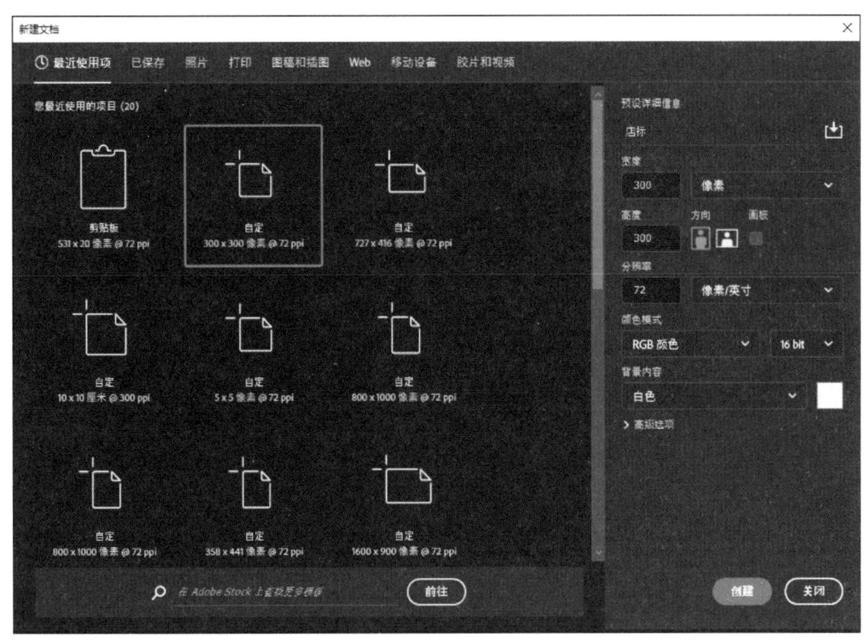

图 4-1-9 “新建文档”对话框

3. 使用椭圆工具绘制两个同心圆

（1）新建图层。单击图层面板中的“创建新图层”按钮，生成图层 1。

（2）选中图层 1，单击工具箱中的“椭圆工具”，在工具选项栏中设置模式为“形状”、填充颜色为蓝色、无描边，如图 4-1-10 所示。按住 Shift+Alt 组合快捷键，在参考线交点处按住鼠标左键并拖动鼠标（以参考线的交点为圆心），在图像中绘制正圆形，图层名称自动变为“椭圆 1”。

图 4-1-10 “椭圆工具”选项栏设置

（3）选中“椭圆 1”图层，按 Ctrl+J 组合快捷键复制图层，图层名称自动变为“椭圆 1 拷贝”，选中复制的蓝色正圆形，单击“椭圆工具”按钮，在工具选项栏中设置填充颜色为黄色（主要是把两个圆形区分开），按 Ctrl+T 组合快捷键，出现自由变换控件，在按住 Shift+Alt 组合快捷键的同时按住鼠标左键向圆形内拖动自由变换控件右下方的角手柄，制作蓝黄两个大小不同的同心圆，如图 4-1-11 所示，按回车键确定。

（4）在按住 Shift 键的同时选中“椭圆 1”和“椭圆 1 拷贝”图层，按 Ctrl+E 组合快捷键合并为一个图层，如图 4-1-12 所示。

（5）单击工具箱中的“路径选择工具”，选中黄色小圆路径，在工具选项栏中单击“路径操作”按钮，在其下拉菜单中单击“减去顶层形状”命令，如图 4-1-13 所示，效果如图 4-1-14 所示。

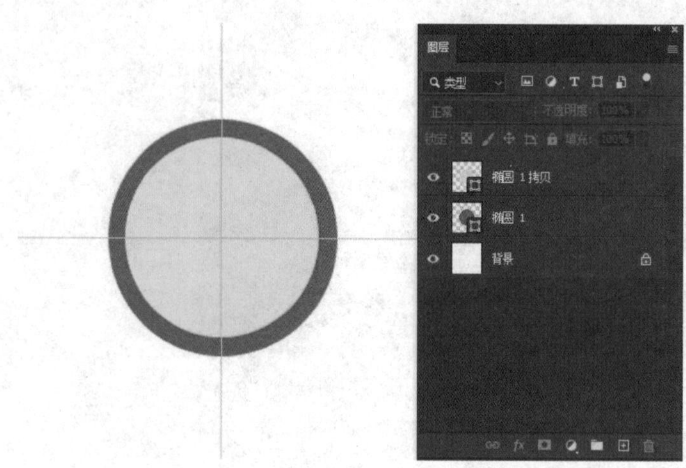

图 4-1-11　制作蓝黄两个大小不同的同心圆

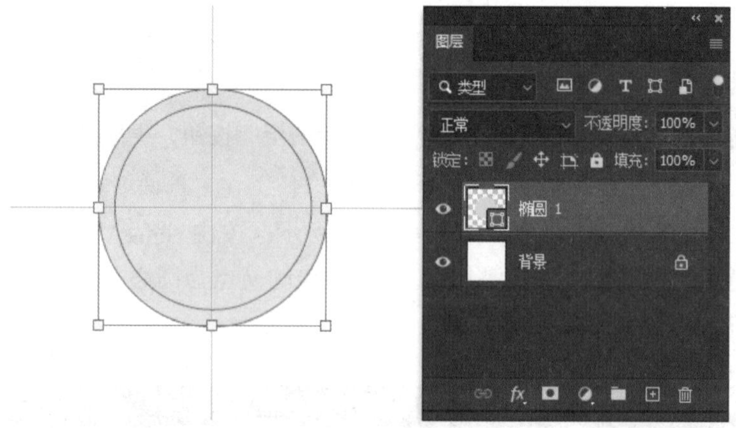

图 4-1-12　合并图层

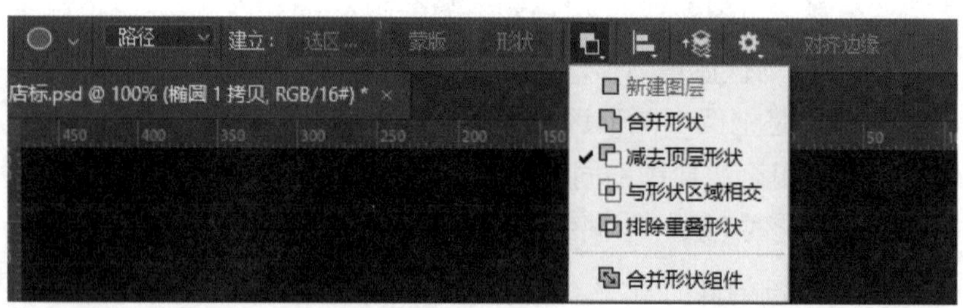

图 4-1-13　“路径操作”下拉菜单

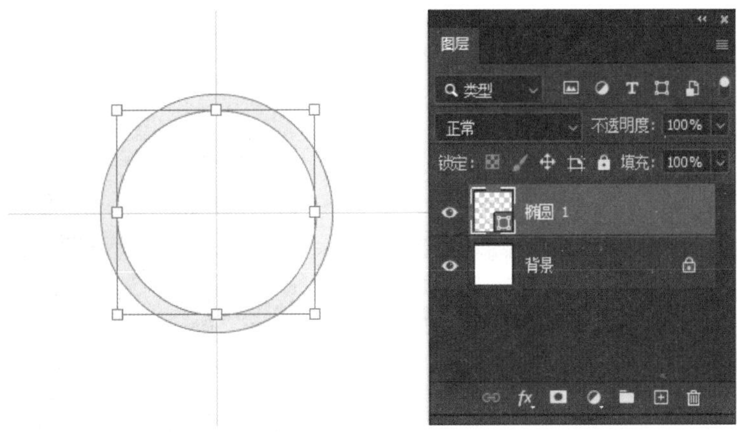

图 4-1-14　减去顶层形状效果

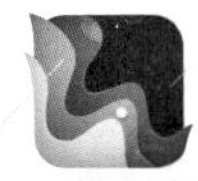

提示

在设计标志的过程中，如果需要创建比较复杂的形状或选区，则通常使用路径，因为路径比选区更加精确、灵活。路径选择工具和直接选择工具在用法上的主要区别如下：前者是对整条路径进行操作，后者是对路径内部的锚点进行操作。

4．使用路径布尔运算修剪两个同心圆

（1）在图层的最上方新建图层，单击工具箱中的“矩形工具”，在工具选项栏中设置模式为“形状”、填充颜色为蓝色、无描边。以圆心为矩形的中心绘制矩形，生成“矩形 1”图层。选中“矩形 1”图层，按 Ctrl+J 组合快捷键复制图层，生成“矩形 1 拷贝”图层，选中该图层，按 Ctrl+T 组合快捷键，在工具选项栏中的“旋转”中输入“90”，按回车键确认。用移动工具将横着的矩形调整到和下方的圆形水平、垂直居中对齐，如图 4–1–15 所示。

（2）在按住 Shift 键的同时选中“矩形 1 拷贝”“矩形 1”“椭圆 1”3 个图层，按 Ctrl+E 组合快捷键合并图层，如图 4–1–16 所示。单击工具箱中的“路径选择工具”，选择其中的一个矩形路径，在工具选项栏中单击“路径操作”按钮，在其下拉菜单中单击“减去顶层形状”命令。用路径选择工具选择另一个矩形路径进行类似的操作。修剪后的效果如图 4–1–17 所示。

（3）单击工具箱中的“路径选择工具”，按住鼠标左键在画布中从左上方向右下方拖动鼠标，框选所有的路径，在工具选项栏中单击“路径操作”按钮，在其下拉菜单中单击“合并形状组件”命令，如图 4–1–18 所示。

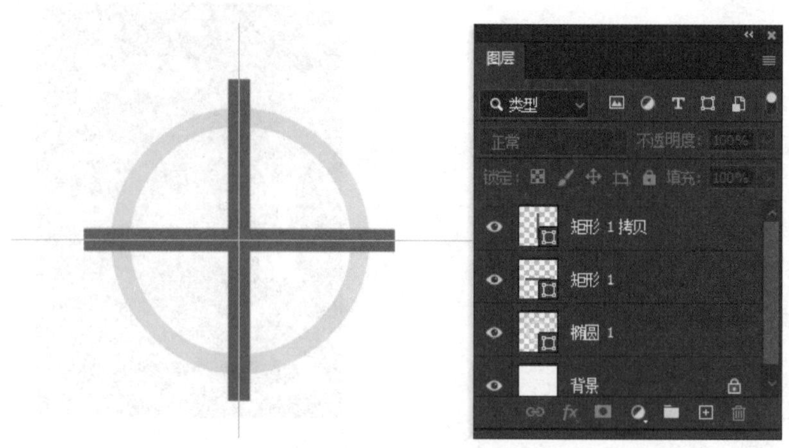

图 4-1-15　对齐图形

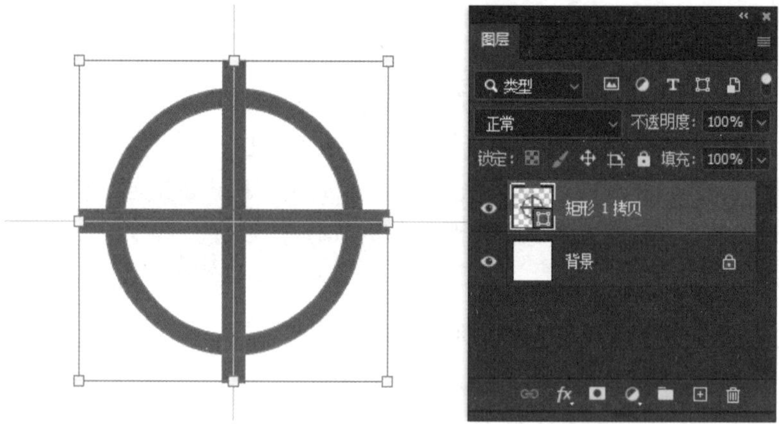

图 4-1-16　合并图层

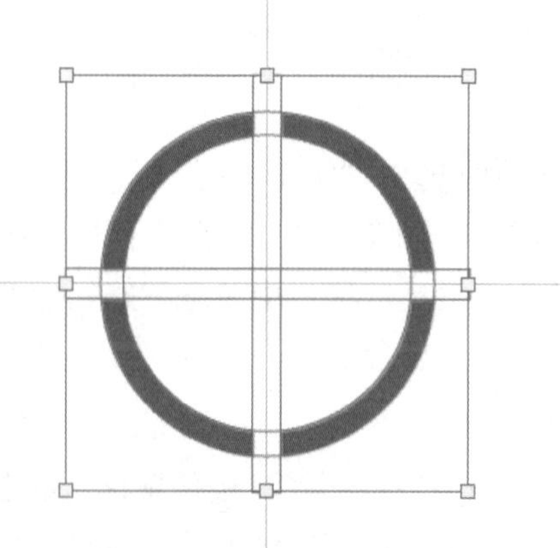

图 4-1-17　修剪后的效果

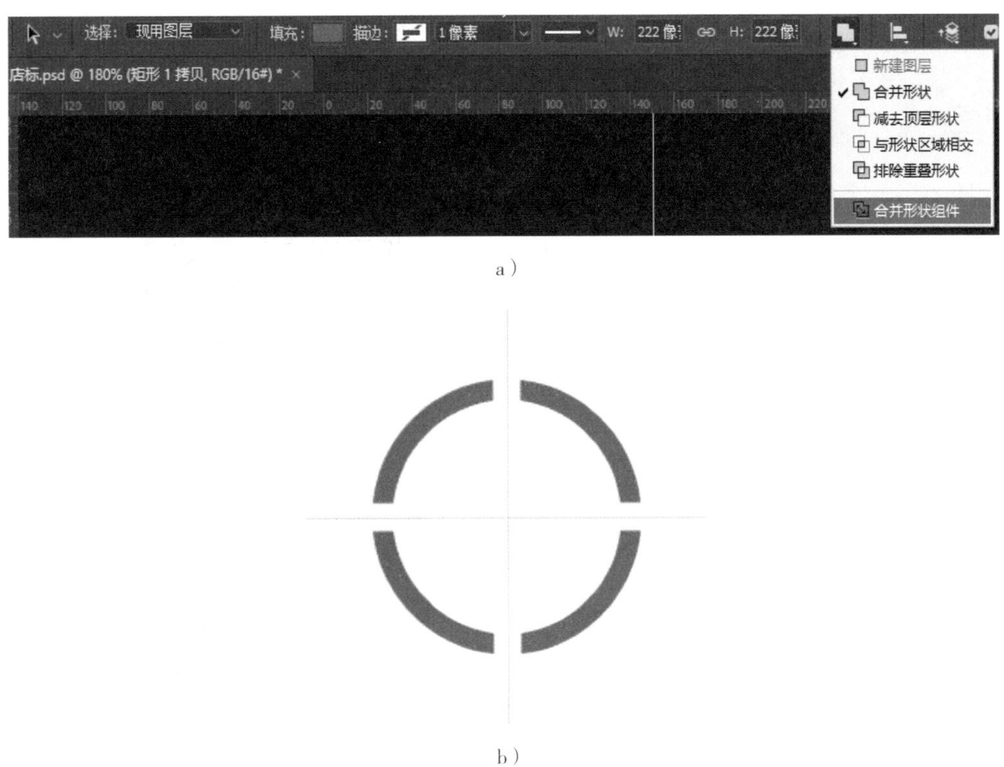

a）

b）

图 4-1-18　合并形状组件
a）单击“合并形状组件”命令　b）合并形状组件后的效果

5. 绘制圆弧内的图形

（1）单击工具箱中的“矩形工具”，按住 Shift 键绘制一个正方形，图层名称自动变为“矩形 1”。按 Ctrl+T 组合快捷键，在工具选项栏中的“旋转”中输入“45”，按回车键确认，如图 4-1-19 所示。

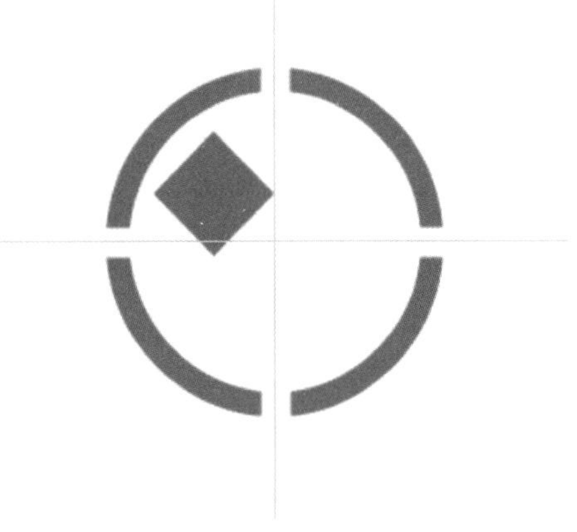
图 4-1-19　绘制正方形

（2）选中“矩形 1”图层，按 Ctrl+J 组合快捷键复制该图层，生成“矩形 1 拷贝 2”图层。单击工具箱中的“矩形工具”，在工具选项栏中设置填充颜色为黄色，用移动工具将黄色正方形移到合适的位置，如图 4-1-20 所示。在按住 Shift 键的同时选中“矩形 1”和“矩形 1 拷贝 2”图层，在工具选项栏中单击“顶对齐”按钮，按 Ctrl+E 组合快捷键合并图层，如图 4-1-21 所示。

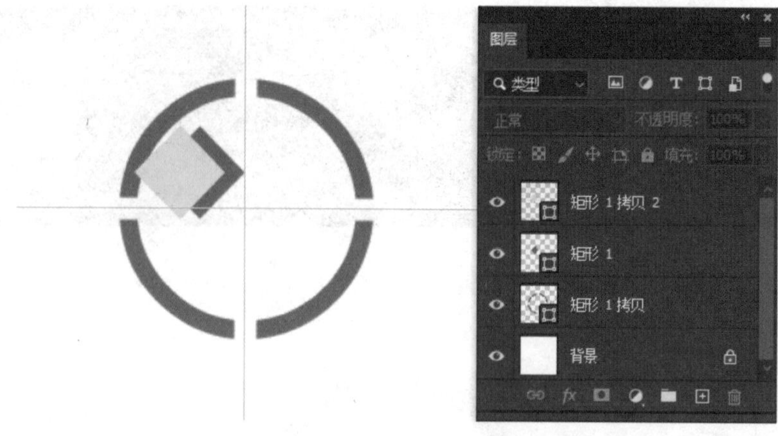

图 4-1-20　绘制黄色正方形并将其移到合适的位置

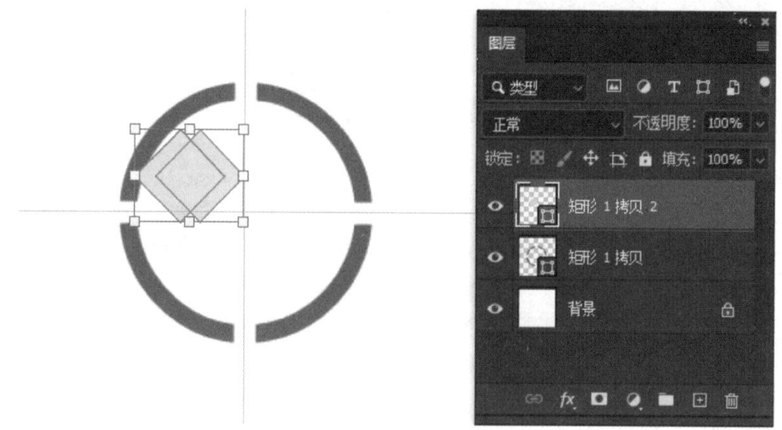

图 4-1-21　合并图层

（3）单击工具箱中的“路径选择工具”，选中上层的黄色正方形路径，在工具选项栏中单击“路径操作”按钮，在其下拉菜单中单击“减去顶层形状”命令，效果如图 4-1-22 所示。

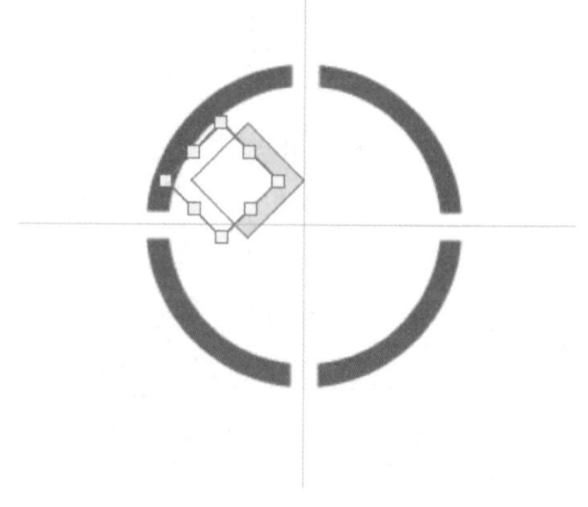

图 4-1-22　减去顶层形状效果

（4）单击工具箱中的“路径选择工具”，按住鼠标左键在画面中从两个正方形的左上方向右下方拖动鼠标，框选两个正方形的所有路径，单击工具选项栏中的“路径操作”按钮，在其下拉菜单中单击“合并形状组件”命令，合并生成组合图形。

（5）移动刚修剪后的图形，将其对齐到圆弧的中部，如图 4-1-23 所示。

（6）选中“矩形 1 拷贝 2”图层，按 Ctrl+T 组合快捷键，出现自由变换控件，在按住 Alt 键的同时按住鼠标左键拖动自由变换控件的参考点到两条参考线的交点上，如图 4-1-24 所示。

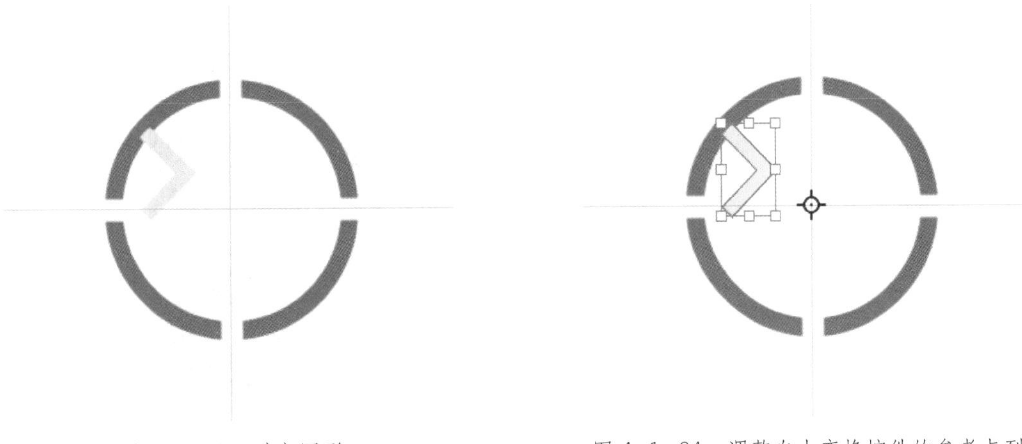

图 4-1-23　对齐图形

图 4-1-24　调整自由变换控件的参考点到两条参考线的交点上

（7）在工具选项栏中的“旋转”中输入“90”，按回车键确认。

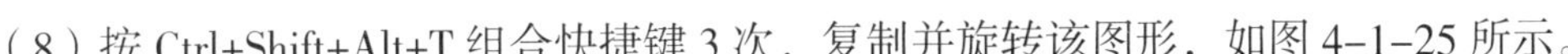

（8）按 Ctrl+Shift+Alt+T 组合快捷键 3 次，复制并旋转该图形，如图 4-1-25 所示。

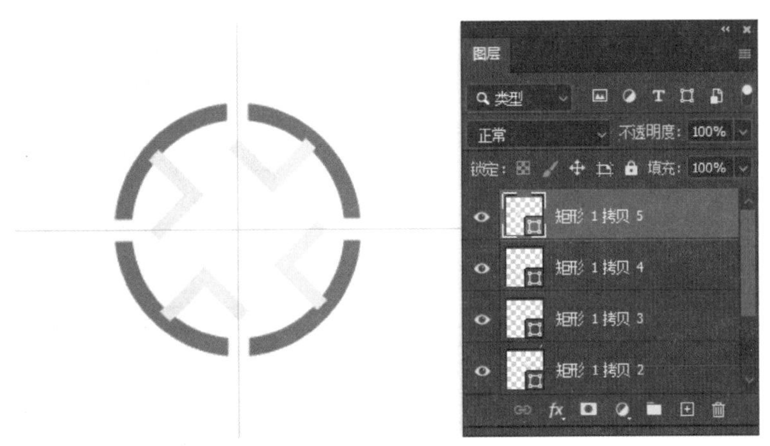

图 4-1-25　复制并旋转图形

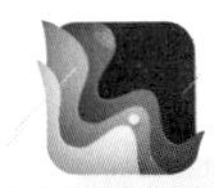

提示

Ctrl+Shift+Alt+T 组合快捷键的作用是复制上一次变换。

（9）选中除背景图层外的所有图层，按 Ctrl+E 组合快捷键合并图层，单击工具箱中的“路径选择工具”，按住鼠标左键在画面中从左上方向右下方拖动鼠标，框选所有图形的路径。在工具选项栏中单击“路径操作”按钮，在其下拉菜单中单击“合并形状组件”命令，合并生成组合图形，如图 4–1–26 所示。

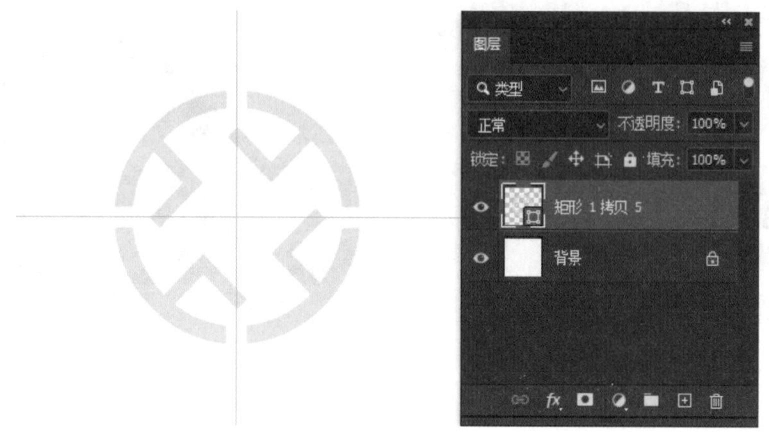

图 4-1-26　合并形状组件

（10）新建图层，在此图层中用矩形工具绘制一个蓝色矩形，图层名称自动变为“矩形 1”，并把它旋转 45 度，用移动工具将该蓝色矩形调整到合适的位置，如图 4–1–27 所示。

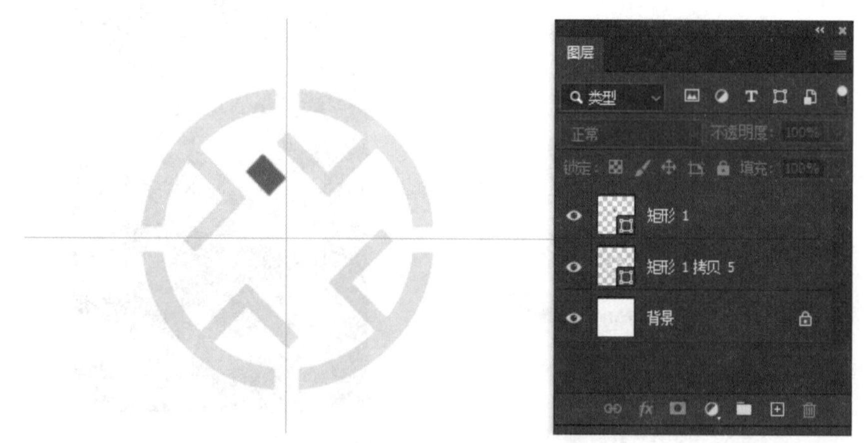

图 4-1-27　绘制蓝色矩形并将其调整到合适的位置

（11）按 Ctrl+T 组合快捷键，出现自由变换控件，在按住 Alt 键的同时按住鼠标左键拖动自由变换控件的参考点到两条参考线的交点上，在工具选项栏中的“旋转”中输入“90”，按回车键确认。按 Ctrl+Shift+Alt+T 组合快捷键 3 次，复制并旋转该图形。

（12）选中“矩形 1”图层，用移动工具将蓝色矩形调整到合适的位置。用类似的方法分别选中其他 3 个蓝色矩形图层，用移动工具调整其位置，如图 4–1–28 所示。

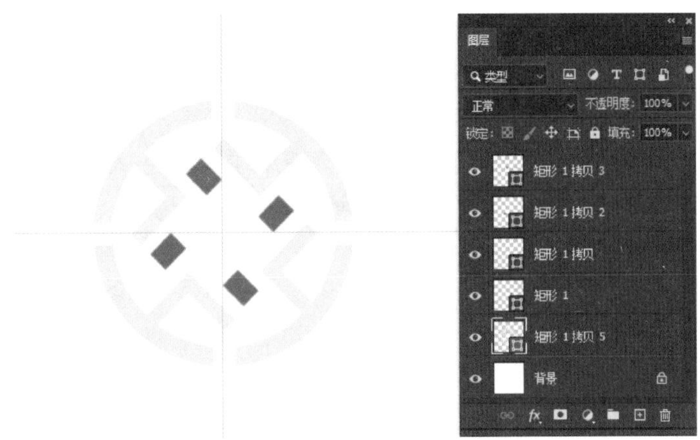

图 4-1-28　调整蓝色矩形的位置

（13）依次将矩形的填充颜色设置为绿色（#599140）、黄色（#ffff00）、橙色（#bc912c）、红色（#ff0000），如图 4-1-29 所示，将合并图层的形状填充为蓝色（#425daa）。

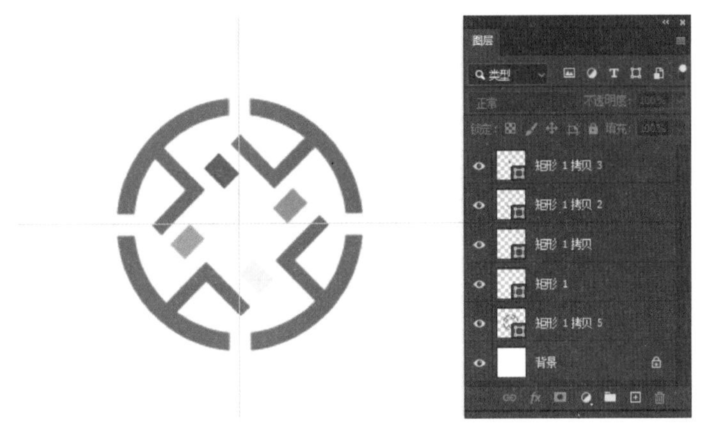

图 4-1-29　填充颜色效果

6. 添加文字

（1）单击工具箱中的“横排文字工具”，在图像中单击输入“汇精展示用品”，设置字体为思源黑体 Heavy、字体大小为 10 像素、文本颜色为黑色。

（2）按住 Ctrl 键，分别单击文字图层和背景图层，单击工具选项栏中的“水平居中对齐”按钮，使文字图案水平居中对齐，效果如图 4-1-1 所示。

7. 保存和导出图像文件

店标图片格式一般为 GIF、PNG 或 JPEG。在图层面板中隐藏背景图层后，单击“文件”→“导出为”→“快速导出为 PNG”命令，导出 PNG 格式图像文件。再将其存储为 PSD 格式文件，以备后期修改。完成后退出 Photoshop 2023。

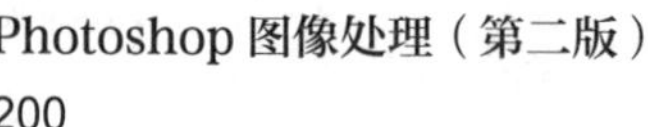

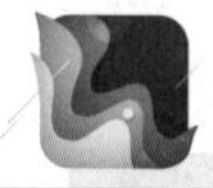

提示

店标在海报和横幅中需要放置在其他颜色或花色的背景上，存储为透明背景的 PNG 格式更加方便今后使用。

任务 2　设计网店招牌

1. 了解常见网店招牌的类型及特点。
2. 掌握图层对齐与分布的方式及操作方法。
3. 掌握图层在网店招牌设计与制作中的应用。
4. 能使用矩形工具和文字工具设计网店招牌背景。
5. 能归纳总结网店招牌设计的要点和基本思路。

网店招牌（后文简称“店招”）主要用于展示店铺名称和经营特色，以达到宣传店铺的目的。店招的设计要新颖、醒目、简明，既要引人注目，又要与店面设计融为一体，其风格应与经营内容一致，以增强感召力。本任务要求为网店“汇精展示用品”设计店招，效果如图 4-2-1 所示。

图 4-2-1　店招设计效果

“汇精展示用品”店招设计主要由矩形背景图、店标、小图标和文字说明组成。在使用 Photoshop 进行该店招设计时，首先使用矩形工具和移动工具绘制背景外形，然后置入不同的背景图片制作背景，最后导入店标和小图标，并添加说明文字。本任务的学习重点是店招设计的要点和基本思路。

一、店招的类型

常见的店招有以下三种类型：

1. 标准型

此类型的店招将店标、店名和主营业务等元素全部展示出来。

2. 普通型

此类型的店招主要展示店名和商品关键词这两个元素，突出销售产品。

3. 营销型

此类型的店招主要展示品牌推广和主营业务，吸引买家浏览。

二、图层的对齐与分布

在处理图像时，经常要将图层进行对齐与分布设置。在 Photoshop 中，图层的对齐方式有左对齐、水平居中对齐、右对齐、顶对齐、垂直居中对齐、底对齐；图层的分布方式有按顶分布、垂直居中分布、按底分布、按左分布、水平居中分布、按右分布。

1. 对齐图层

操作方法：选中多个需要对齐的图层，单击工具箱中的“移动工具”，在工具选项栏中选择相应的对齐方式进行设置，如图 4-2-2 所示。

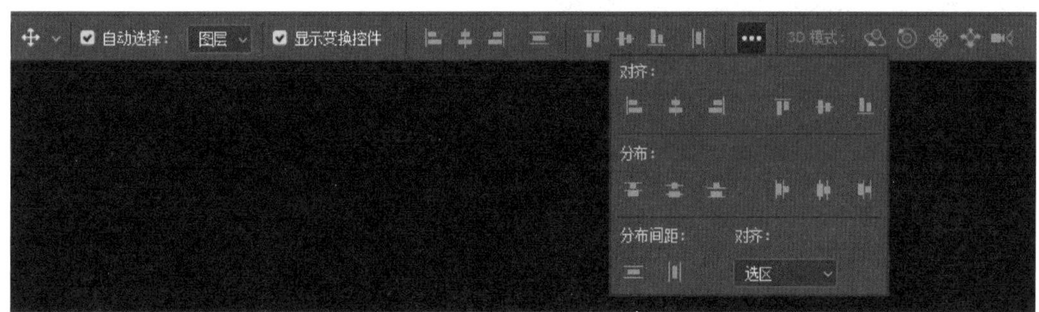

图 4-2-2　图层的对齐方式

工具选项栏中的对齐方式有左对齐、水平居中对齐、右对齐、顶对齐、垂直居中对齐、底对齐。

2. 分布图层

分布图层是指将多个图层在图像中按照一定的规律进行均匀分布。

操作方法：选中要进行分布的图层，单击工具箱中的“移动工具”，在工具选项栏中选择相应的分布方式进行设置。

工具选项栏中的分布方式有按顶分布、垂直居中分布、按底分布、按左分布、水平居中分布、按右分布。

1. 新建图像文件

单击“文件”→“新建”命令，弹出“新建文档”对话框，设置参数如下：宽度为 950 像素，高度为 150 像素，分辨率为 300 像素 / 英寸，颜色模式为 RGB 颜色、8 bit（位），背景内容为白色。设置完成后，单击“创建”按钮。

2. 制作背景

（1）首先单击工具箱中的“油漆桶工具”，然后单击“设置前景色”按钮，设置颜色为 #ebece6，填充背景为浅灰色，如图 4-2-3 所示。

图 4-2-3 填充背景

（2）新建图层 1，单击工具箱中的“矩形工具”，在工具选项栏中设置模式为“形状”、颜色为 #1a305d，在画布上绘制一个矩形。按 Ctrl+T 组合快捷键，出现自由变换控件，按住 Ctrl+Shift 组合快捷键，选中矩形左上方的角手柄向右水平拖动鼠标，按回车键确认，效果如图 4-2-4 所示。

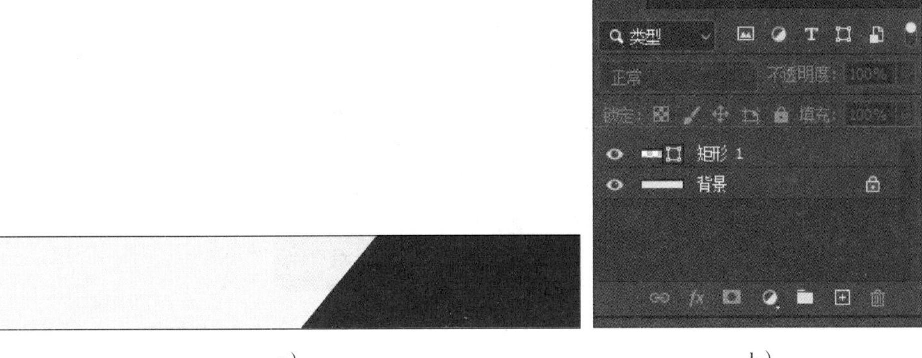

a）　　　　b）

图 4-2-4　绘制矩形并调整其形状

a）效果图　b）图层面板

（3）按 Ctrl+J 组合快捷键复制“矩形 1”图层，生成“矩形 1 拷贝”图层。

（4）选中“矩形 1”图层，设置前景色为 #a4c7e3，按 Alt+Delete 组合快捷键填充前景色。单击工具箱中的“移动工具”，按←键将矩形向左移动 10 像素（单独按←键，每次移动 1 像素；按住 Shift 键，每按一次←键就移动 10 像素），如图 4-2-5 所示。

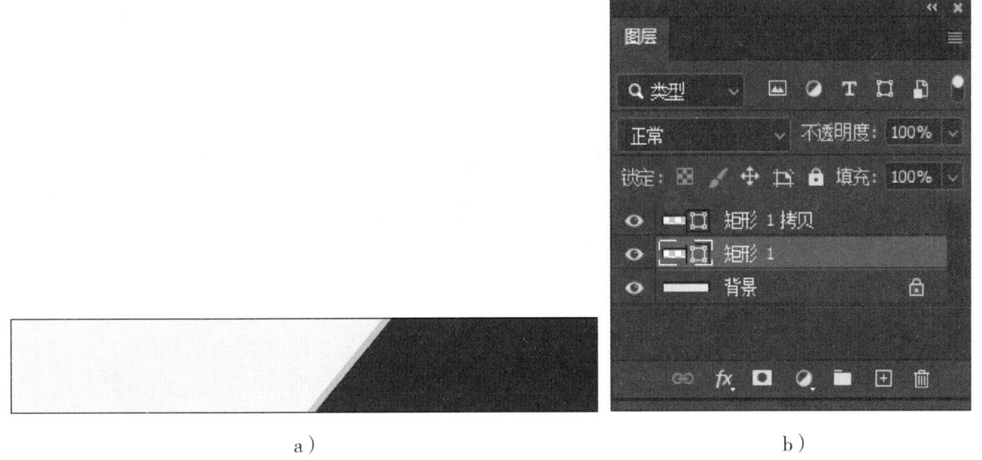

a）　　　　b）

图 4-2-5　左移矩形

a）效果图　b）图层面板

（5）单击背景图层，新建图层，将图层命名为“素材 1”。单击“矩形 1 拷贝”图层，新建图层，将图层命名为“素材 2”，如图 4-2-6 所示。

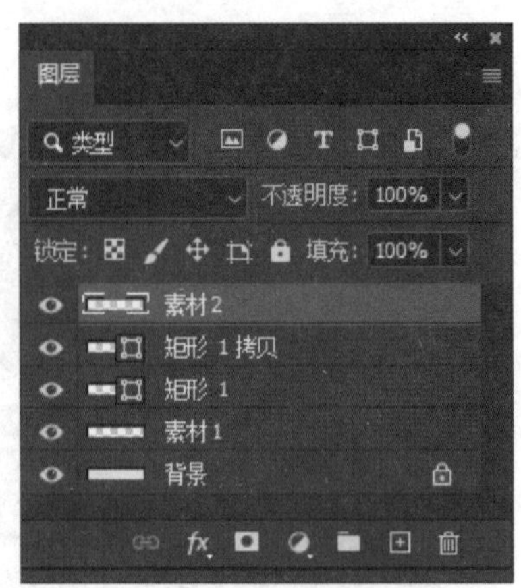

图 4-2-6　新建图层

（6）选中“素材 1”图层，单击“文件”→“置入嵌入对象”命令，置入“素材 1”图片，调整图片的大小和位置，按回车键确认。

（7）用类似的方法置入“素材 2”图片，如图 4-2-7 所示。

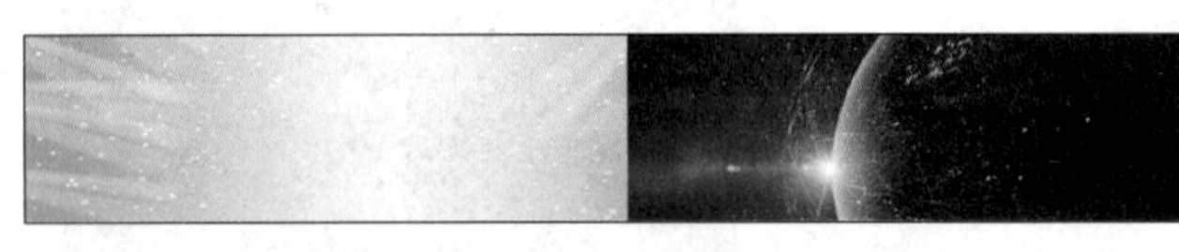

a）

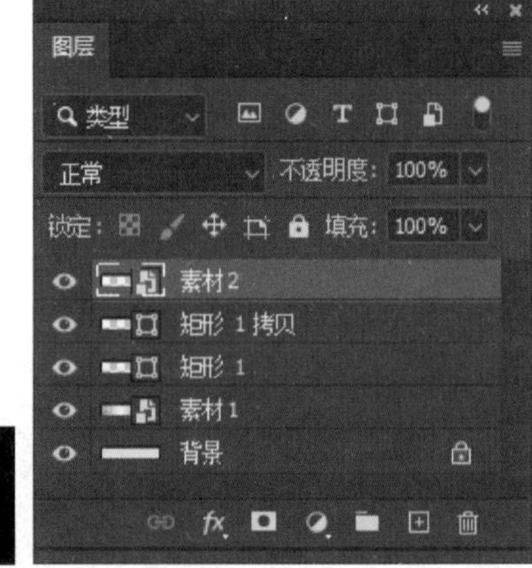

b）

图 4-2-7　置入素材
a）效果图　b）图层面板

（8）选中“素材 2”图层，按住 Ctrl 键单击图层面板中的“矩形 1 拷贝”图层的缩览图，选取“矩形 1 拷贝”图层选区，单击图层面板下方的“添加图层蒙版”按钮，为“素材 2”图层添加蒙版，效果如图 4-2-8 所示。

图 4-2-8　添加图层蒙版效果

（9）选中“素材 1”图层，在图层面板中设置不透明度为 75%。

3. 导入店标

（1）新建图层，将图层命名为“LOGO”，单击“文件”→“置入嵌入对象”命令，导入“logo.png”店标。

（2）按 Ctrl+T 组合快捷键，出现自由变换控件，按住 Alt+Shift 组合快捷键，选中右下方的角手柄向左上方拖动鼠标，调整图标到合适大小，按回车键确认。用移动工具将店标调整到合适的位置，效果如图 4–2–9 所示。

图 4–2–9　导入店标效果

4. 输入文字

（1）单击“横排文字工具”，在工具选项栏中设置字体为思源黑体、字体大小为 14 点，输入“汇聚精品　展示精彩”。也可先按 Ctrl+T 组合快捷键打开自由变换控件，再按住 Shift 键，拖动 4 个角手柄中的任意一个，按比例放大或缩小文字。

（2）单击“横排文字工具”，选中“汇聚精品”，将文本颜色设置为 #1a305d；选中“展示精彩”，将文本颜色设置为 #ebece6。

（3）单击“横排文字工具”，输入“专注于商品展示拍摄方案”，先通过 Ctrl+T 组合快捷键对文字进行自由变换，调整文字的大小和位置，将文本颜色设置为 #0d4f18，再切换到字符和段落面板中调整字间距，效果如图 4–2–10 所示。

图 4–2–10　输入文字效果

提示

使用横排文字工具创建的文字无法自动换行，需按回车键手动换行。

双击文字图层的缩览图即可选中该文字图层中的所有文字。

在输入文字的过程中，如果要移动文字的位置，则可以将光标移动到文字的附近，当光标变为后，按住鼠标左键拖动可调整文字的位置。

5. 置入小图标

（1）新建 3 个图层，选中图层 1，单击“文件”→“置入嵌入对象”命令，置入素材“小图标 -1.psd”。用类似的方法，分别置入素材“小图标 -2.psd”和“小图标 -3.psd”。在按住 Shift 键的同时选中这 3 个图标素材的图层，先按 Ctrl+T 组合快捷键打开自由变换控件，再按住 Shift+Alt 组合快捷键，拖动 4 个角手柄中的任意一个，按比例调整 3 个图标的大小。

（2）单击“移动工具”，按 Ctrl+T 组合快捷键，出现自由变换控件，在工具选项栏中单击“垂直居中对齐”和“水平居中分布”按钮，将 3 个小图标移到合适的位置，效果如图 4-2-11 所示。

图 4-2-11　置入小图标效果

（3）单击“横排文字工具”，在小图标对应的位置分别输入“专业厂家”“诚信经营”“品质保证”，设置字体为黑体、文本颜色为白色，用移动工具调整好文字的大小和位置，效果如图 4-2-1 所示。

6. 保存和导出图像文件

单击“文件”→“存储为”命令，在弹出的对话框中选择以 PSD 格式保存。单击“文件”→“导出为”→“快速导出为 PNG”命令，导出 PNG 格式图像文件。完成后退出 Photoshop 2023。

任务 3　设计网店详情页

1. 了解常用模糊滤镜的使用方法和应用场景。

2. 掌握网店详情页设计中图文排版和配色的技巧。

3. 能使用画笔工具、直线工具、椭圆工具、矩形工具及自定形状工具等绘制网店详情页中的图形。

4. 能使用图层蒙版、图层样式及模糊滤镜制作图像特效。

5. 能归纳并总结网店详情页的设计思路和基本方法。

一个好的产品需要由好的网店详情页支撑，详情页是提高转化率的入口，是店铺产品能够交易成功的关键因素，成功的详情页可以有效地吸引客户并激发其购买欲望，本任务要求对“汇精展示用品”网店的详情页进行设计，效果如图 4-3-1 所示。

网店详情页包含的主要内容有商品基本信息、商品展示图、商品焦点图和商品细节图。首先利用矩形选框工具和渐变工具将详情页分为上下两个部分；然后使用文字工具对上下两部分导入的商品图片进行文字说明，展示商品的优势和基本信息；再在详情页的中间部分通过导入图片，使用文字工具对商品的功能进行详细说明；最后对详情页背景中的图片进行滤镜处理，形成最终效果图。本任务的学习重点是各种绘图工具在详情页设计中的灵活运用及网店详情页的设计思路和基本方法。

一、网店详情页的尺寸要求

适用于计算机端的网店详情页的图片宽度不超过 750 像素、大小一般不超过 2 MB；适用于手机端的网店详情页的图片宽度为 480 ~ 1 242 像素、高度不超过 1 546 像素、大小不超过 2 560 KB。

图 4-3-1 网店详情页效果

二、网店详情页包含的主要内容

1. 商品基本信息

这是网店详情页最基本的内容之一，主要用于介绍商品的名称、品牌、型号、结构、材质、作用、尺寸及质量等。

2. 商品展示图

精选少量商品图片用于展示商品，让顾客对商品建立直接印象。

3. 商品焦点图

通过挖掘商品的特点、表现商品的独特优势、呈现商品的卖点吸引顾客。

4. 商品细节图

主要对商品的一部分关键细节进行详细描述，让顾客近距离地了解商品的优点。

三、模糊滤镜

在“滤镜”→“模糊”子菜单中有 11 种用于模糊图像的滤镜，这些滤镜应用的场景各不相同，如高斯模糊是最常用的图像模糊滤镜；模糊、进一步模糊属于无参数模糊，适用于轻微模糊；表面模糊、特殊模糊常用于图像降噪；动感模糊、径向模糊可沿一定方向进行模糊；方框模糊、形状模糊是指以特定的形状进行模糊；镜头模糊常用于模拟大光圈摄影效果；平均用于获取整个图像的平均颜色值。

下面重点介绍一下高斯模糊、径向模糊、方框模糊 3 种滤镜。

1. 高斯模糊

高斯模糊是最常用、最重要的模糊滤镜，它可以向图像中添加低频细节，使图像产生一种朦胧的模糊效果。图 4-3-2 所示为素材，单击“滤镜”→“模糊”→“高斯模糊”命令，弹出“高斯模糊”对话框，如图 4-3-3 所示，设置半径参数后，单击“确定”按钮，效果如图 4-3-4 所示。

图 4-3-2　素材

图 4-3-3 “高斯模糊”对话框

图 4-3-4 高斯模糊效果

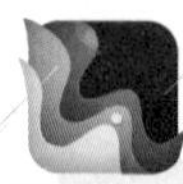
提示

“高斯模糊”对话框中的半径参数用于计算指定像素平均值的区域大小，数值越大，产生的模糊效果越明显。

2. 径向模糊

径向模糊是一种特殊的模糊滤镜，是模拟缩放或旋转相机时产生的模糊，可以将图像围绕一个指定的圆心，沿着圆的圆周或半径方向进行模糊，从而产生一种柔化的模糊效果。

图 4-3-5 所示为素材，单击“滤镜”→“模糊”→“径向模糊”命令，弹出“径向模糊”对话框，如图 4-3-6 所示，设置完参数后，单击“确定”按钮，效果如图 4-3-7 所示。“径向模糊”对话框中的参数含义如下。

图 4-3-5 素材

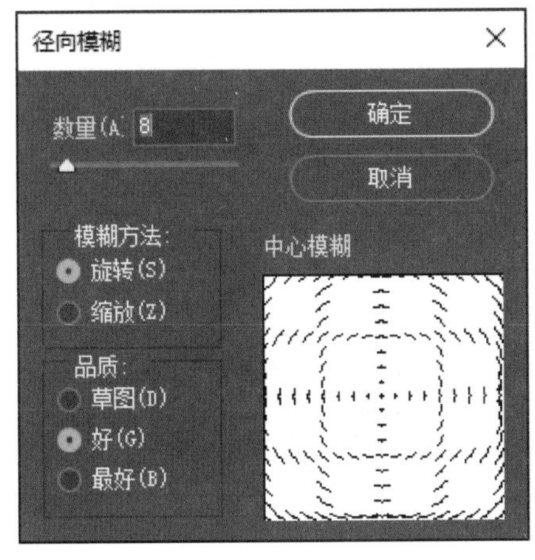

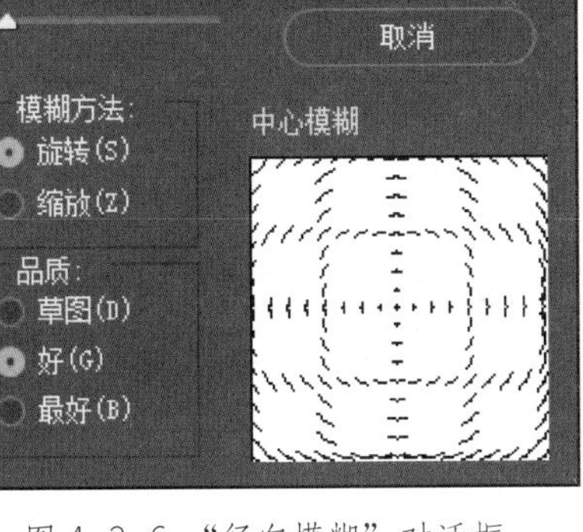

图 4-3-6 “径向模糊”对话框

图 4-3-7　径向模糊效果

（1）数量：用于设置模糊的程度。数值越大，模糊效果越明显。

（2）模糊方法：选择“旋转”时，图像可沿同心圆的圆周产生旋转的模糊效果；选择“缩放”时，图像可以从中心向外产生缩放的模糊效果。

（3）中心模糊：将光标放置在设置框中，用鼠标左键拖动可以定位模糊的原点，原点位置不同，模糊中心也不同。

（4）品质：用于设置模糊效果的质量。“草图”品质下处理速度快，但会产生颗粒效果；“好”和“最好”品质下处理速度较慢，但生成的效果比较平滑。

3. 方框模糊

方框模糊基于相邻像素的平均颜色值模糊图像。图 4-3-8 所示为素材，单击“滤镜”→“模糊”→“方框模糊”命令，弹出“方框模糊”对话框，如图 4-3-9 所示，设置好参数后，单击“确定”按钮，效果如图 4-3-10 所示。

图 4-3-8　素材

图 4-3-9 “方框模糊”对话框

图 4-3-10 方框模糊效果

1. 新建图像文件

单击“文件”→“新建”命令，弹出“新建文档”对话框，设置参数如下：宽度为 750 像素，高度为 1 800 像素，分辨率为 72 像素 / 英寸，颜色模式为 RGB 颜色、8 bit（位），背景内容为白色。设置完成后，单击“创建”按钮。

2. 绘制中心参考线

（1）单击“视图”→“标尺”命令（或按 Ctrl+R 组合快捷键），打开标尺。

（2）在上方标尺处按住鼠标左键不放，向下拖动至画布中线处，当参考线自动吸附至中线处时松开鼠标左键。

（3）在左侧标尺处按住鼠标左键不放，向右拖动至画布中线处，当参考线自动吸附至中线处时松开鼠标左键。绘制中心参考线效果如图 4-3-11 所示。

3. 制作背景

（1）新建图层 1，单击“矩形选框工具”，吸附参考线创建上半部分选区。

（2）单击“渐变工具”，在工具选项栏中设置渐变类型为“线性渐变”，在“渐变编辑器”对话框中编辑渐变颜色，将渐变条左边色标的颜色设置为 #eae9e2、右边色标的颜色设置为 #cbd5d5，按住鼠标左键从选区的左上角向右下角拖动进行填充。按 Ctrl+D 组合快捷键取消选区，如图 4-3-12 所示。

（3）新建图层 2，单击“矩形选框工具”，吸附参考线创建下半部分选区。

（4）单击“渐变工具”，在工具选项栏中设置渐变类型为“线性渐变”，在“渐变

图 4-3-11 绘制中心参考线效果

图 4-3-12 为上半部分选区填充渐变色

编辑器”对话框中编辑渐变颜色，将渐变条左边色标的颜色设置为 #e7e6dd、右边色标的颜色设置为 #b9c7c8，按住鼠标左键从选区的左上角向右下角拖动进行填充。按 Ctrl+D 组合快捷键取消选区，效果如图 4-3-13 所示。

4. 置入商品图片

（1）新建图层，命名为“展台 1”，单击“文件”→“置入嵌入对象”命令，置入“展台 1.png”，单击“移动工具”，调整展台的位置，按 Ctrl+T 组合快捷键，出现自由变换控件，用鼠标拖动角手柄，调整展台的大小。

（2）新建图层，命名为“展台 2”，用步骤（1）的方法置入“展台 2.png”并调整展台的位置和大小，效果如图 4-3-14 所示。

图 4-3-13 为下半部分选区填充渐变色

图 4-3-14 置入商品图片效果

5. 为商品图片制作阴影效果

（1）按住 Ctrl 键，单击“展台 1”图层的缩览图，选中图像选区。

（2）新建图层，命名为“展台 1 阴影”，将该图层移到“展台 1”图层的下方。

（3）单击“渐变工具”，在工具选项栏中设置渐变类型为“线性渐变”，在“渐变编辑器”对话框中编辑渐变颜色，在“预设”中选择“Basics”→“Foreground to Transparent”，即“从前景色到透明”，将前景色设置为黑色，按住鼠标左键在选区内从左到右拖动鼠标，按 Ctrl+D 组合快捷键取消选区。

（4）对阴影图层进行变形。按 Ctrl+T 组合快捷键，出现自由变换控件，按住 Ctrl 键拖动角手柄，在图像右下方形成阴影效果，如图 4–3–15 所示。

（5）单击“滤镜”→“模糊”→“高斯模糊”命令，设置半径为 7 像素。

（6）参照上面的步骤为“展台 2”图层添加阴影效果，如图 4–3–16 所示。

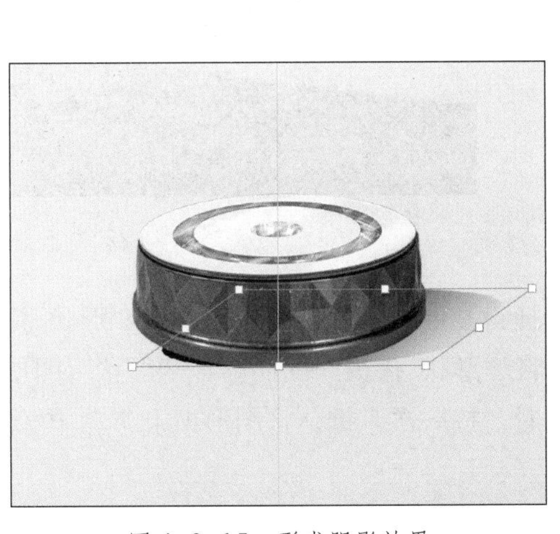

图 4–3–15　形成阴影效果

图 4–3–16　添加阴影效果

6. 绘制图形

（1）新建图层，命名为“形状”，单击“矩形工具”，在工具选项栏中设置模式为“形状”、填充颜色为 #043b5b、无描边、W 为 750 像素、H 为 356 像素，如图 4–3–17 所示。在画布中绘制矩形，单击“移动工具”，将矩形移动到合适的位置，效果如图 4–3–18 所示。

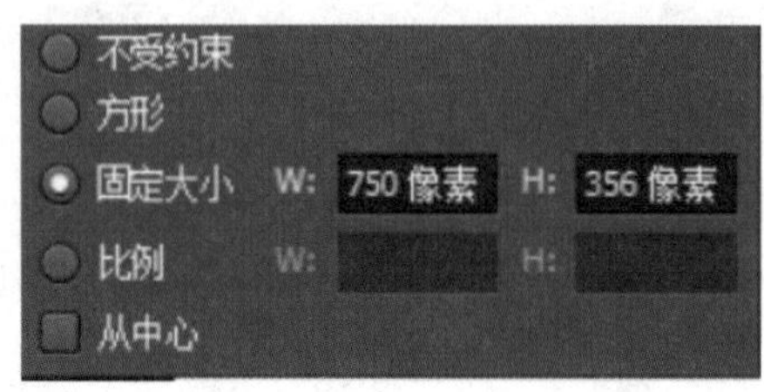

图 4–3–17　设置图形固定大小

（2）单击“直接选择工具”，单击矩形左上角的锚点，向下垂直拖动到合适的位置。

（3）单击钢笔工具组中的“添加锚点工具”，在矩形上方右侧合适的位置添加锚点并调节锚点，使矩形右侧变形，效果如图 4–3–19 所示。

图 4–3–18　绘制矩形并将其移动到合适的位置

图 4–3–19　添加锚点变形效果

（4）选中“形状”图层，按 Ctrl+J 组合快捷键复制“形状”图层，生成“形状 拷贝”图层，设置该图形填充颜色为 #93cbe3，将“形状 拷贝”图层移至“形状”图层下方，单击“移动工具”，在按住 Shift 键的同时，按一次 ↑ 键，将图形向上移动 10 像素，形成叠加效果，如图 4–3–20 所示。

（5）选中“形状”和“形状 拷贝”图层，按 Ctrl+J 组合快捷键复制生成两个“形状 拷贝 2”图层，按 Ctrl+T 组合快捷键，出现自由变换控件，将复制生成的图形旋转 180°，并将其调整到合适的位置，效果如图 4–3–21 所示。

图 4–3–20　复制图形后的效果

图 4–3–21　旋转复制图形后的效果

（6）新建图层，命名为“窗户”，将“窗户”图层移至“展台 1 阴影”图层下方。单击“矩形工具”，在工具选项栏中设置模式为“形状”、填充颜色为 #f3f4f0、无描边，在图像的左侧绘制矩形。选中“窗户”图层，按 Ctrl+J 组合快捷键，生成 3 个窗户拷贝图层。

（7）将 4 个矩形拼凑成窗户样式，选中“窗户”图层及 3 个窗户拷贝图层，按 Ctrl+T 组合快捷键，出现自由变换控件，将“窗户”图形调整为透视效果，如图 4–3–22 所示。

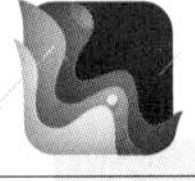
提示

单击图层面板中的图层即可选中一个图层；在按住 Ctrl 键的同时单击其他图层即可选中多个图层。

（8）按住 Ctrl 键，选中“窗户”图层及 3 个窗户拷贝图层，按 Ctrl+E 组合快捷键合并图层，栅格化此图层。

（9）单击“滤镜”→“模糊”→“高斯模糊”命令，设置半径为 8.2 像素，效果如图 4–3–23 所示。

图 4-3-22 窗户透视效果

图 4-3-23 高斯模糊效果

（10）在“展台 1 阴影”图层的下方新建图层，命名为“不透明度”，单击“椭圆选框工具”，在工具选项栏中设置羽化为 30 像素，在画布上框选稍大于商品的椭圆形，填充为白色，设置图层不透明度为 60%，按 Ctrl+D 组合快捷键取消选区，效果如图 4-3-24 所示。

（11）在“展台 2 阴影”图层的下方新建图层，命名为“画笔”，单击“画笔工具”，设置前景色为白色，在工具选项栏中设置画笔为“柔边圆”、大小为 100 像素、硬度为 0%，从展台图像的左上方向右下方进行绘制，模拟光线，效果如图 4-3-25 所示。

图 4-3-24 设置不透明度效果

图 4-3-25 模拟光线效果

（12）选中“画笔”图层，为图层添加矢量蒙版，单击蒙版缩览图，单击“画笔工具”，设置前景色为黑色，设置画笔为“柔边圆”、大小为100像素、硬度为0%，适当调整其不透明度和流量，在光线的下方涂抹，达到渐隐效果。

7. 输入文字

（1）单击“横排文字工具”，输入文字“LED炫彩旋转展台”，在工具选项栏中设置字体为思源黑体、字体大小为67点、文本颜色为#094060。输入文字“轻松应对各种产品拍摄”，在工具选项栏中设置字体为黑体、字体大小为18点、文本颜色为黑色。输入文字“七彩炫光 炫出光彩”，在工具选项栏中设置字体为黑体、字体大小为26点、文本颜色为#beb176。输入文字“真正的产品拍摄解决方案”，在工具选项栏中设置字体为钟齐志莽行书、字体大小为20点、文本颜色为#686746。将以上4个文字图层与画布水平居中对齐，效果如图4-3-26所示。

（2）单击“横排文字工具”，输入文字“产品参数”，在工具选项栏中设置字体为黑体、字体大小为57点、文本颜色为#043b5b。输入文字“细节是我们的追求”，在工具选项栏中设置字体为黑体、字体大小为17点、文本颜色为黑色。

（3）单击“横排文字工具”，在画布上按住鼠标左键拖动出段落文本框，输入文字“尺寸：(直径 × 高)23 cm × 6 cm　电压：USB通用电源　旋转方式：双向　最大承重：8 kg”，在工具选项栏中设置字体为黑体、字体大小为24点、文本颜色为#847e6c、行间距为43点、左对齐文本。设置所有文字图层与画布水平居中对齐，效果如图4-3-27所示。

图4-3-26　上面商品文字效果

图4-3-27　下面商品文字效果

（4）新建图层，单击“直线工具”，在工具选项栏中设置填充颜色为#bfcec5、无描边、粗细为 3 像素，按住 Shift 键，用直线工具在段落文本第一行的下方绘制长度合适的直线。按住 Alt 键，选中绘制的直线并向下拖动复制出 3 条直线，并将其调整到合适的位置。按住 Ctrl 键，分别单击选中 4 条直线所在的图层，单击“移动工具”，在工具选项栏中设置左对齐、垂直居中分布。按 Ctrl+E 组合快捷键合并图层，效果如图 4–3–28 所示。

（5）绘制标注线段。新建图层，在展台 2 处绘制表示高度和宽度的 4 条参考线，单击“直线工具”，在工具选项栏中设置填充颜色为黑色、无描边、粗细为 3 像素，按住 Shift 键绘制水平直线。

（6）新建图层，单击“自定形状工具”，在工具选项栏中的形状库中选择箭头图标，按住 Shift 键绘制箭头，复制箭头图层，按 Ctrl+T 组合快捷键打开自由变换控件，单击鼠标右键，在弹出的快捷菜单中单击“水平翻转”命令，把箭头放置在直线的两端，设置水平居中对齐，选中箭头和直线 3 个图层，按 Ctrl+E 组合快捷键合并图层。在下方输入尺寸“23 cm”，在工具选项栏中设置字体为黑体、字体大小为 20 点，调整好水平标注的大小和位置。

（7）用类似的方法绘制垂直标注，并输入尺寸“6 cm”，效果如图 4–3–29 所示。

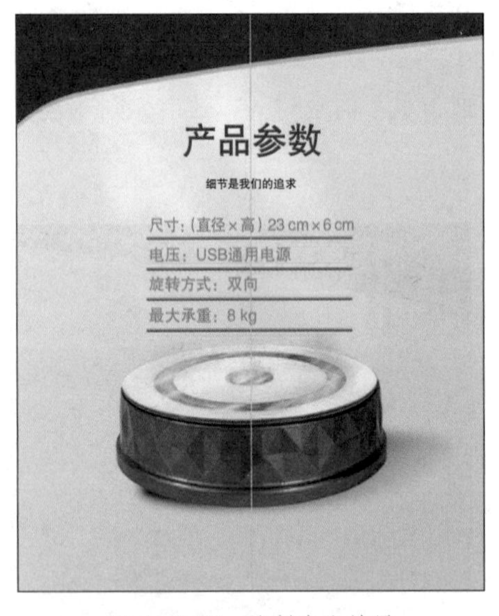

图 4–3–28　绘制直线效果

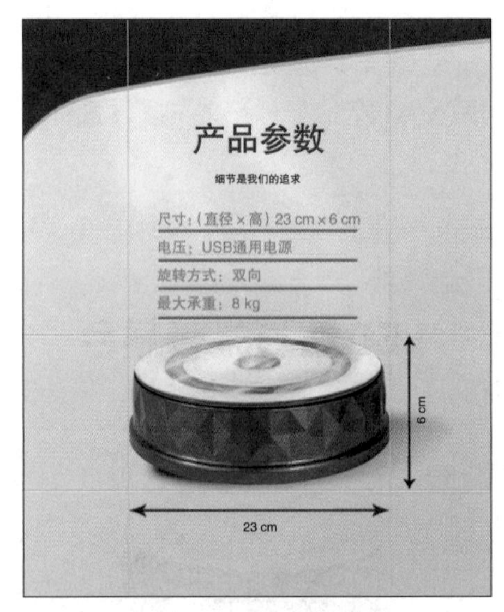

图 4–3–29　绘制标注效果

8. 绘制装饰线

（1）新建图层，单击“矩形工具”，在工具选项栏中设置无填充、描边宽度为 3 像素、描边颜色为 #185e19。在“产品参数”附近的位置绘制圆角矩形，在属性面板中设置 4 个圆角的半径为 10 像素。

（2）单击“添加锚点工具”，在圆角矩形上下边线上的文字边缘各添加两个锚点。单击“直接选择工具”，依次单击要删除的线段，按 Delete 键删除，效果如图 4-3-30 所示。

（3）新建图层，单击“椭圆工具”，设置填充颜色为 #185e19、无描边，按住 Shift 键绘制正圆形，按 Ctrl+T 组合快捷键调整其大小，单击“移动工具”，将其移动到合适的位置按住 Alt 键复制 3 个正圆形并将其移动到合适的位置，效果如图 4-3-31 所示。

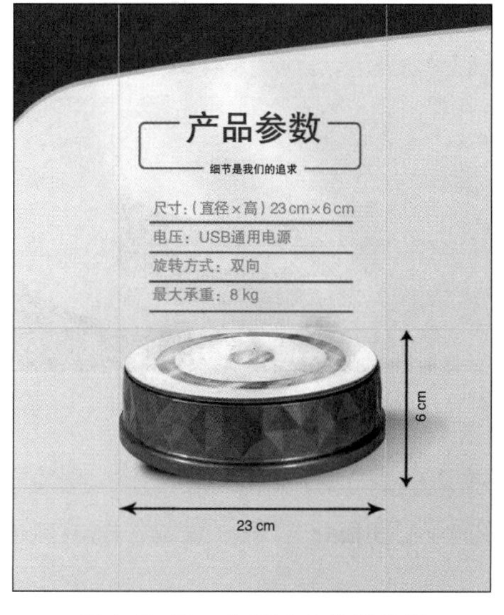

图 4-3-30　绘制圆角矩形效果

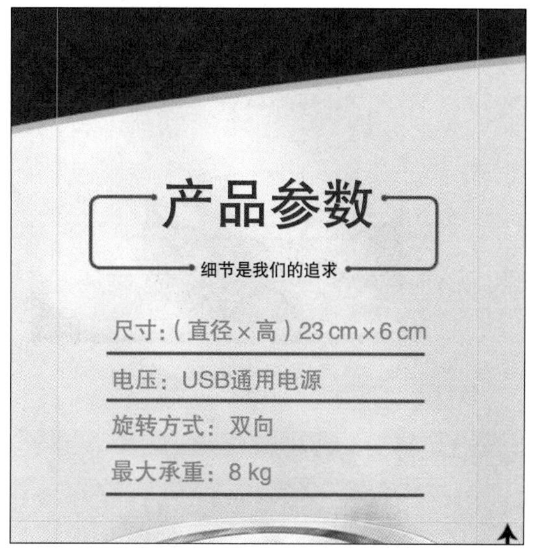

图 4-3-31　绘制正圆形效果

（4）新建图层，单击“矩形工具”，在工具选项栏中设置填充颜色为 #185e19、无描边、圆角半径为 10 像素，绘制圆角矩形。

（5）新建图层，单击“椭圆工具”，按住 Shift 键，在合适的位置绘制正圆形，设置填充颜色为 #185e19。选中圆角矩形和正圆形两个图层，单击“移动工具”，在工具选项栏中单击“垂直居中对齐”按钮，按 Ctrl+E 组合快捷键合并图层，效果如图 4-3-32 所示。

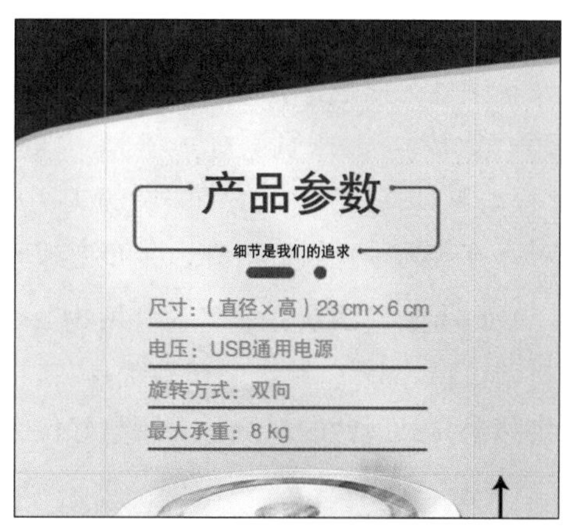

图 4-3-32　绘制组合图形效果

（6）新建图层，单击“矩形工具”，在工具选项栏中设置无填充、描边宽度为 7 像素、描边颜色为 #d1e0e7，在画布上方绘制矩形，与画布水平居中对齐。按照步骤（2）的方法，删除文字边缘部分的线段，效果如图 4–3–33 所示。

（7）单击“文件”→“置入嵌入对象”命令，置入素材“皇冠 .png”，设置填充颜色为 #b0a169。单击“移动工具”，在工具选项栏中单击“水平居中对齐”按钮，效果如图 4–3–34 所示。

图 4–3–33 绘制矩形效果

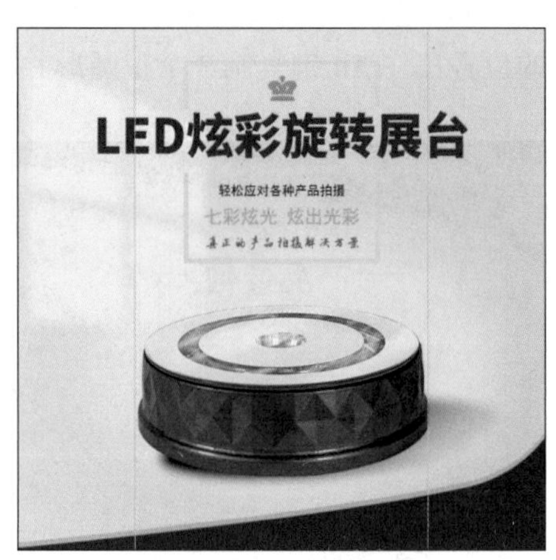

图 4–3–34 置入皇冠效果

9. 置入素材

素材包含图标、植物和音符素材。图标可以绘制，也可以置入。

（1）新建 9 个图层，分别单击“文件”→“置入嵌入对象”命令，置入素材“图标 1.psd”“图标 2.psd”等共 9 个图标。按住 Ctrl 键选中要对齐的图标图层，单击工具箱中的“移动工具”，将 9 个图层的图标进行微调，在工具选项栏中设置对齐与分布方式，对齐方式为垂直居中对齐，分布方式为水平居中分布，效果如图 4–3–35 所示。

（2）单击“横排文字工具”，在工具选项栏中设置字体为黑体、字体大小为 18 点、文本颜色为白色，在画布中分别输入“可蓄电”“视频全景拍摄”“优质工程塑料”“可 360° 旋转”“七彩氛围灯”“8 kg 承重”“可旋转角度”“强大机芯”“终身保修”。单击“移动工具”，将 9 个文字图层的文字进行微调，在工具选项栏中设置对齐与分布方式，对齐方式为垂直居中对齐，分布方式为水平居中分布，效果如图 4–3–36 所示。

（3）新建图层，命名为“植物”，单击“文件”→“置入嵌入对象”命令，置入素材“植物 .png”，单击“移动工具”，将“植物”图层拖动至“展台 1”图层上方，将植物移至商品展台的左侧，并调整好位置和大小，如图 4–3–37 所示。

（4）选中“植物”图层，单击“滤镜”→“模糊”→“高斯模糊”命令，设置半径为 11 像素。

图 4-3-35　图标编辑效果

图 4-3-36　文字效果

（5）在按住 Alt 键的同时拖动鼠标复制植物。按 Ctrl+T 组合快捷键，单击鼠标右键，在弹出的快捷菜单中单击“水平翻转”命令，再单击鼠标右键，在弹出的快捷菜单中单击“垂直翻转”命令。单击“移动工具”，将翻转后的植物移至右侧的位置上，如图 4-3-38 所示。

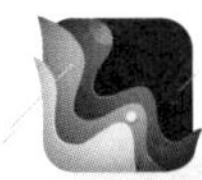

提示

使用移动工具移动图像时，按住 Alt 键拖动图像可复制图像并生成一个新图层。当图像中存在选区时，按住 Alt 键拖动图像可复制图像，不会生成新图层。

（6）新建图层，命名为“音符”，单击“文件”→“置入嵌入对象”命令，置入“音符素材 .png”，按 Ctrl+T 组合快捷键调整音符的大小，在工具选项栏中设置旋转角度为 30 度，将其移至画布右侧合适的位置。将“音符”图层拖动至“展台 1”图层的下方，使音符图像在商品展台的右后方。

图 4-3-37　置入植物素材效果

图 4-3-38　为植物添加滤镜并复制、移动植物位置效果

提示

在变换图像形状时按 Ctrl+T 组合快捷键，在缩放图像时按 Shift 键。拖动角手柄可等比例缩放图像，在缩放时按 Alt 键可以参考点为基准缩放图像。

（7）双击图层面板中的“音符”图层，弹出“图层样式”对话框，勾选“渐变叠加”复选框，单击“渐变叠加”设置界面中的渐变条，弹出“渐变编辑器”对话框，添加 4 个色标，设置色标的颜色分别为 #f6bf75、#d77185、#8766ac、#4150b1，如图 4–3–39 所示，在“渐变叠加”设置界面中设置角度为 90 度、缩放为 127%，单击“确定”按钮，效果如图 4–3–40 所示。

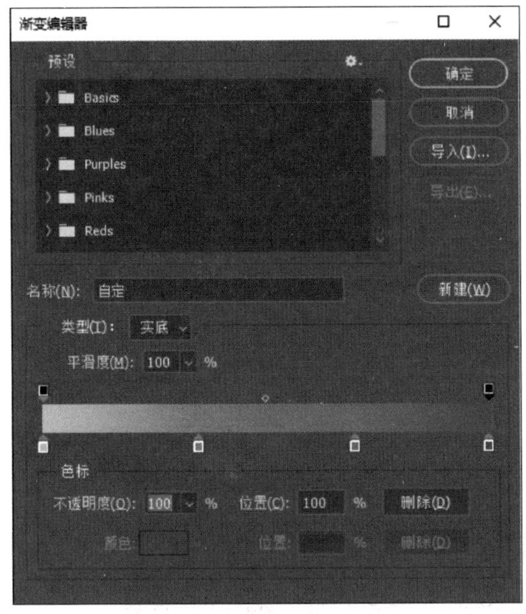

图 4–3–39　“渐变编辑器”对话框

图 4–3–40　设置图层样式效果

10. 保存和导出图像文件

单击“文件”→“存储为”命令，在弹出的对话框中选择以 PSD 格式保存。单击“文件”→“导出”→“导出为”命令，导出 PNG 或 JPG 格式图像文件。完成后退出 Photoshop 2023。

任务 4　设计霓虹灯字

1. 掌握电商中艺术字体的设计思路和方法。
2. 能通过图层的复制等操作制作立体文字效果。
3. 能用描边、内阴影、外发光及投影等图层样式制作文字特效。

文字是网店展示商品的重要形式，是传达商品信息的主要载体，可以对图片无法表述的内容进行补充说明，经过精心设计的艺术字体更加能吸引用户，增强视觉体验。无论在电商设计还是在广告设计中，艺术字体都有广泛的应用，它不仅能准确表达信息，还可以表达设计的主题和意图，展示图片的风格，起到一定的装饰作用。

本任务以“3.8”霓虹灯字的设计为例，介绍电商文字设计的基本思路和方法，设计效果如图 4-4-1 所示。制作霓虹灯字时，先做出字体的立体效果，然后对字体进行描边，再通过添加内阴影、内发光、外发光、投影 4 种图层样式设置内部文字样式，最后运用图层样式调整线条效果。本任务的学习重点是运用图层设计电商特效文字。

图 4-4-1　“3.8”霓虹灯字设计效果

一、“内阴影”图层样式

“内阴影”图层样式可以在紧靠图层内容的边缘处添加阴影，使图像内容产生向画面内侧凹陷的效果。图 4-4-2 所示为“内阴影”图层样式的设置界面。

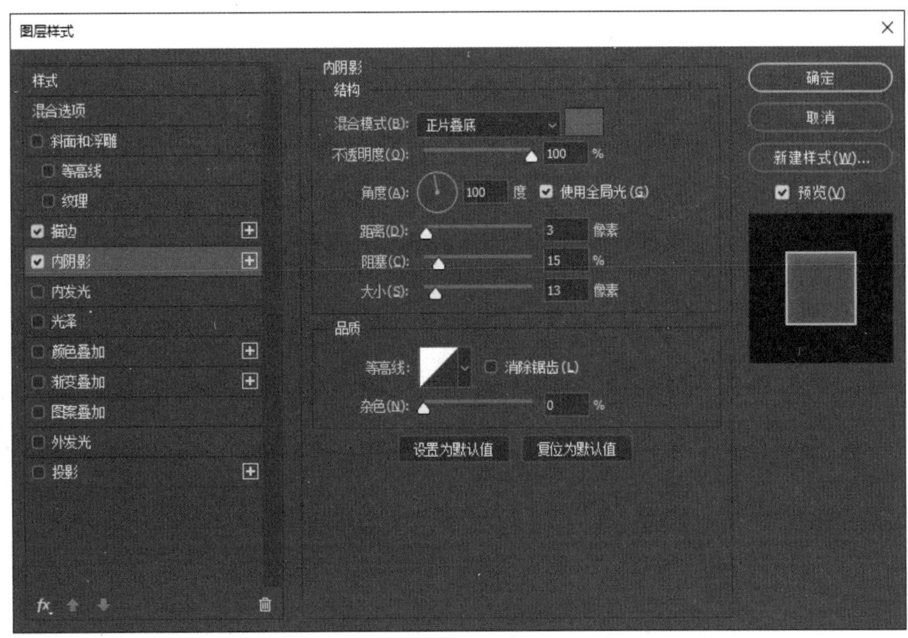

图 4-4-2 “内阴影”图层样式的设置界面

1. 结构

（1）混合模式：设置阴影与下面图层的混合模式，默认设置为“正片叠底”。

（2）不透明度：设置阴影不透明度，数值越小，阴影越淡。

（3）角度：设置阴影应用于图层的光照角度，指针方向为光源方向，与指针方向相反的方向为阴影方向。

（4）使用全局光：如果勾选该复选框，则可以保持所有图层的光照角度一致；如果取消勾选该复选框，则可以为不同的图层分别设置光照角度。

（5）距离：设置阴影偏移图层内容的距离。

（6）阻塞：可以在模糊之前收缩内阴影的边界。

（7）大小：设置阴影的模糊范围，数值越大，阴影模糊范围越广，反之，阴影模糊范围越小。

2. 品质

（1）等高线：通过调整曲线的形状控制阴影的形状，可以手动调整曲线形状，也可以选择内置预设。

（2）消除锯齿：混合等高线边缘的像素，使阴影更加平滑。

（3）杂色：用于在阴影中添加颗粒感和杂色效果，数值越大，颗粒感越强。

二、“内发光”与“外发光”图层样式

“内发光”图层样式可以沿图层内容的边缘向内创建发光效果，其设置界面如图 4–4–3 所示。

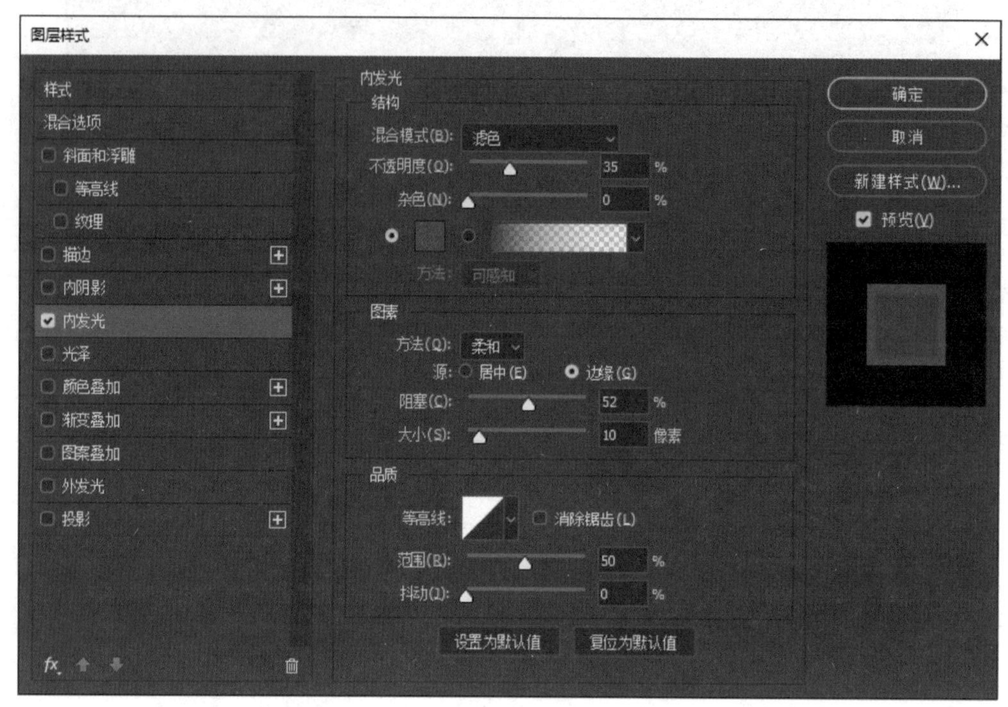

图 4–4–3 “内发光”图层样式的设置界面

1. 结构

（1）混合模式：设置发光效果与下面图层的混合模式，默认设置为“滤色”。

（2）不透明度：设置发光效果的不透明度。

（3）杂色：在发光效果中添加随机的杂色效果，使光晕产生颗粒感。

（4）发光颜色：可以设置单色，也可以设置渐变色。

（5）方法：设置发光的方式。选择“柔和”，发光效果比较柔和；选择“精确”，可以得到精确的发光边缘。

2. 图素

（1）源：控制光源的位置。

（2）阻塞：用于在模糊之前收缩发光的边界。

（3）大小：设置光晕范围的大小。

3. 品质

（1）等高线：使用等高线可以控制发光的形状。

（2）范围：用于设置发光效果的轮廓范围。

（3）抖动：用于改变渐变颜色和不透明度的范围。

外发光图层样式与内发光图层样式相似，可以沿图层内容的边缘向外创建发光效果，可用于制作光晕效果。

三、“投影”图层样式

“投影”图层样式可以为图层模拟出投影效果，用于增加某部分的层次感和立体感，其设置界面如图 4–4–4 所示。

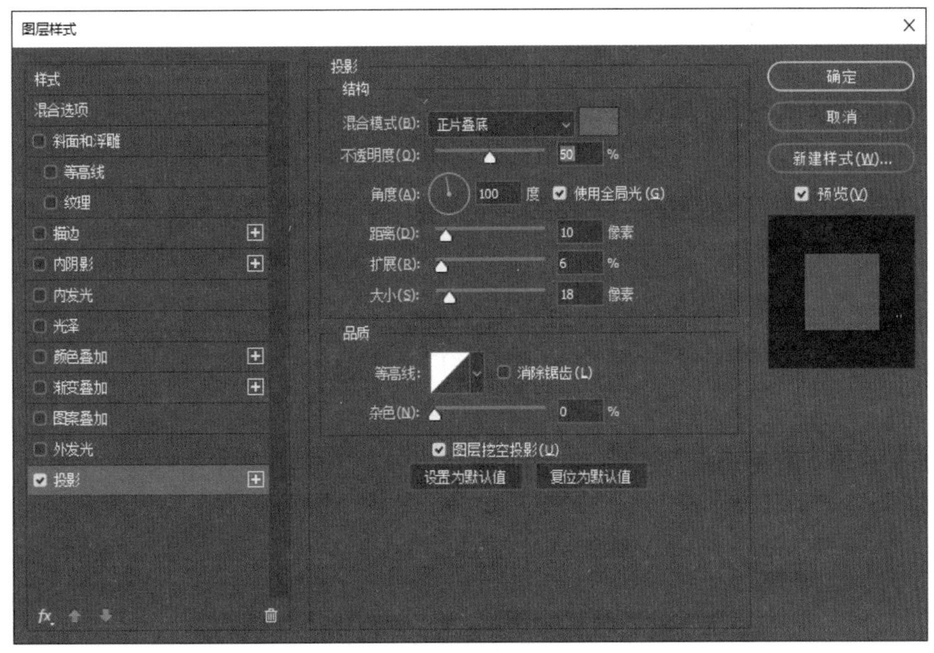

图 4–4–4　“投影”图层样式的设置界面

1. 结构

（1）混合模式：设置投影与下面图层的混合模式，默认设置为“正片叠底”。

（2）投影颜色：设置投影的颜色。

（3）不透明度：设置投影的不透明度，数值越小，投影越淡。

（4）角度：设置投影应用于图层的光照角度，指针方向为光源方向，与指针方向相反的方向为投影方向。

（5）使用全局光：如果勾选该复选框，则可以保持所有图层的光照角度一致；如果取消勾选该复选框，则可以为不同的图层分别设置光照角度。

（6）距离：设置投影偏移图层内容的距离。

（7）扩展：设置投影的扩展范围。注意，该值受“大小”选项的影响。

（8）大小：设置投影的模糊范围，数值越大，投影的模糊范围越广，反之，投影的模糊范围越小。

2. 品质

（1）等高线：通过调整曲线的形状控制投影的形状，可以手动调整曲线形状，也可以选择内置预设。

（2）消除锯齿：混合等高线边缘的像素，使投影更加平滑。

（3）杂色：用于在投影中添加颗粒感和杂色效果，数值越大，颗粒感越强。

（4）图层挖空投影：用于控制半透明图层中投影的可见性。勾选该复选框后，如果当前图层的“填充”数值小于 100%，则半透明图层中的投影不可见。

1. 新建图像文件

单击“文件”→“新建”命令，弹出“新建文档”对话框，设置参数如下：名称为“霓虹灯字效果”，宽度为 800 像素，高度为 500 像素，分辨率为 72 像素 / 英寸，颜色模式为 RGB 颜色、8 bit（位），背景内容为黑色，如图 4–4–5 所示。设置完成后，单击“创建”按钮。

2. 绘制背景、添加文字

（1）新建图层，单击“画笔工具”，在工具选项栏中设置画笔为“柔边圆”、大小为 1 000 像素、硬度为 0%、模式为“滤色”、不透明度为 100%、颜色为 #450578。调整好画笔后，在画布的中上方单击一下，单击图层面板中的图层 1，设置不透明度为 60%，效果如图 4–4–6 所示。

（2）单击“横排文字工具”，在工具选项栏中设置字体为 Arial Bold Italic、字体大小为 160 点、文本颜色为 #5d00a6，分 3 个图层在画布中输入“3.8”3 个字符，单击“移动工具”，调整 3 个字符的位置，如图 4–4–7 所示。

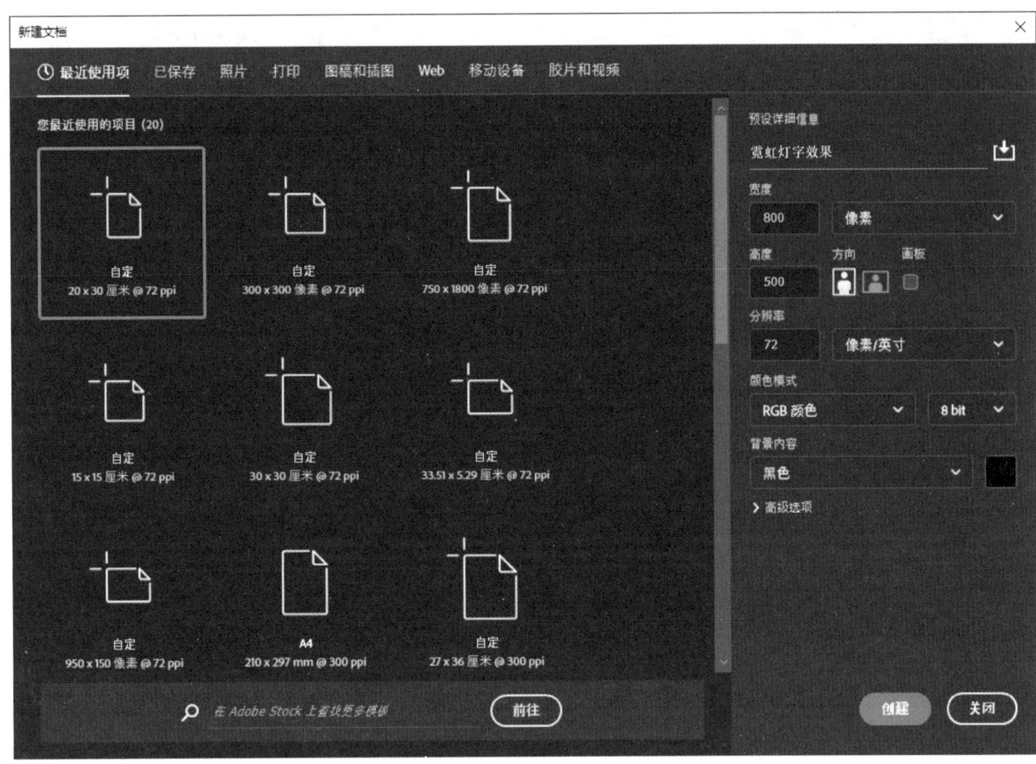

图 4-4-5　“新建文档”对话框

图 4-4-6　绘制背景效果

图 4-4-7　添加文字效果

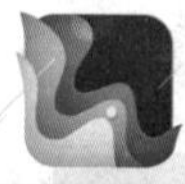

提示

在设计艺术字时，最好将文字分开制作，以方便后期的调整。先制作一个文字效果，再参照类似的方法迅速完成其他文字效果的制作。

3. 制作立体文字

（1）单击文字图层“3”，按 Ctrl+T 组合快捷键对文字进行变形，显示“3”的自由变换控件，先按↓键，再按回车键确认，文字就向下移动了一个像素。

（2）再按 10 次 Ctrl+Alt+Shift+T 组合快捷键，得到 10 个拷贝图层。在按 Ctrl 键的同时单击图层面板中复制的 10 个图层，按 Ctrl+E 组合快捷键合并图层，调整“3 拷贝 10”图层的不透明度为 50%，制作出“3”的立体效果，图层面板如图 4-4-8 所示。

（3）用类似的方法做出另外两个字符的立体效果，如图 4-4-9 所示。

4. 描边

（1）选中文字图层“3”并单击鼠标右键，在弹出的快捷菜单中单击“混合选项”命令，弹出“图层样式”对话框，勾选“描边”复选框，设置大小为 2 像素、位置为“内部”、颜色为白色，如图 4-4-10 所示。

图 4-4-8　图层面板

图 4-4-9　“3.8”立体效果

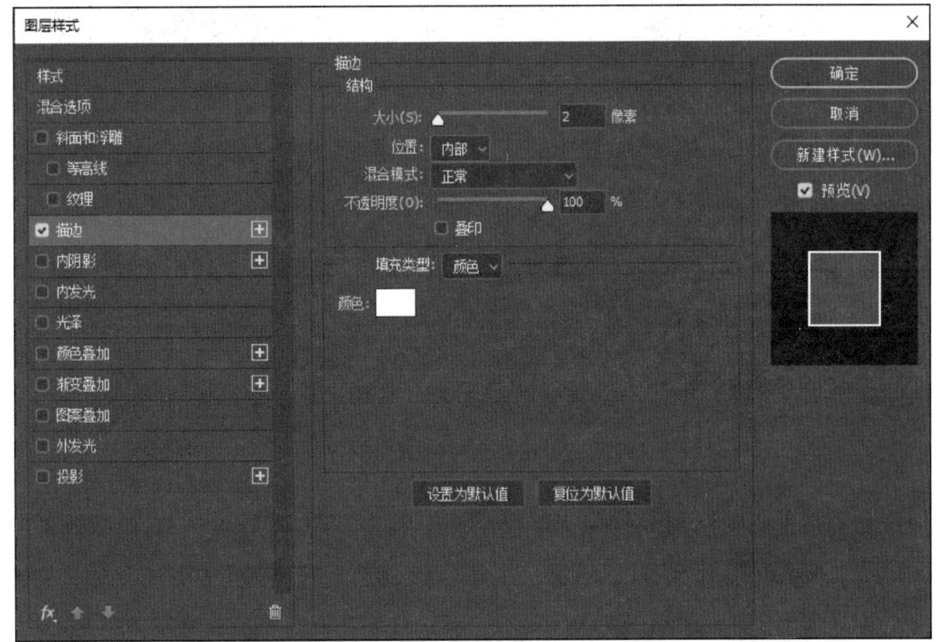

图 4-4-10　“描边”参数设置

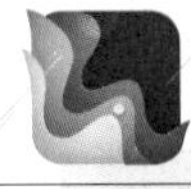

提示

描边类型的艺术字需选择笔画相对较粗的字体进行处理，能更好地展示出效果。

（2）复制描边图层，在图层面板中的复制的描边图层上单击鼠标右键，在弹出的快捷菜单中单击“栅格化图层样式”命令，增加描边效果，将图层名称改为“3 栅格化图层样式”，调整好位置。

（3）用类似的方法制作另外两个字符的样式，效果如图 4-4-11 所示。

图 4-4-11 “3.8”描边效果

5. 设置内部文字样式

单击图层面板中的“3 拷贝 10”图层，依次添加内阴影、内发光、外发光、投影 4 种图层样式，具体参数设置如图 4-4-12 至图 4-4-15 所示。

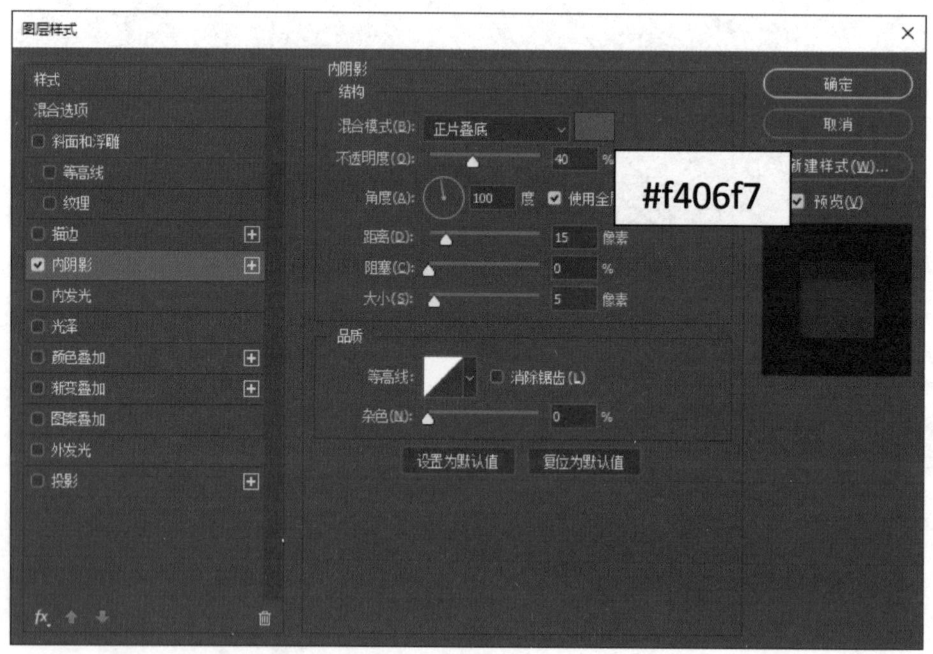

图 4-4-12 “内阴影”参数设置

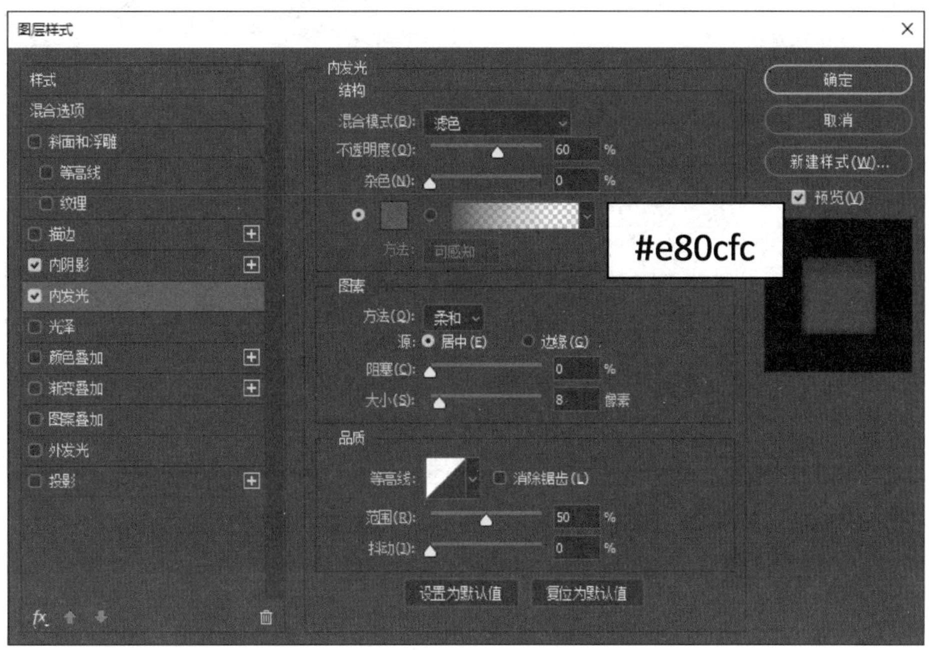

图 4-4-13 “内发光”参数设置

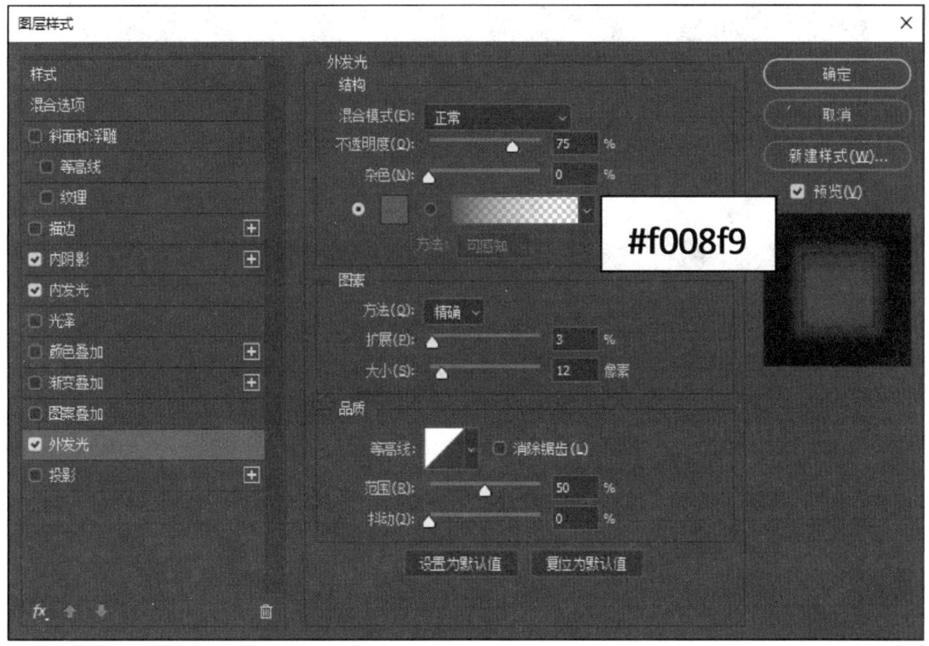

图 4-4-14 “外发光”参数设置

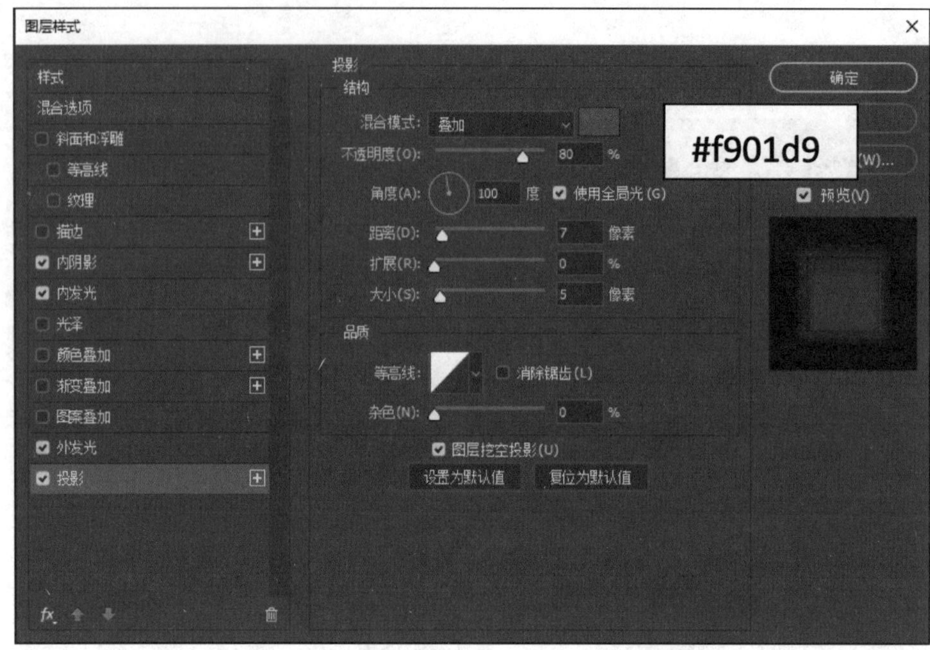

图 4-4-15 “投影”参数设置

设置图层样式后的效果如图 4-4-16 所示。

图 4-4-16 设置图层样式后的效果

6. 调整线条效果

单击文字图层“3”，依次添加描边、内阴影、内发光、外发光、投影 5 种图层样式，具体参数设置如图 4-4-17 至图 4-4-21 所示。

设置图层样式后的最终效果如图 4-4-1 所示。

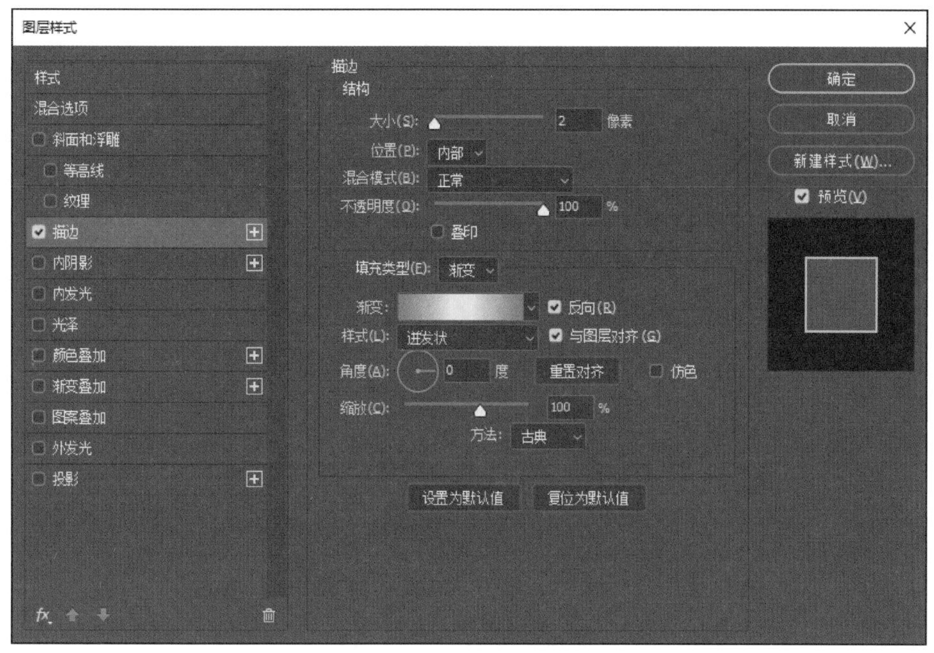

图 4-4-17 “描边”参数设置

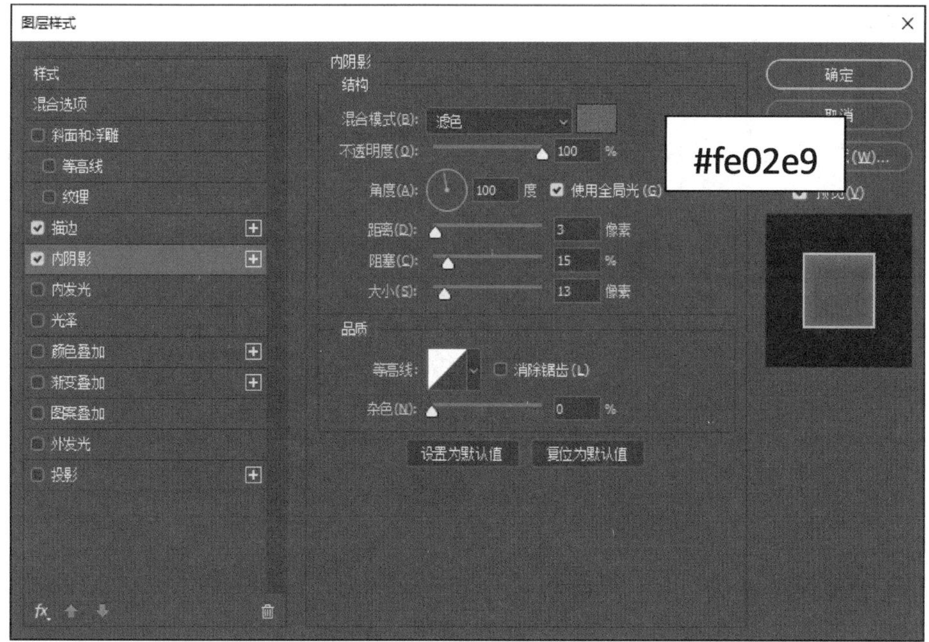

图 4-4-18 “内阴影”参数设置

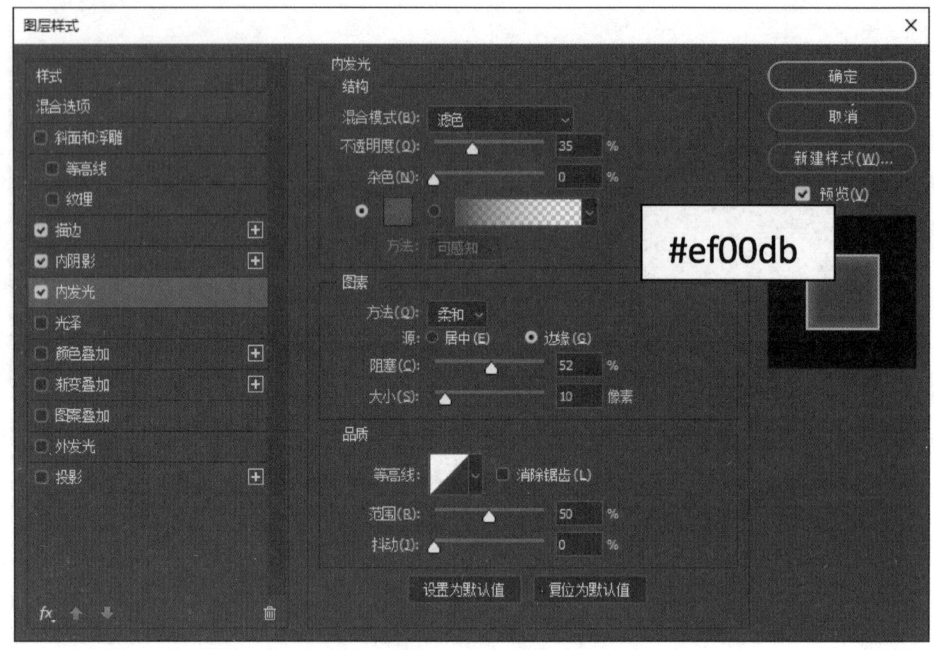

图 4-4-19 “内发光”参数设置

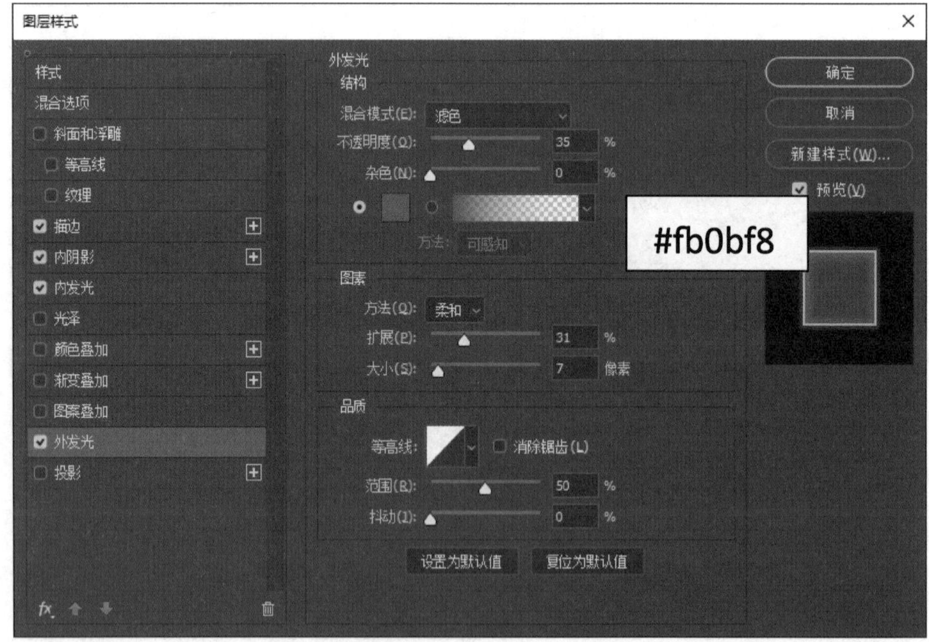

图 4-4-20 “外发光”参数设置

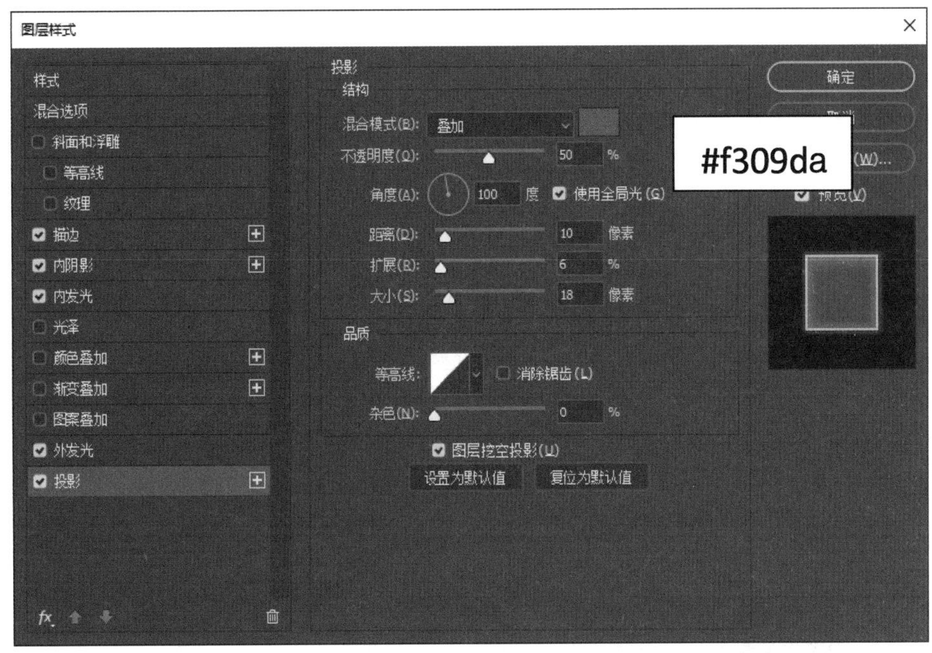

图 4-4-21　“投影”参数设置

7. 保存和导出图像文件

单击“文件”→“导出”→“导出为”命令，在弹出的对话框中选择以 JPG 或 PNG 格式导出图像文件。单击“文件”→“存储为”命令，在弹出的对话框中选择以 PSD 格式保存。完成后退出 Photoshop 2023。

任务 5　设计网店横幅广告

1. 掌握直线工具、多边形套索工具的使用方法。
2. 掌握文字工具的使用方法和文字制作技巧。
3. 能使用多边形工具修饰图像。
4. 能归纳并总结网店横幅广告的设计思路。

在电商装修中，横幅广告是商品吸引顾客单击购买的关键，横幅广告又称旗帜广告，它是横跨于网页上的矩形公告牌，当用户单击这些横幅时，通常可以链接到广告的主网页。网店横幅广告的制作需要综合运用 Photoshop 中的工具完成。

某运动用品网店需要在“618”促销活动来临之际，设计一张网店横幅广告，设计效果如图 4–5–1 所示。横幅广告设计主要由图形、文字组成。首先用多边形套索工具和直线工具绘制多彩的背景效果，然后用文字工具和矩形选框工具处理文字效果，最后用多边形工具绘制装饰的五角星图案。本任务的学习重点是多边形工具的使用方法和文字制作技巧。

图 4–5–1　网店横幅广告设计效果

一、直线工具

直线工具是形状工具组中的工具之一，可以绘制直线或带有箭头的线段。光标拖动的起始点为线段起点，拖动的终点为线段终点。在“直线工具”选项栏中可以调整线条的颜色、粗细和线型等参数，如图 4–5–2 所示。

单击“直线工具”选项栏中的“设置其他形状和路径选项”按钮⚙，在其下拉面板中可以设置箭头的相关参数，如图 4–5–3 所示。

图 4-5-2 “直线工具”选项栏

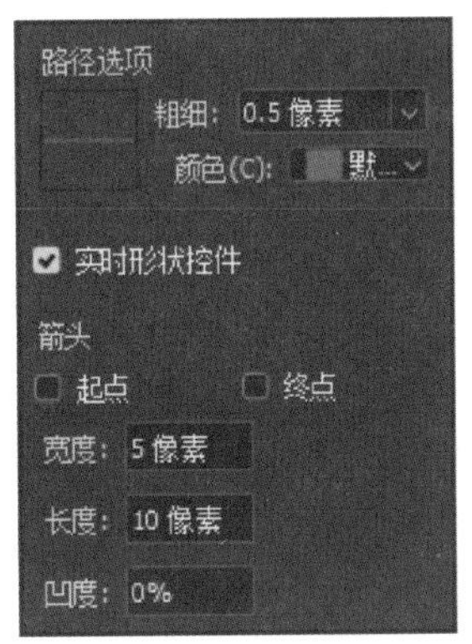

图 4-5-3 设置箭头的相关参数

起点与终点：两者可以选择一项，也可以都选，以决定箭头在线段的哪一端或两端都有箭头。

宽度：设置箭头宽度的数值，可以输入 0.1 ~ 10 000 之间的数值。

长度：设置箭头长度的数值，可以输入 0.1 ~ 50 000 之间的数值。

凹度：设置箭头中央凹陷的程度，可以输入 –50% ~ 50% 之间的数值。

二、自定形状的创建

Photoshop 中自带的自定形状图案是有限的，可以在网上搜索下载更多需要的自定形状图案并添加到自定形状中，文件的默认格式为 CSH。如果下载的是压缩包，则需要解压缩之后再安装。

方法一：单击“编辑”→“预设”→“预设管理器”命令，弹出“预设管理器”对话框，在列表中找到对应的自定形状，单击“载入”按钮，找到下载的形状文件，载入即可。

方法二：单击“自定形状工具”，在工具选项栏中设置模式为“形状”，单击“形状”下拉按钮，打开“自定形状拾色器”，单击“设置其他形状和路径选项”按钮，在弹出的下拉菜单中单击“导入形状”命令，弹出“载入”对话框，找到 CSH 文件，载入即可。

下面以创建一个心形图案为例，介绍自定形状工具的使用方法：

1. 单击“文件”→“新建”命令，弹出“新建文档”对话框，设置参数如下：宽度为 100 像素，高度为 100 像素，分辨率为 72 像素 / 英寸，颜色模式为 RGB 颜色、8 bit（位），背景内容为白色。设置好参数后，单击“确定”按钮。

2. 单击“钢笔工具”，设置模式为“路径”，绘制出心形的路径，如图 4-5-4 所示。

3. 利用钢笔工具对路径进行调节，使其形状达到所需的要求。

4. 单击“路径选择工具”，选中路径，单击“编辑”→“定义自定形状”命令，弹出“形状名称”对话框，如图 4-5-5 所示，编辑名称后，单击“确定”按钮。

图 4-5-4 绘制心形的路径

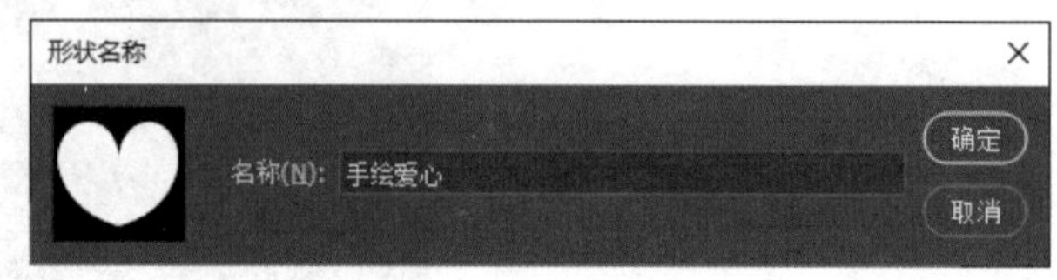

图 4-5-5 “形状名称”对话框

5. 单击“自定形状工具”，在工具选项栏中找到之前的自定形状（通常在最后一个），在画布中进行绘制即可。

任务实施

1. 新建图像文件

单击“文件”→“新建”命令，弹出“新建文档”对话框，设置参数如下：宽度为 727 像素，高度为 416 像素，分辨率为 72 像素 / 英寸，颜色模式为 RGB 颜色、8 bit（位），背景内容为白色。设置好参数后，单击“创建”按钮。

2. 制作背景

（1）新建图层组，将图层组命名为“背景”。

（2）在“背景”图层组中新建图层 1，在工具箱中设置前景色为 #e8e5d4，按 Alt+Delete 组合快捷键填充前景色，降低背景明度，提升图像质感。

（3）新建图层 2，单击“多边形套索工具”，在左上角绘制三角形选区。在工具箱中设置前景色为 #941f16，按 Alt+Delete 组合快捷键在左上角的三角形选区中填充前景色，按 Ctrl+D 组合快捷键取消选区。

（4）新建图层 3，单击“多边形套索工具”，在三角形下方绘制四边形选区，在工具箱中设置前景色为 #b23225，按 Alt+Delete 组合快捷键在左上角的四边形选区中填充前景色，按 Ctrl+D 组合快捷键取消选区。

（5）重复使用多边形套索工具，分别绘制下半部分的四边形，并填充相应的颜色（从下往上的颜色为：#274f57、#941f16、#466b7e、#274f57、#466b7e 和 #274f57），背景效果如图 4–5–6 所示。

（6）添加线条装饰。单击“直线工具”，绘制 3 条直线，设置填充颜色为 #274f57、无描边，填补背景留白处，效果如图 4–5–7 所示。

图 4–5–6　背景效果

图 4–5–7　绘制线条效果

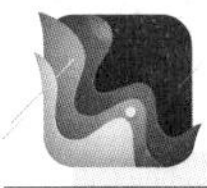

提示

使用直线工具绘图时按住 Shift 键，可以绘制水平直线、垂直直线、倾斜 45° 方向的直线。

3. 打开素材图像文件

单击“文件”→“打开”命令，弹出“打开”对话框。选中素材“篮球 .jpg”，单击“确定”按钮，打开素材图像文件。

4. 抠选篮球区域

（1）因素材图像背景为白色，颜色单一，可选用快速选择工具或魔棒工具对篮球进行抠图。单击“魔棒工具”，将工具选项栏中的容差设置为 32，单击背景白色部分任意处，选中白色背景部分。

（2）在选框内单击鼠标右键，在弹出的快捷菜单中单击“选择反向”命令（或按 Ctrl+Shift+I 组合快捷键），即可选取篮球区域，如图 4-5-8 所示。

图 4-5-8 选取篮球区域

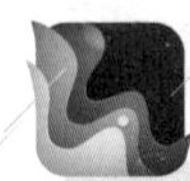
提示

在抠图时，当图像背景是纯色或非常简单时，可以用快速选择工具以及魔棒工具完成抠图工作。

（3）单击图层面板中的“背景”图层组左侧的下拉箭头，隐藏“背景”图层组中的图层，如图 4-5-9 所示。

（4）选中“背景”图层组，单击“移动工具”，将选取的篮球拖动到新建的横幅广告画布中，按 Ctrl+T 组合快捷键调整篮球的大小并将其移至合适的位置，如图 4-5-10 所示。

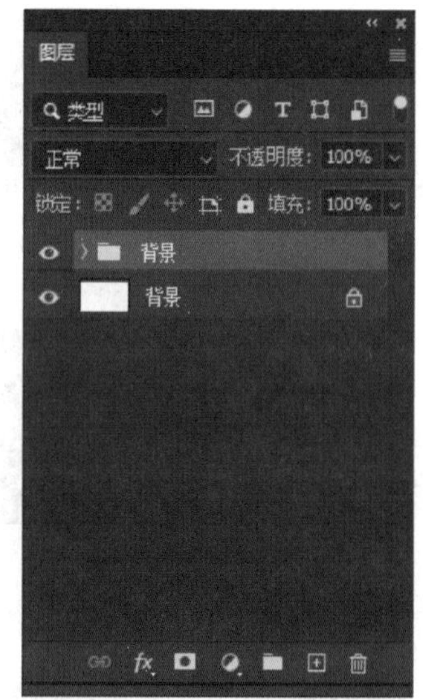

图 4-5-9 隐藏“背景”图层组中的图层

5. 制作广告字

（1）单击“横排文字工具”，输入“WANG-ZHE 篮球”，设置字体为方思源宋体、文本颜色为白色、字体大小为 100 点。

（2）按 Ctrl+T 组合快捷键对文字进行自由变换，调整文字的大小和位置，效果如图 4-5-11 所示。

（3）按 Ctrl+J 组合快捷键复制文字图层，将前景色设置为 #941f15，按 Alt+Delete 组合快捷键将复制的文字颜色填充为前景色，并将复制的文字图层调整到白色文字图层的下方，单击“移动工具”，调整复制文字的位置，让文字形成阴影效果，如图 4-5-12 所示。

图 4-5-10　插入篮球

图 4-5-11　添加文字效果

图 4-5-12　文字阴影效果

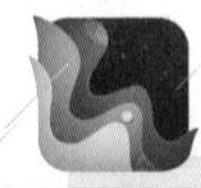

提示

想要制作具有立体感的字体时，可以通过复制字体、改变颜色操作，利用两层字体间的错位创造出阴影的效果。

（4）单击“横排文字工具”，输入“高耐用性、高弹力”，设置字体为思源宋体、文本颜色为白色、字体大小为 33 点。单击“移动工具”，调整文字的位置，如图 4-5-13 所示。

图 4-5-13　添加文字效果

6. 制作角标

（1）新建图层，单击“矩形选框工具”，在右上角创建矩形选区。单击“选择”→“修改”→“平滑”命令，弹出“平滑选区”对话框，设置取样半径为 8 像素，如图 4-5-14 所示，单击“确定”按钮。将前景色设置为 #b23225，按 Alt+Delete 组合快捷键将选区填充为前景色。

图 4-5-14　“平滑选区”对话框

（2）单击“矩形选框工具”，框选出圆角矩形的上半部分并单击鼠标右键，在弹出的快捷菜单中单击“自由变换”命令，直接将圆角矩形向上拉长至拉出画布，调整好后将其放置在合适的位置，如图 4–5–15 所示。

图 4–5–15　调整圆角矩形的形状和位置

（3）单击“横排文字工具”，输入“618 运动上新”，设置字体为等线 Light、文本颜色为白色、字体大小为 20 点、字间距为 140、加粗，调整好文字的位置，如图 4–5–16 所示。

图 4–5–16　添加文字

7. 制作“立即抢购”文字效果

（1）新建图层，单击“矩形选框工具”，在右下角创建矩形选区。单击“选择”→“修改”→“平滑”命令，弹出“平滑选区”对话框，设置取样半径为 8 像素。将前景色设置为白色，按 Alt+Delete 组合快捷键将选区填充为前景色。

（2）按 Ctrl+J 组合快捷键复制圆角矩形，按住 Ctrl 键并单击复制的圆角矩形图层的缩览图，载入圆角矩形选区。将前景色设置为 #466b7e，按 Alt+Delete 组合快捷键将选区填充为前景色，将复制的圆角矩形图层移至白色矩形图层下面。单击“移动工具”，将复制的圆角矩形移至合适的位置。

（3）在图层面板中选中复制的圆角矩形图层并单击鼠标右键，在弹出的快捷菜单中单击“混合选项”命令，在弹出的“图层样式”对话框中勾选“投影”复选框并设置参数，如图 4–5–17 所示。

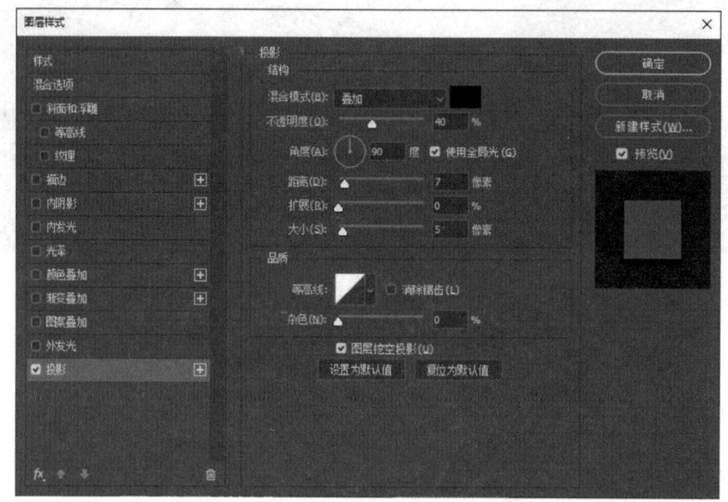

a）

b）

图 4–5–17　制作投影

a）参数设置　b）效果

（4）单击“横排文字工具”，输入“立即抢购 >”，在工具选项栏中设置字体为微软雅黑 Light、文本颜色为 #466b7e、字体大小为 20 点、字间距为 140、加粗，调整好文字的位置，如图 4–5–18 所示。

图 4-5-18　制作“立即抢购 >”文字效果

8. 添加装饰

为了使图像更加丰富，可以在篮球周围添加五角星图案。单击“多边形工具”，在工具选项栏中设置模式为“形状”、宽度 50 像素、高度 50 像素、边数为 5、星形比例为 60%，如图 4-5-19 所示，在画布中绘制若干五角星图案后，设置其填充颜色、描边颜色，并调整其大小和位置，效果如图 4-5-20 所示。

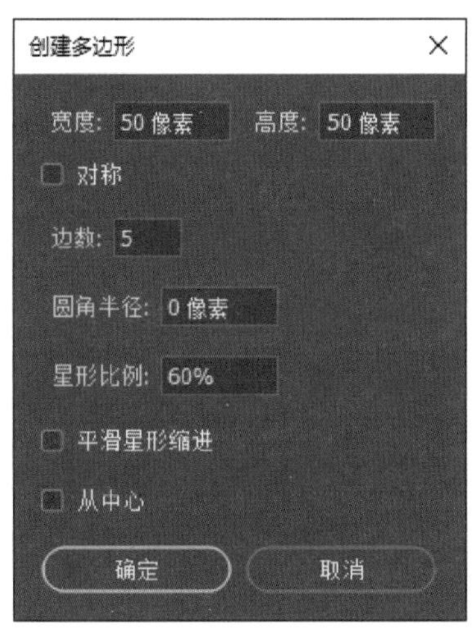

图 4-5-19　“创建多边形”对话框

9. 保存和导出图像文件

单击“文件”→“存储为”命令，在弹出的对话框中选择以 PSD 格式保存。单击“文件”→“导出”→“导出为”命令，导出 PNG 或 JPG 格式图像文件。完成后退出 Photoshop 2023。

图 4-5-20　添加五角星图案效果

项目五
海报的设计

通过 Photoshop 软件不仅能快速地处理图像，还能方便快捷地设计海报。海报设计是对图像、文字、色彩、版式、图形等元素的综合应用，结合不同的应用场景，可以用 Photoshop 2023 软件的功能进行海报设计，制作出更具视觉冲击力的效果图，能较好地达到宣传的意图。

本项目通过“设计旅游海报”“设计美食促销海报”“设计城市宣传海报”“设计创建文明城市宣传海报”等任务，了解不同主题和不同类型海报设计的特点、基本思路及方法，进一步练习渐变工具、文字工具、形状工具的使用以及内容识别填充、羽化选区、添加滤镜等操作，综合运用抠图的方法、图层分组、图层样式、蒙版和滤镜等完成海报设计，从而掌握 Photoshop 在海报设计中的图像处理、图文排版和设计技巧，具备一定的海报设计能力。

任务 1　设计旅游海报

1. 掌握渐变工具、文字工具在旅游海报中的具体运用。
2. 掌握选择性粘贴中贴入命令的使用方法。
3. 能在 Photoshop 中安装所需要的字体。
4. 能运用画笔工具以及复制图层、合并图层等操作制作水墨效果。

读万卷书，行万里路。随着时代的发展，人们的生活水平和生活质量逐年提高，旅游成为一种时尚，也成为人们休闲娱乐的一种重要方式。旅游海报是人们了解相关信息的重要途径，是介绍旅游信息、宣传旅游资源、推广旅游产品、传播社会文化、打造旅游品牌的一种宣传方式。

本任务要求使用 Photoshop 2023 设计用于静态网页或电子设备展示的旅游海报，如图 5–1–1 所示，要求通过颜色填充、建立选区、描边、自由变换等操作完成各个部分的创意设计，以便进一步熟练掌握 Photoshop 2023 的基本操作，了解旅游宣传和推广的特点，以及色彩搭配和构图的技巧。本任务的学习重点是对象的复制、自由变换、选择性粘贴等操作方法。

图 5–1–1　旅游海报

一、渐变类型

“渐变工具”选项栏如图 5–1–2 所示，渐变类型主要有线性渐变、径向渐变、角度渐变、对称渐变、菱形渐变共 5 种，其效果分别如图 5–1–3 所示。

图 5-1-2 “渐变工具”选项栏

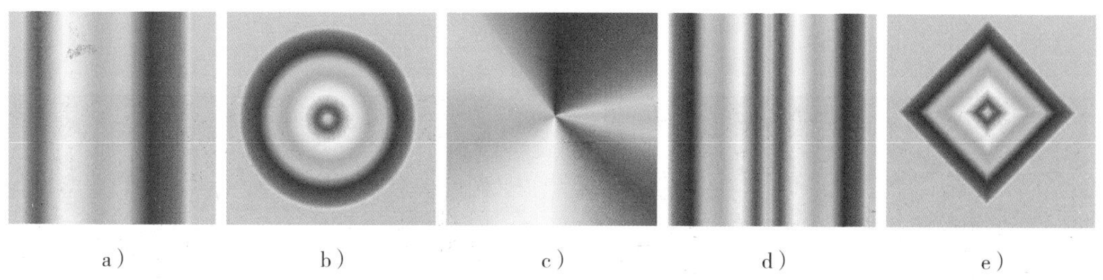

a)　　b)　　c)　　d)　　e)

图 5-1-3　5 种类型的渐变效果

a）线性渐变　b）径向渐变　c）角度渐变　d）对称渐变　e）菱形渐变

下面以绘制一个立体几何球为例，使用渐变工具反映其光照情况，操作步骤如下：

1. 新建一个图像文件，绘制一个暗黄色到黑色的线性渐变背景。在“渐变编辑器”对话框中选择“Basics”→“Black，White”，调整渐变参数。在渐变条的 25%、50% 和 75% 位置各添加一个色标，从左到右分别设置色标颜色为 #ffffff、#e6e63c、#a0a000、#3c3c00 和 #737300，如图 5-1-4 所示。

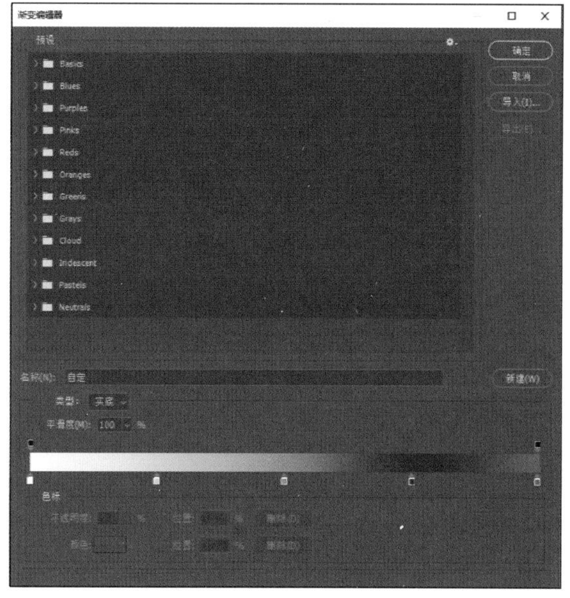

图 5-1-4　渐变颜色设置

2. 单击“椭圆选框工具”，绘制一个正圆形的选区，单击“渐变工具”，在工具选项栏中单击“径向渐变”按钮，在正圆形中按住鼠标左键由左上向右下拖动填充渐变，效果如图 5-1-5 所示。

3. 再新建一个图层，在“渐变编辑器”对话框中选择“Basics”→“Black，White”，将白色色标的不透明度设置为 0%，用线性渐变从左向右拉出一条直线，得到阴影效果。

4. 添加文字，完成最终的效果图，如图 5-1-6 所示。

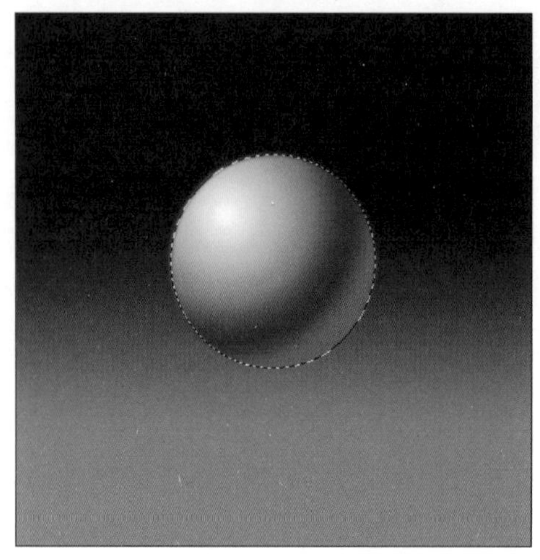

图 5-1-5　填充渐变效果

图 5-1-6　立体几何球效果图

二、字体的安装

在 Photoshop 平面设计中，需要运用各种各样的字体美化图像、突出表达主题，有时候还需要运用系统自带字体以外的字体，下面介绍安装字体的方法。

方法一：

1. 选中并复制需要安装的字体文件。

2. 单击打开系统自带字体默认的安装目录“C:\WINDOWS\Fonts”，把字体文件粘贴到该文件夹中。

3. 启动 Photoshop 软件即可使用刚安装的字体。

方法二：

对于 Windows 7 及以上版本的操作系统，直接双击字体文件，单击“安装”按钮即可。

1. 新建图像文件

单击“文件”→“新建”命令，弹出“新建文档”对话框，设置参数如下：名称为“旅游海报”，宽度为150毫米，高度为100毫米，分辨率为180像素/英寸，颜色模式为RGB颜色、8 bit（位），背景内容为白色，如图5-1-7所示。设置好参数后，单击“创建”按钮。

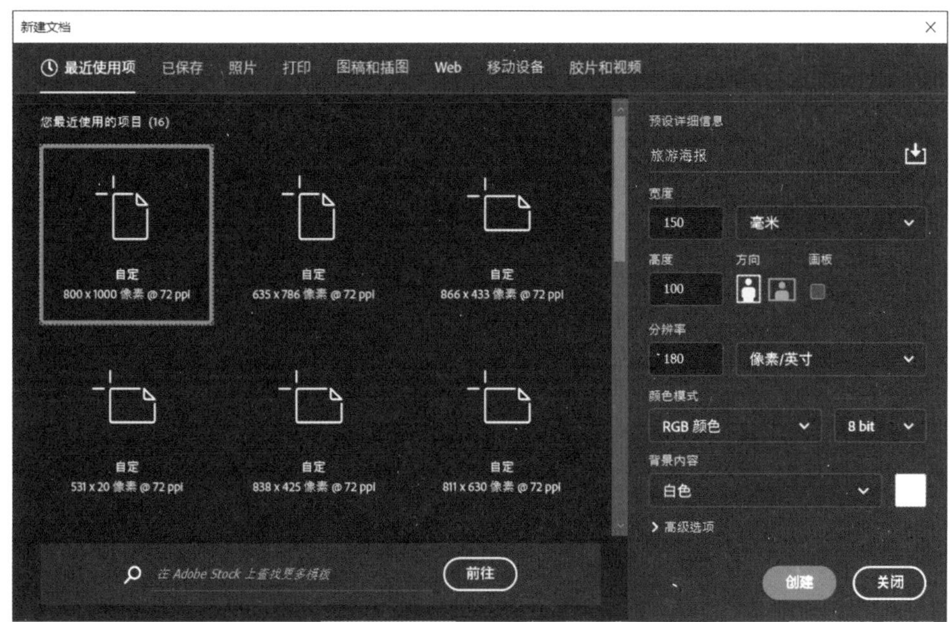

图5-1-7　“新建文档”对话框

2. 在工具箱中设置前景色和背景色，填充渐变图像背景

（1）单击“设置前景色”按钮，弹出“拾色器（前景色）”对话框，设置前景色为白色，如图5-1-8所示，单击“确定”按钮。

（2）单击“设置背景色”按钮，弹出“拾色器（背景色）”对话框，设置背景色为浅蓝色（#cbffff），如图5-1-9所示，单击“确定”按钮。

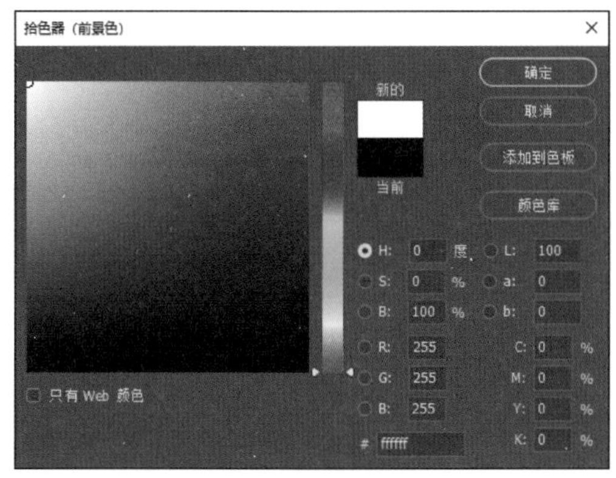

图5-1-8　“拾色器（前景色）”对话框

图5-1-9　“拾色器（背景色）”对话框

（3）单击“渐变工具”，在“渐变工具”选项栏中单击“径向渐变”按钮，设置模式为“正常”、不透明度为 100%，如图 5–1–10 所示，在“渐变编辑器”对话框中的“预设”中选择“Basics”→“Foreground to Background”，即“从前景色到背景色”，在画布上进行渐变色填充，效果如图 5–1–11 所示。

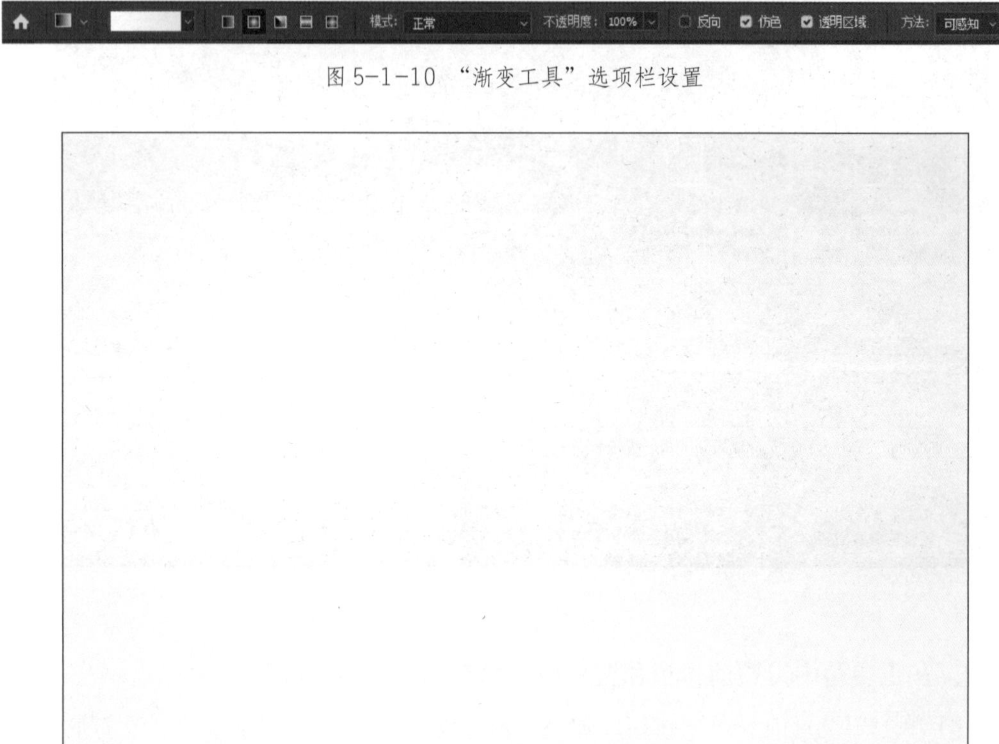

图 5-1-10 “渐变工具”选项栏设置

图 5-1-11 填充渐变色效果

提示

在使用径向渐变的时候，注意鼠标拖动的起点和终点位置，位置不同，效果不同。在本任务中考虑到缆车素材右侧大部分区域为绿色，拖动鼠标时选择起点为画布的左上方位置。

3. 新建图像，用画笔工具绘制图案

（1）单击图层面板下方的“创建新图层”按钮，创建图层 1，单击“画笔工具”，在工具选项栏中设置画笔为“半湿描油彩笔”、大小为 260 像素、模式为“正常”，如图 5–1–12 所示。

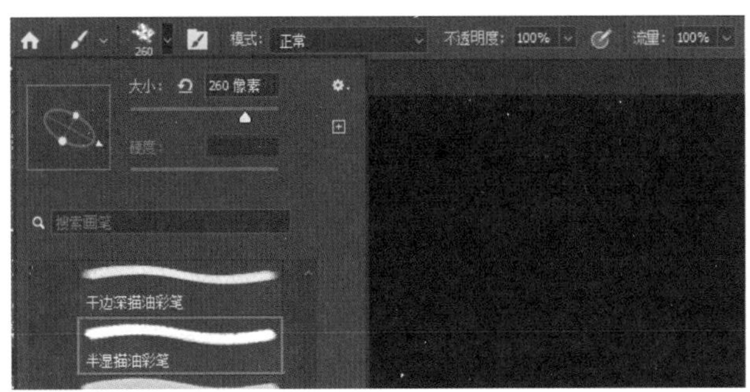

图 5-1-12　设置画笔属性

（2）单击“设置前景色”按钮，弹出“拾色器（前景色）”对话框，设置前景色为黑色，如图 5-1-13 所示，单击“确定”按钮，在画布上绘制新图像，如图 5-1-14 所示。

图 5-1-13　设置前景色

图 5-1-14　绘制新图像

4. 制作水墨效果

（1）在图层面板中选中图层 1，单击“图层”→“复制图层”命令，弹出“复制图层”对话框，单击“确定”按钮，得到“图层 1 拷贝”图层（或按 Ctrl+J 组合快捷键复制图层）。

（2）按 Ctrl+T 组合快捷键对图案进行自由变换，按住 Shift 键，放大图案至合适大小，如图 5-1-15 所示。

（3）在图层面板中设置“图层 1 拷贝”图层的不透明度为 60%，如图 5-1-16 所示。在“图层 1 拷贝”图层上单击鼠标右键，在弹出的快捷菜单中单击“向下合并”命令（或按 Ctrl+E 组合快捷键）合并图层，得到图层 1。

5. 打开“缆车”素材文件并复制到“旅游海报”文件中

（1）单击“文件”→“打开”命令，弹出“打开”对话框，选中素材“缆车 .jpg”，单击“打开”按钮，效果如图 5-1-17 所示。

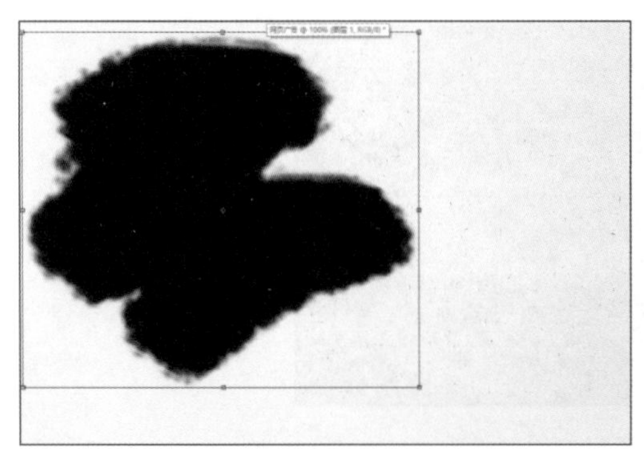
图 5-1-15　调整图案大小

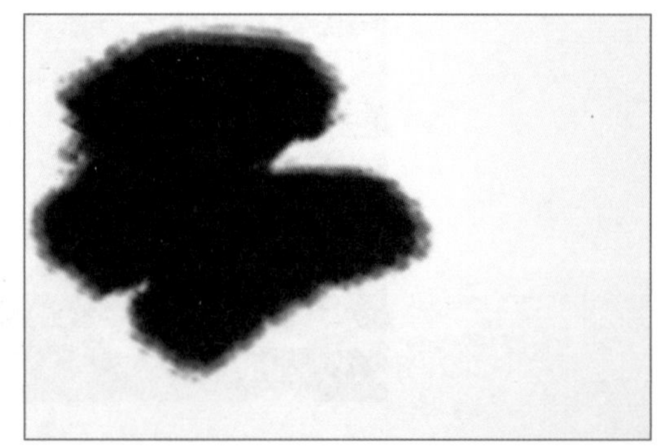
图 5-1-16　设置不透明度

图 5-1-17　打开“缆车”素材文件

（2）单击“缆车”图像窗口名称，将“缆车”图像窗口作为当前窗口，先单击“选择”→“全部”命令（或按 Ctrl+A 组合快捷键），然后单击“编辑”→“拷贝”命令（或按 Ctrl+C 组合快捷键）。

（3）单击“旅游海报”图像窗口名称，将“旅游海报”图像窗口作为当前窗口，按住 Ctrl 键，单击图层 1 的缩览图，载入选区。单击“编辑”→“选择性粘贴”→“贴入”命令（或按 Ctrl+Alt+Shift+V 组合快捷键），将缆车粘贴到选区内，如图 5-1-18 所示。完成后关闭“缆车”图像窗口。

图 5-1-18　贴入缆车

提示

选择性粘贴是指把一张图片上的某部分图像粘贴到其他图像中的指定区域里，普通粘贴为直接粘贴，而选择性粘贴是在选区中粘贴。

6. 调整图像大小和位置

单击“编辑”→“自由变换”命令（或按 Ctrl+T 组合快捷键），将缆车调整到合适的大小和位置，如图 5-1-19 所示。

图 5-1-19　调整缆车的大小和位置

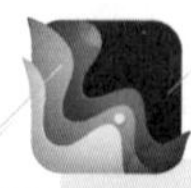

提示

想移动蒙版中的图像时，需要将图像进行自由变换（可按 Ctrl+T 组合快捷键），这样才能调整图像到合适的位置。

7. 使用文字工具编辑文字，制作宣传标语

（1）安装字体。将下载好的字体文件“江西拙楷 .tif”复制到系统自带字体的默认安装目录“C:\WINDOWS\Fonts”中。

（2）单击“直排文字工具”，输入文字“登特色古寨　览江山胜景”，在工具选项栏中设置字体为江西拙楷、字体大小为 22 点、文本颜色为 #0c4082，将“登”字和“览”字的字体大小设置为 30 点，给字体添加“斜面和浮雕”图层样式，参数设置如图 5-1-20 所示，将文字调整到合适的位置，效果如图 5-1-21 所示。

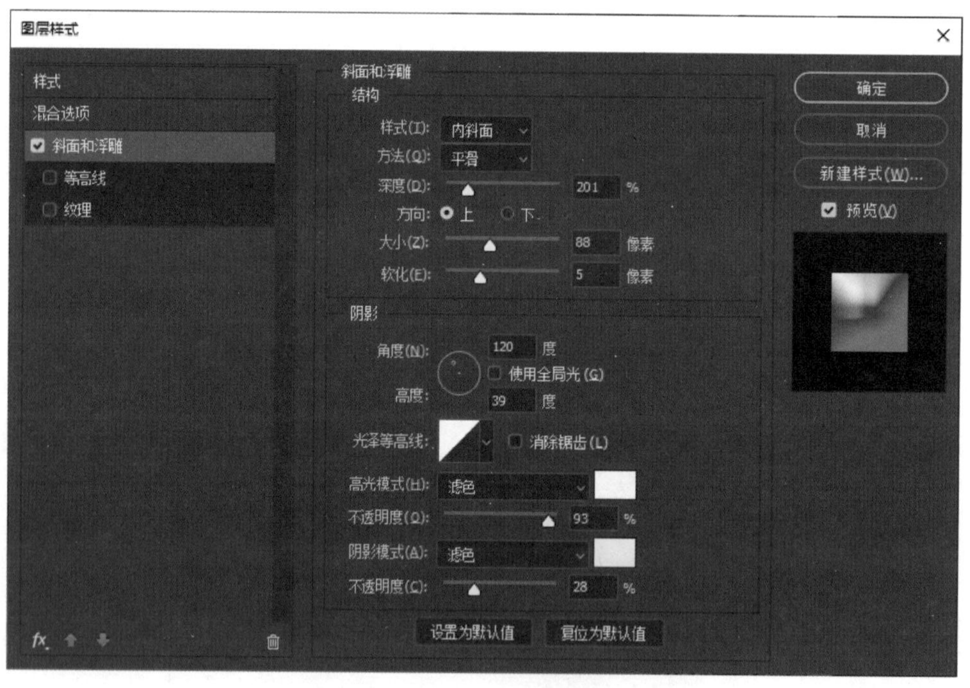

图 5-1-20 “斜面和浮雕”参数设置

8. 打开“花枝”素材文件并复制到“旅游海报”文件中

（1）单击“文件”→“打开”命令，弹出“打开”对话框，选中素材“花枝 .png”，单击“打开”按钮。

（2）单击“花枝”图像窗口名称，将“花枝”图像窗口作为当前窗口，先单击

图 5-1-21 制作宣传标语效果

“选择”→“全部”命令，再单击“编辑”→“拷贝”命令（或按 Ctrl+C 组合快捷键）。

（3）单击“旅游海报”图像窗口名称，将“旅游海报”图像窗口作为当前窗口，单击“编辑”→“粘贴”命令（或按 Ctrl+V 组合快捷键），将花枝粘贴到“旅游海报”文件中，单击“编辑”→“自由变换”命令，将花枝调整到合适的大小和位置，并做一个镜像调整，如图 5-1-22 所示。完成后关闭“花枝”图像窗口。

图 5-1-22 添加花枝效果

9. 保存和导出图像文件

单击“文件”→“存储为”命令，在弹出的对话框中选择以 PSD 格式保存。单击“文件”→“导出”→“导出为”命令，导出 PNG 或 JPG 格式图像文件。完成后退出 Photoshop 2023。

任务 2　设计美食促销海报

1. 掌握链接图层的相关操作。
2. 掌握线框的绘制方法。
3. 能用图层的混合模式制作背景效果。
4. 能用模糊滤镜制作阴影效果。

民以食为天，人们对美食的追求从来都没有停止过。某餐厅推出一款新美食，需设计一张促销海报，用于宣传推广，如图 5-2-1 所示。美食促销海报要求食物的图像有高质量的形状、色彩和质感，尽可能地增加吸引力，让人一看到就有垂涎欲滴的感觉。本任务需要综合运用图层、滤镜、钢笔工具、矩形工具、椭圆工具等。本任务的学习重点是图层、滤镜的综合运用。

图 5-2-1　美食促销海报

一、图层的链接

图层的链接功能能够方便用户对多个图层进行相同的操作，也可以方便用户合并不相邻的图层。如果把两个图层链接起来，那么对链接中的某一个图层进行移动或应用变换操作时，链接的其他图层也将执行相应的操作。

1．链接图层的方法

使几个图层成为链接图层的方法如下：

首先按住 Ctrl 键，在图层面板中分别单击“椭圆”“长方形”“矩形 1”3 个图层，选中所有需要链接的图层，如图 5–2–2 所示，然后单击图层面板中的“链接图层”按钮，就可以将选中的 3 个图层链接起来，效果如图 5–2–3 所示。

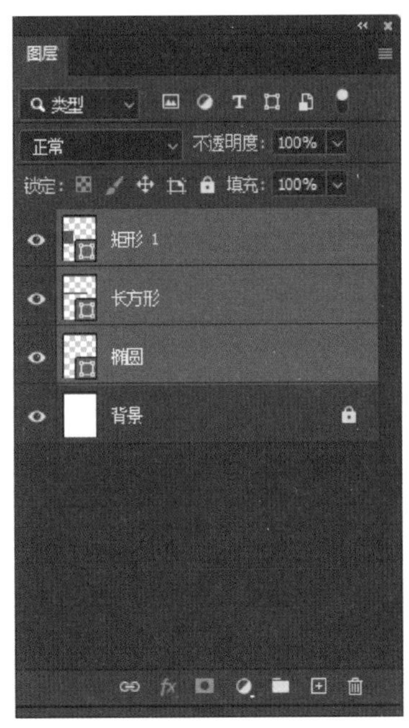

图 5–2–2　选中所有需要链接的图层

图 5–2–3　链接图层后的效果

2．链接图层的取消

链接图层与同时选中多个图层这两者是不同的，链接的图层之间会保持关联性，直至取消它们之间的链接。若要取消图层的链接，则可以先将需要取消链接的图层全部选中，然后单击图层面板中的“链接图层”按钮，选中的图层就取消链接了。

3. 不相邻图层的合并

合并图层时，若按 Ctrl+E 组合快捷键，默认情况下只能把当前图层与其下一图层合并。如果要合并多个不相邻的图层，则可以先将这几个图层进行链接图层操作，然后执行“合并链接图层”命令进行合并，或按 Ctrl+E 组合快捷键进行合并。

二、区域图像的模糊

在 Photoshop 中，如果需要对图像中的某些区域进行模糊等操作，则可以使用工具箱中提供的专门用于图像局部修饰的工具，模糊工具组如图 5-2-4 所示。

图 5-2-4 模糊工具组

该工具箱中的模糊工具与“滤镜”菜单中的高斯模糊滤镜的功能类似，可以降低图像相邻像素之间的对比度，从而产生模糊效果，减少图像细节。模糊工具通过画笔的形式对图像进行涂抹，涂抹的区域根据设置的参数值的不同使僵硬的边界变得柔和、颜色过渡变得平缓，从而形成不同程度的模糊效果。

单击工具箱中的“模糊工具”，在“模糊工具”选项栏中可以设置各项参数，控制图像的模糊效果，如图 5-2-5 所示。

图 5-2-5 “模糊工具”选项栏

该工具组中的锐化工具与模糊工具的作用相反，该工具的作用是使图像更清晰，但两者的使用方法相同；涂抹工具则可以模拟手指涂抹绘制的效果。

1. 新建图像文件

单击“文件”→“新建”命令，弹出“新建文档”对话框，设置参数如下：名称为“促销海报”，宽度为 1 200 像素，高度为 1 600 像素，分辨率为 72 像素 / 英寸，颜色模式为 RGB 颜色、8 bit（位），背景内容为白色，如图 5-2-6 所示。设置好参数后，单击“创建”按钮。

2. 制作背景效果

（1）新建图层，在新建的图层中导入或者直接拖入素材“背景木纹肌理 .jpg”，选中此文件所在图层，按 Ctrl+T 组合快捷键进行旋转，如图 5-2-7 所示。

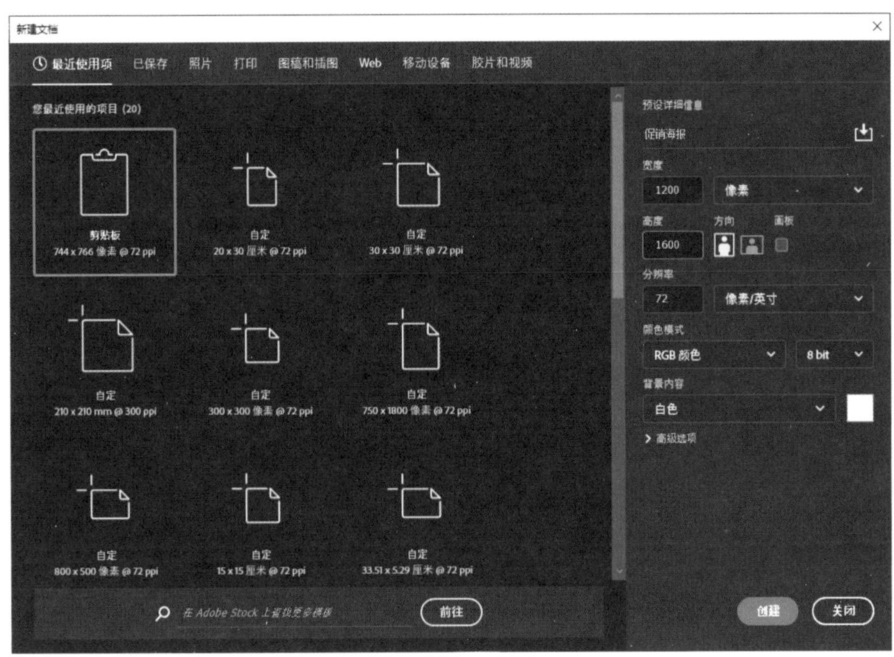

图 5-2-6 “新建文档”对话框

（2）新建图层，在新建的图层中导入或直接拖入素材“背景肌理.jpg”，将其缩放到合适的位置，并将图层的混合模式设置为“强光”，效果如图 5-2-8 所示。

图 5-2-7 背景木纹肌理

图 5-2-8 混合模式效果

3. 导入元素，制作阴影效果

（1）新建图层，将图层命名为“米线”，在新建的图层中导入素材“米线.png”，将图像缩放并旋转到图 5-2-9 所示的位置。

（2）按住 Ctrl 键，单击图层面板中的“米线”图层的缩览图，选中米线选区，新建图层，命名为“米线阴影”。单击“米线阴影”图层，将选区范围用黑色填充，取消选区，单击“滤镜”→“模糊”→“高斯模糊”命令，在“高斯模糊”对话框中设置半径为 8 像素，将“米线阴影”图层移到“米线”图层的下方。

提示

“模糊”滤镜组中的滤镜可以对整个图像或选区进行柔化，产生平滑过渡的效果，还可去除图像中的杂色或为图像添加动感效果等。利用高斯模糊对图像进行模糊时，可以控制模糊半径。对区域图像制作模糊效果时，也可使用工具箱中的模糊工具。

（3）新建图层，命名为“花甲”，导入素材“花甲 .jpg”，将该图层放在“米线阴影”图层的下方。单击“魔棒工具”，在工具选项栏中设置容差为 10，将“花甲”图像中的白色区域全部选中后，按 Ctrl+Shift+I 组合快捷键反选。单击图层面板中的“添加图层蒙版”按钮为图层去底，并参照步骤（2）的方法给图层添加阴影效果，如图 5-2-10 所示。

图 5-2-9　导入米线

图 5-2-10　导入花甲

（4）依次新建图层，分别命名为“蔬菜”“辣椒”“葱”，依次导入素材“蔬

菜 .jpg”“辣椒 .jpg”“葱 .jpg”。参照步骤（2）和（3）的方法进行去底和添加阴影效果操作，并将“蔬菜”图层和“葱”图层的不透明度分别设置为 52% 和 64%，效果如图 5-2-11 所示。

4. 制作文字

（1）单击“横排文字工具”，在工具选项栏中将字体设置为荆南波波黑、颜色设置为 #e7e3d9，在图像中分别输入“花”“甲”“米”“线”并调整它们的位置和大小，效果如图 5-2-12 所示。

图 5-2-11　导入蔬菜、辣椒和葱后的效果

图 5-2-12　制作文字效果

（2）新建两个图层，单击“矩形工具”，分别在这两个图层中绘制小、大两个矩形，在工具选项栏中分别设置矩形的参数：小矩形（模式为“形状”、填充颜色为 #fb0000、无描边）、大矩形（模式为“形状”、无填充、描边宽度为 7 像素、描边颜色为 #fb0000），效果如图 5-2-13 所示。

（3）按住 Ctrl 键，选中这两个图层并单击鼠标右键，在弹出的快捷菜单中单击“链接图层”命令，按 Ctrl+T 组合快捷键打开自由变换控件，按住 Ctrl 键，分别调整手柄，得到变形效果，如图 5-2-14 所示。

提示

链接图层功能必须在选择两个或两个以上的图层时才能使用。

图 5-2-13　绘制矩形效果

图 5-2-14　矩形变形效果

（4）复制这两个图层，参照步骤（3）的方法将图形变形，效果如图 5-2-15 所示。

（5）单击“横排文字工具”，在工具选项栏中将字体设置为荆南波波黑、颜色设置为 #e7e3d9，切换文本取向为竖向，在图像中分别输入“新鲜美味”和“爽爆味蕾”，按 Ctrl+T 组合快捷键打开自由变换控件，按住 Ctrl 键，分别调整手柄，得到变形效果，如图 5-2-16 所示。

图 5-2-15　复制矩形变形效果

图 5-2-16　文字变形效果

（6）新建图层，单击“钢笔工具”，绘制曲线路径，效果如图 5-2-17 所示。

图 5-2-17　绘制曲线路径效果

（7）设置画笔为“硬边圆”、大小为 5 像素，将前景色设置为 #da9e38，单击“路径选择工具”并选取路径，在画布中单击鼠标右键，在弹出的快捷菜单中单击“描边路径”命令，弹出“描边路径”对话框，选择工具为“画笔”，如图 5-2-18 所示，勾选“模拟压力”复选框，单击“确定”按钮，描边效果如图 5-2-19 所示。

图 5-2-18　“描边路径”对话框

图 5-2-19　描边效果

（8）单击“横排文字工具”，输入文字“舌尖上一次难忘的邂逅”，设置字体为黑体、颜色为 #e7e3d9，效果如图 5-2-20 所示。

（9）单击“椭圆工具”，按住 Shift 键并在图层中绘制一个正圆形，在工具选项栏中设置模式为“形状”、填充颜色为 #da9e38、无描边。单击“椭圆工具”，在图层中再绘制一个正圆形，在工具选项栏中设置模式为“形状”、无填充、描边宽度为 8 像素、描边颜色为 #da9e38、描边类型为虚线，效果如图 5-2-21 所示。

图 5-2-20　输入文字效果

图 5-2-21　正圆形效果

（10）单击“横排文字工具”，在绘制的正圆形内输入文字“仅售 12 元 / 份”，设置字体为荆南波波黑、文本颜色分别为 #fb0000 和 #e7e3d9，效果如图 5-2-22 所示。

（11）单击“椭圆工具”，绘制一个椭圆形，调整其位置和大小，设置填充颜色为 #fb0000，在椭圆形内输入文字“杨记”，设置字体为黄令东齐伋复刻体、文本颜色为 #e7e3d9，效果如图 5-2-23 所示。

5. 添加联系方式

用文字工具添加“外卖热线 >0724-8888666”和“地址 > 天鹅广场 美食城 001 号”，设置字体均为黑体，效果如图 5-2-1 所示。

6. 保存和导出图像文件

单击“文件”→“存储为”命令，在弹出的对话框中选择以 PSD 格式保存。单击“文件”→“导出”→“导出为”命令，导出 PNG 或 JPG 格式图像文件。完成后退出 Photoshop 2023。

图 5-2-22　文字效果 1

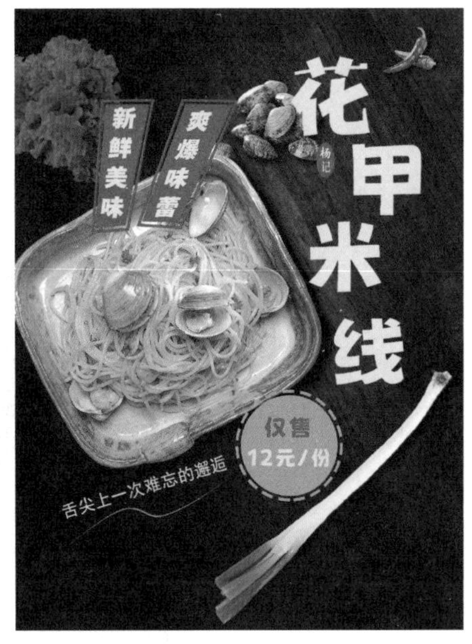

图 5-2-23　文字效果 2

任务 3　设计城市宣传海报

1. 掌握常用的抠图方法。
2. 掌握添加扩散滤镜等滤镜的方法。
3. 掌握内容识别填充、羽化选区等操作方法。
4. 能应用通道、滤镜等制作印章。

城市宣传海报用于对一个城市进行展示宣传，有助于提高城市的知名度和影响力。本任务以魅力城市为宣传主体设计城市宣传海报，如图 5-3-1 所示。设计过程中，首先对素材原图进行润饰备用，然后制作海报背景，再制作海报中的图片效果，最后添加文字和印章。本任务的学习重点是图层、滤镜、蒙版及通道的综合运用和印章的制作技巧。

图 5-3-1　城市宣传海报

一、常用的抠图方法

选取图像选区的操作通常称为抠图。抠图是 Photoshop 中最基本、最常用的操作之一，其目的是将某图像中的某一部分截取出来，再和其他的图像合成。常用的抠图方法有很多种，见表 5-3-1。

表 5-3-1　常用的抠图方法

抠图方法	适用场景	操作思路
磁性套索抠图法	适用于边界清晰的图像	该方法通过磁性套索工具自动识别并吸附图像边界实现抠图
魔棒抠图法	适用于图像和背景色差明显的图像	该方法通过选择并删除背景色实现抠图

续表

抠图方法	适用场景	操作思路
快速蒙版抠图法	适用于边界清晰、不复杂的图像	该方法通过使用黑色画笔在需要选中的区域外涂抹实现抠图
路径抠图法	适用于边界复杂的图像	该方法通过在图像边界逐一添加锚点形成复杂的路径实现抠图
通道抠图法	适用于物体边界复杂且细节较多的图像，如人物的头发或动物的毛发	该方法通过图像的颜色差异对比实现抠图，在不同通道中主体和背景的颜色差异性不同，选择主体与背景颜色差异较大的通道就可以很容易地分辨主体和背景的边界，从而实现抠图

二、“杂色”滤镜组

“杂色”滤镜组可以添加或移去图像中的杂色，包括减少杂色、蒙尘与划痕、去斑、添加杂色和中间值共 5 种滤镜。

1. 减少杂色

减少杂色通过影响整个图像或各个通道的参数设置来保留边界并减少图像中的杂色。

（1）强度：设置应用于所有图像通道的明亮度杂色的减少量。

（2）保留细节：控制保留图像的边界和细节，当数值为 100% 时，保留图像的大部分细节，但会将明亮度杂色降到最低。

（3）减少杂色：移去随机的颜色像素，数值越大，减少的杂色越多。

（4）锐化细节：设置移去图像杂色时锐化图像的程度。

（5）移除 JPEG 不自然感：勾选该选项复选框可以移去因 JPEG 压缩而产生的不自然色块。

2. 蒙尘与划痕

蒙尘与划痕通过修改具有差异化的像素来减少杂色，从而有效地去除图像中的杂点和划痕。

（1）半径：设置柔化图像边缘的范围，数值越大，模糊程度越高。

（2）阈值：定义像素的差异多大时被视为杂点，数值越大，消除杂点的能力越弱。

图 5–3–2 所示为素材，单击“滤镜”→“杂色”→“蒙尘与划痕”命令，弹出“蒙尘与划痕”对话框，如图 5–3–3 所示，设置半径为 10 像素、阈值为 0 色阶，单击“确定”按钮，效果如图 5–3–4 所示。

图 5-3-2　素材

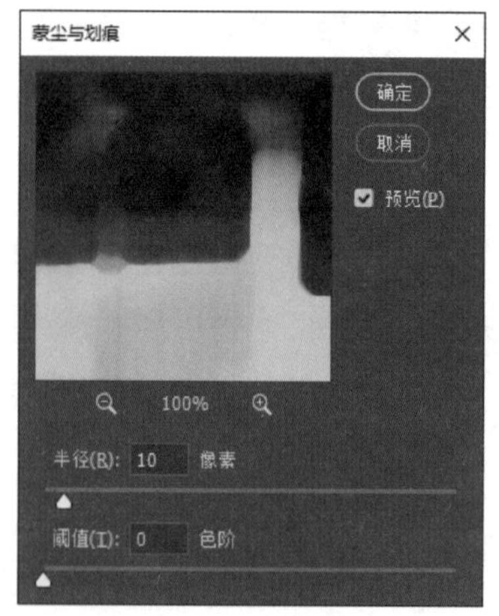

图 5-3-3　“蒙尘与划痕”对话框

图 5-3-4　蒙尘与划痕效果

3. 去斑

去斑用于检测图像的边缘（发生显著颜色变化的区域）并模糊边缘外的所有区域，同时保留图像的细节。

4. 添加杂色

添加杂色用于在图像中添加随机的单色或彩色的像素点，以修补图像中经过编辑的区域，其参数如下。

（1）数量：设置添加到图像中的杂点数量。

（2）分布：选择“平均分布”，可以随机向图像中添加杂点，杂点效果比较柔和；选择“高斯分布”，可以沿一条正态曲线分布杂色的颜色值，获得斑点状的杂点效果。

（3）单色：勾选该选项复选框，杂点只影响原有像素的亮度，像素的颜色不会发生改变。

5. 中间值

中间值是滤镜模糊的一种形式，用于以某个点为圆心，指定一定范围内像素点的平均明度，再基于平均值调整该区域的色相、饱和度和明度，保留色彩反差大的部分。图 5-3-5 所示为素材，单击“滤镜”→“杂色”→“中间值”命令，弹出“中间值”对话框，设置半径为 5 像素，如图 5-3-6 所示，单击“确定”按钮，效果如图 5-3-7 所示。

图 5-3-5　素材

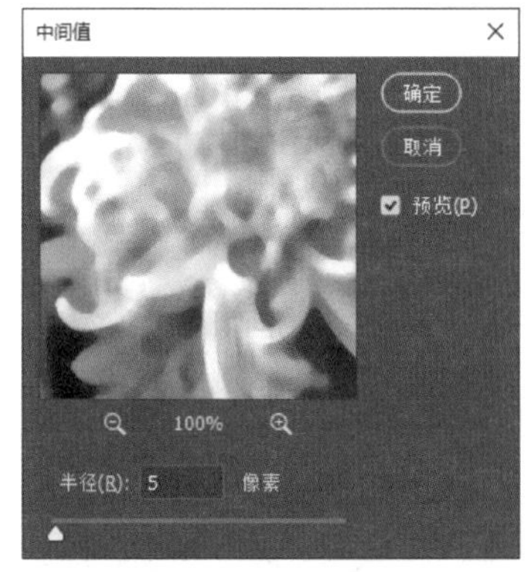

图 5-3-6　“中间值”对话框

图 5-3-7　中间值效果

三、扩散滤镜

“风格化”滤镜组主要通过置换图像中的像素，或通过查找并增加图像的对比度，使图像产生绘画或印象派风格的艺术效果。单击“滤镜”→“风格化”命令，此滤镜组中有查找边缘、等高线、风、浮雕效果、扩散、拼贴、曝光过度、凸出、油画共 9 种滤镜，如图 5-3-8 所示。下面重点介绍扩散滤镜。

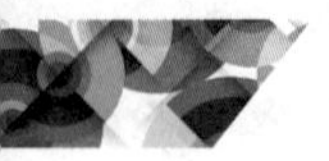

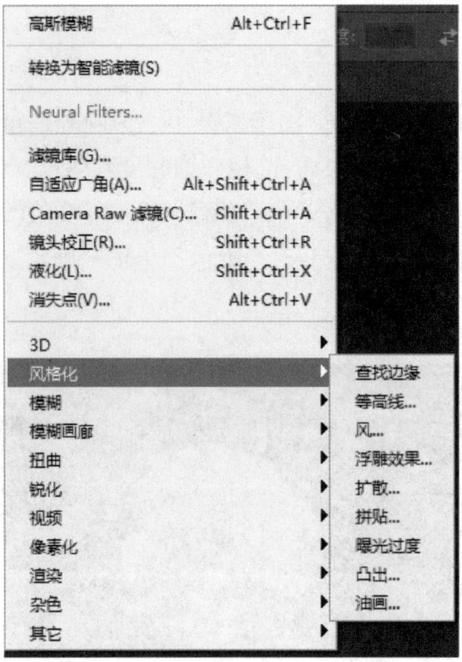

高斯模糊 Alt+Ctrl+F
转换为智能滤镜(S)
Neural Filters...
滤镜库(G)...
自适应广角(A)... Alt+Shift+Ctrl+A
Camera Raw 滤镜(C)... Shift+Ctrl+A
镜头校正(R)... Shift+Ctrl+R
液化(L)... Shift+Ctrl+X
消失点(V)... Alt+Ctrl+V
3D
风格化
模糊
模糊画廊
扭曲
锐化
视频
像素化
渲染
杂色
其它
查找边缘
等高线...
风...
浮雕效果...
扩散...
拼贴...
曝光过度
凸出...
油画...

图 5-3-8 “风格化”子菜单

扩散滤镜是将图像中相邻的像素按指定的方式有机移动，形成一种类似于透过磨砂玻璃观察物体时的分离模糊效果。

图 5-3-9 所示为素材，单击“滤镜”→“风格化”→“扩散”命令，弹出“扩散”对话框，如图 5-3-10 所示，设置好模式后，单击“确定”按钮即可。

图 5-3-9 素材

扩散
确定
取消
预览(P)
100%
模式
正常(N)
变暗优先(D)
变亮优先(L)
各向异性(A)

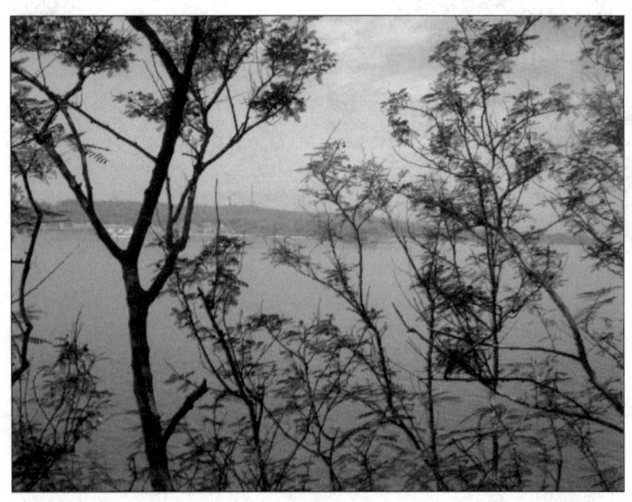

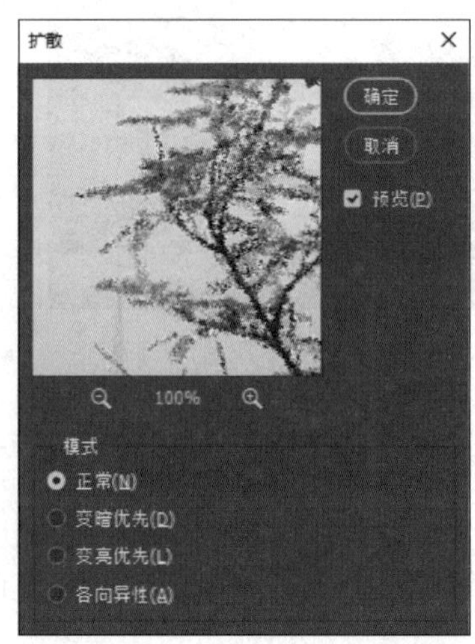

图 5-3-10 “扩散”对话框

扩散模式有以下几种。

1. 正常：使图像所有区域都进行扩散处理，与图像颜色值没有任何关系。

2. 变暗优先：用较暗的像素替换亮部区域的像素，并且只有暗部区域的像素产生扩散。

3. 变亮优先：用较亮的像素替换暗部区域的像素，并且只有亮部区域的像素产生扩散。

4. 各向异性：使图像中较亮和较暗的像素产生扩散效果，即在颜色变化最小的方向上搅乱像素。

变暗优先、变亮优先、各向异性效果分别如图 5-3-11、图 5-3-12 和图 5-3-13 所示。

图 5-3-11 变暗优先效果

图 5-3-12 变亮优先效果

图 5-3-13 各向异性效果

1. 对素材图片进行修复

（1）单击“文件”→“打开”命令，在弹出的“打开”对话框中选中素材“城门原图 .jpg”，单击“确定”按钮，如图 5–3–14 所示。

图 5-3-14　城门原图素材

（2）观察图片，发现需要去除门洞里面的人物，为了不影响原素材图层，先按 Ctrl+J 组合快捷键复制图层，再单击“矩形选框工具”，选中需要去除的对象，如图 5–3–15 所示。

图 5-3-15　选中需要去除的对象

（3）单击“编辑”→“填充”命令（或按 Shift+F5 组合快捷键），弹出“填充”对话框，选择“内容识别”，如图 5–3–16 所示，单击“确定”按钮，效果如图 5–3–17 所示。

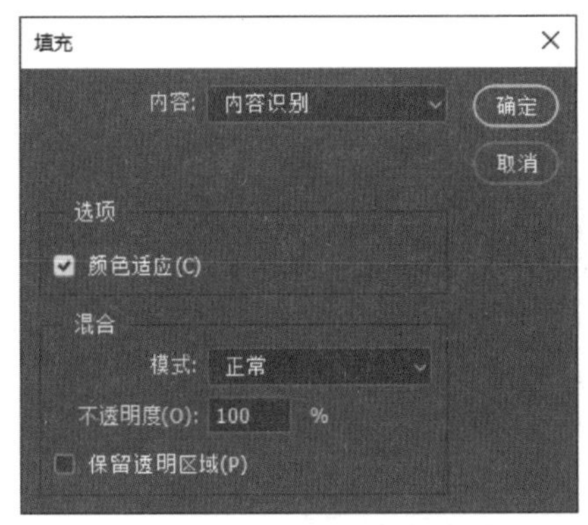

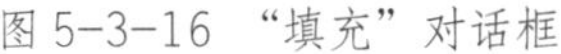
图 5-3-16 “填充”对话框

图 5-3-17　内容识别效果

（4）用仿制图章工具修复图像的瑕疵部分，将其涂抹、美化，效果如图 5-3-18 所示。将文件更名并保存为“城门 .jpg”，放入素材文件夹，以备后面作为素材使用。

图 5-3-18　使用仿制图章工具修复后的效果

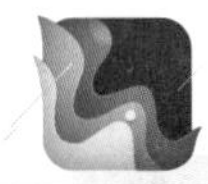

提示

常用的图片修复工具有污点修复画笔工具、修复画笔工具、修补工具、仿制图章工具等，可根据实际情况将这些工具配合使用，会带来更好的效果。

2. 制作背景

（1）单击“文件”→“新建”命令，弹出“新建文档”对话框，设置参数如下：

名称为“荆楚门户”，宽度为 426 像素，高度为 576 像素，分辨率为 300 像素 / 英寸，颜色模式为 CMYK 颜色、8 bit（位），背景内容为白色，如图 5-3-19 所示。设置好参数后，单击“创建”按钮。

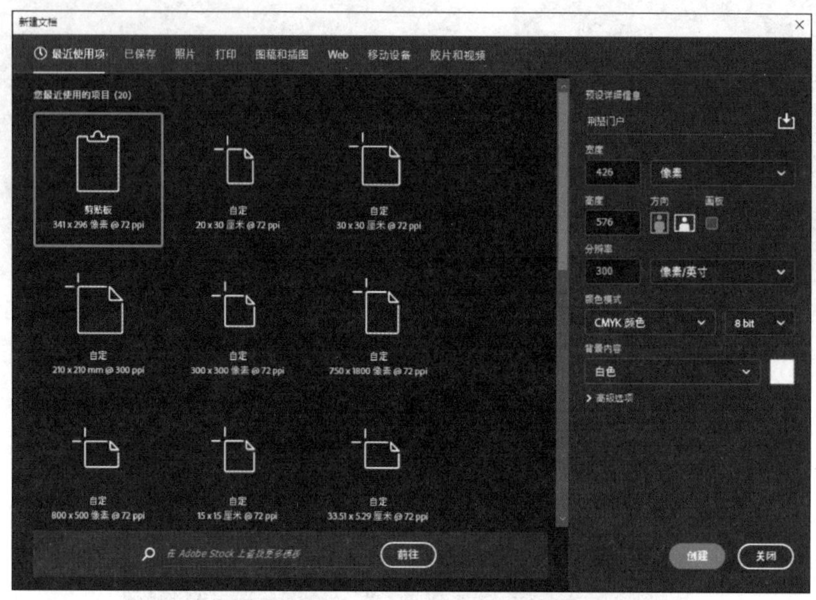

图 5-3-19 “新建文档”对话框

（2）单击“渐变工具”，打开“渐变编辑器”对话框，从左到右设置色标颜色为深蓝色（C：76，M：34，Y：0，K：0）和浅蓝色（C：84，M：58，Y：0，K：0）。在画布中从上向下拉出一个由深到浅的线性渐变，效果如图 5-3-20 所示。

图 5-3-20 渐变效果

（3）新建图层 1，将图层 1 填充为白色，单击“滤镜”→“杂色”→“添加杂色”命令，如图 5-3-21 所示，弹出“添加杂色”对话框，将数量设置为 200%，选择“平均分布”，如图 5-3-22 所示。

（4）设置图层 1 的混合模式为“叠加”，效果如图 5-3-23 所示。复制图层 1，选中“图层 1 拷贝”图层，按 Ctrl+I 组合快捷键将其反相。将图层 1 和“图层 1 拷贝”图层选中，设置不透明度为 50%，得到颗粒质感效果，如图 5-3-24 所示。

（5）选中背景图层，单击“创建新的填充或调整图层”按钮，在弹出的快捷菜单中单击“色相 / 饱和度”命令，打开色相 / 饱和度面板，参数设置如图 5-3-25 所示，得到最终的背景效果，如图 5-3-26 所示。

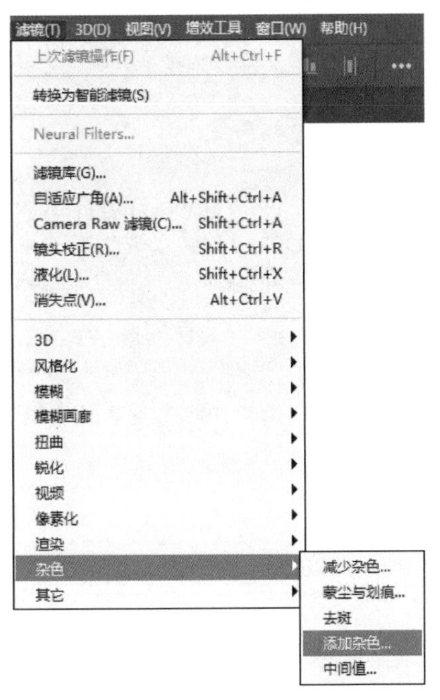

图 5-3-21　单击“添加杂色”命令

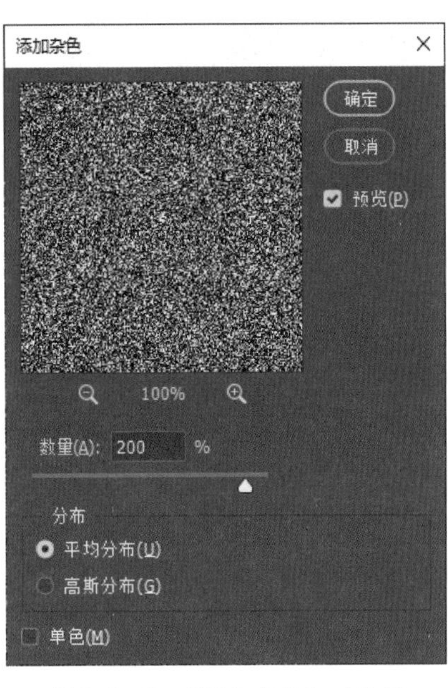

图 5-3-22　“添加杂色”对话框

图 5-3-23　叠加效果

图 5-3-24　颗粒质感效果

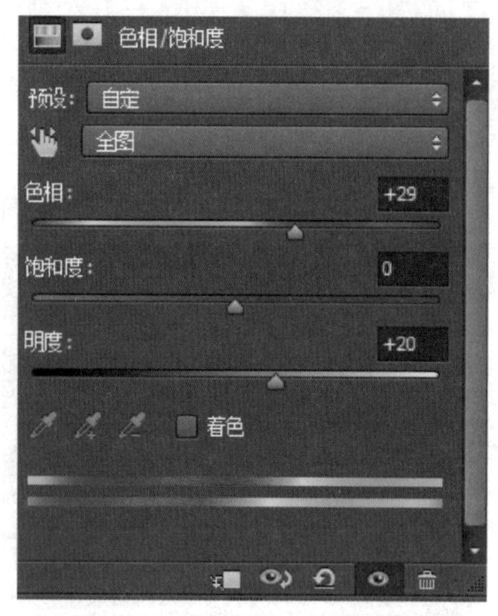

图 5-3-25 “色相 / 饱和度”参数设置

图 5-3-26 最终的背景效果

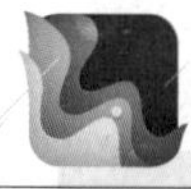

提示

海报制作内容一般包括背景、主图、文字排版等。海报是视觉传达的表现形式之一，通过版面的构成能在第一时间吸引人们的目光，这就要求将图片、文字、色彩和空间等要素巧妙结合，以恰当的形式向人们展示宣传主题。

3. 制作海报上下两部分的效果

（1）单击“文件”→“置入嵌入对象”命令，置入素材“风景图.jpg”，按住 Shift 键，调整图片的大小并将其放至合适的位置。单击工具选项栏中的“√”按钮或按回车键，将图片嵌入该海报中，如图 5-3-27 所示。在图层面板中选中“风景图”图层，设置图层的混合模式为“正片叠底”、不透明度为 45%，效果如图 5-3-28 所示。

（2）单击“文件”→“打开”命令，打开素材“城门.jpg”，单击“快速选择工具”，选中城墙区域，如图 5-3-29 所示，按 Shift+F6 组合快捷键，在弹出的“羽化选区”对话框中设置羽化半径为 5 像素，如图 5-3-30 所示。按 Ctrl+C 组合快捷键对选区中的城墙进行复制，切换到“荆楚门户”图像窗口，按 Ctrl+V 组合快捷键将城墙图像粘贴到该窗口中，调整城墙的大小并将其放置到合适的位置，如图 5-3-31 所示，将图层命名为“城门”。

图 5-3-27　嵌入风景图

图 5-3-28　正片叠底效果

图 5-3-29　选中城墙区域

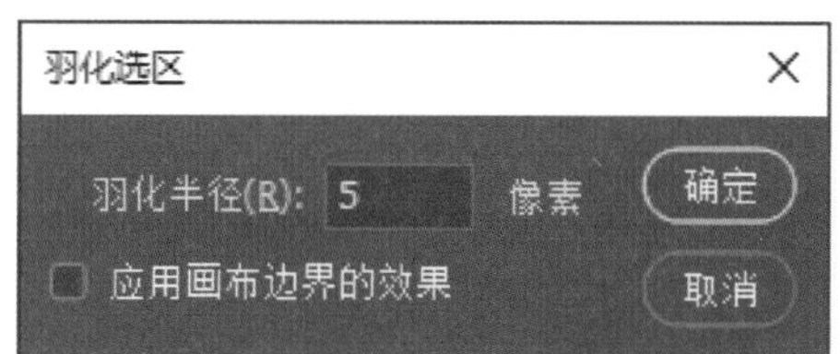

图 5-3-30 “羽化选区”对话框

（3）给“城门”图层添加蒙版，设置前景色为黑色、背景色为白色，使用黑白渐变拉出一个径向渐变效果，如图 5–3–32 所示。

图 5-3-31　插入城墙图像

图 5-3-32　径向渐变效果

（4）单击“画笔工具”，在工具选项栏中打开“画笔预设”选取器面板，在面板中选择“粗边圆形硬毛刷”样式，设置画笔大小为 120 像素，如图 5–3–33 所示。用画笔工具在“城门”图层蒙版中绘制，将城墙的边缘隐藏起来，在绘制过程中可以根据需要对不透明度和流量进行调整，效果如图 5–3–34 所示。

4. 制作“魅力城市”“荆楚门户”等文字

（1）单击“椭圆工具”，在工具选项栏中设置模式为“形状”、无填充、描边颜色为白色、描边宽度为 2 点，如图 5–3–35 所示。按住 Shift 键并绘制一个正圆形，复制正圆形图层，按 Ctrl+T 组合快捷键打开自由变换工具，按住 Shift+Alt 组合快捷键，将正圆形从中心缩小为一个圆环，设置描边宽度为 1 点，将两个正圆形图层选中，单击“移动工具”，将其移到海报的左上角位置，如图 5–3–36 所示。

（2）单击“横排文字工具”，在海报中间输入文字“魅力城市”，设置字体为江西拙楷、字体大小为 10 点、文本颜色为白色。调整字间距，在文字边缘绘制一个矩形，在工具选项栏中设置模式为“形状”、无填充、描边颜色为白色、描边宽度为 0.5 点，设置图层不透明度为 60%，效果如图 5–3–37 所示。

（3）单击“直排文字工具”，在画面左侧输入文字“荆楚门户”，设置字体为钟齐志莽行书，设置颜色为深蓝色（C：80，M：75，Y：60，K：50），调整字体大小为 15

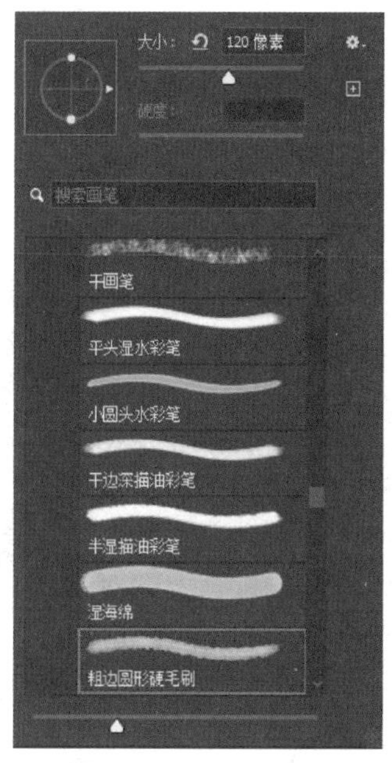

图 5-3-33　画笔工具参数设置

图 5-3-34　画笔工具涂抹效果

形状　填充：　描边：　2 点　W: 212 像　H: 204 像　对齐边缘

图 5-3-35　“椭圆工具”选项栏设置

图 5-3-36　绘制正圆形并调整其位置

图 5-3-37　“魅力城市”文字效果

点并将其放置到合适的位置，如图 5–3–38 所示。

（4）单击“横排文字工具”，在标题文字下方绘制一个文本框，将介绍文字素材复制到文本框中，为文字设置字体、颜色、大小和间距并将其放置到合适的位置，如图 5–3–39 所示。

图 5–3–38 “荆楚门户”文字效果

图 5–3–39 添加介绍文字

5. 制作印章

（1）单击“文件”→“新建”命令，弹出“新建文档”对话框，设置参数如下：名称为“印章荆楚门户”，宽度为 40 毫米，高度为 40 毫米，分辨率为 300 像素 / 英寸，颜色模式为 CMYK 颜色、8 bit（位），背景内容为白色，如图 5–3–40 所示，单击“创建”按钮。

（2）单击“直排文字工具”，输入“荆楚”后按回车键换行，再输入“印象”，设置文字字体为钟齐志莽行书，调整字体大小、字符间距和行间距，如图 5–3–41 所示。按 Ctrl+T 组合快捷键对文字进行调整，如图 5–3–42 所示。

（3）新建一个图层，单击“矩形选框工具”，按住 Shift 键，在文字外围绘制一个正方形选区，如图 5–3–43 所示，按 Alt+Delete 组合快捷键为选区填充黑色，如图 5–3–44 所示。

图 5-3-40　“新建文档”对话框

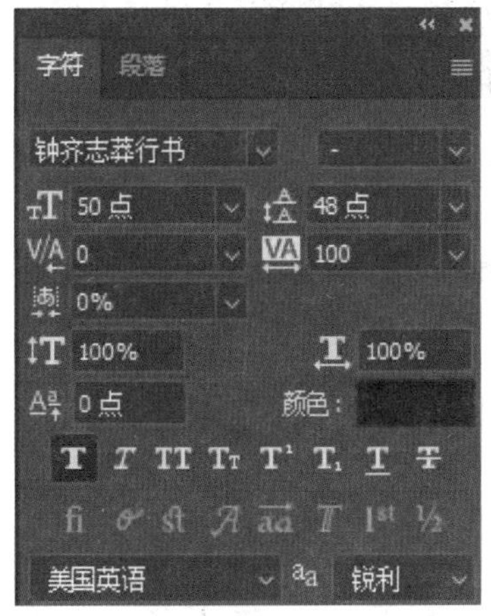

图 5-3-41　字符面板

图 5-3-42　调整后的文字

图 5-3-43　绘制正方形选区

图 5-3-44　为选区填充黑色

（4）单击“选择”→“变换选区”命令，如图 5-3-45 所示，在按住 Shift+Alt 组合快捷键的同时向内等比例调整选区的大小，如图 5-3-46 所示，按 Delete 键将选区内的图像删除，使黑色正方形仅剩下一个方框，如图 5-3-47 所示。

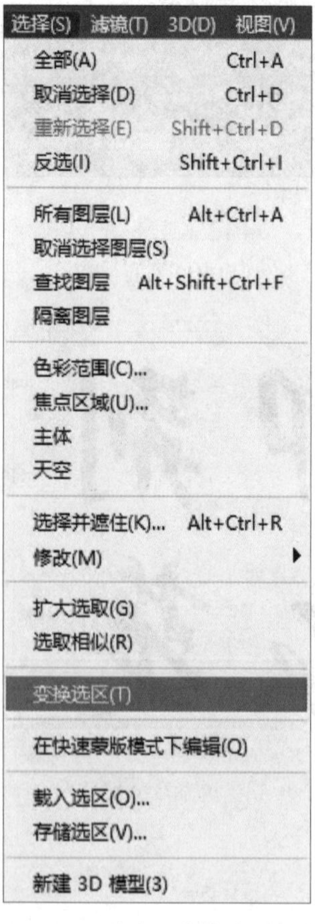

图 5-3-45　单击“变换选区”命令

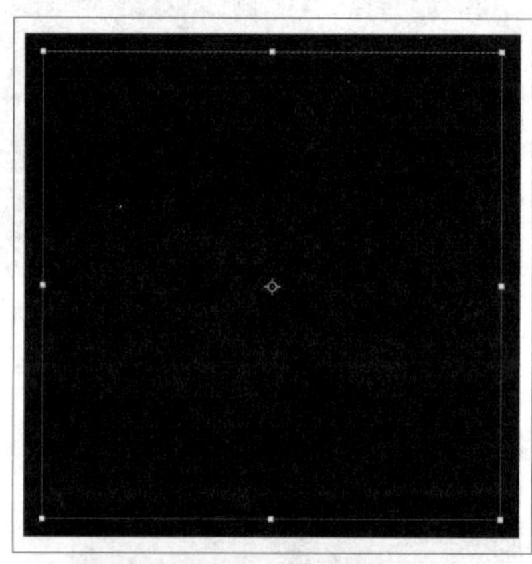
图 5-3-46　向内等比例调整选区大小

图 5-3-47　删除选区内的图像

（5）打开通道面板，选中黑色通道，单击鼠标右键，在弹出的快捷菜单中单击“复制通道”命令，或直接用鼠标将选中的通道拖动到面板底部的“创建新通道”按钮上，即可复制通道，如图 5-3-48 所示。

图 5-3-48　复制通道效果

（6）单击“图像”→“调整”→“反相”命令，或按 Ctrl+I 组合快捷键对图像进行反相，效果如图 5-3-49 所示。按住 Ctrl 键，单击通道面板中的拷贝通道，或单击通道面板底部的“将通道作为选区载入”按钮，选中白色区域，如图 5-3-50 所示。

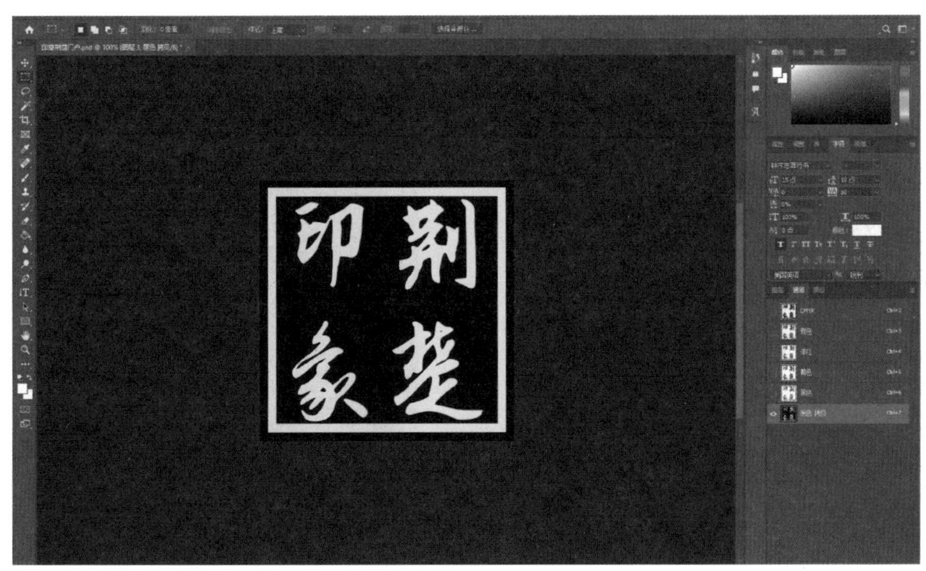

图 5-3-49　反相效果

（7）单击“滤镜”→“杂色”→“添加杂色”命令，在弹出的“添加杂色”对话框中设置数量为 50%，如图 5-3-51 所示。

图 5-3-50　将通道作为选区载入的效果

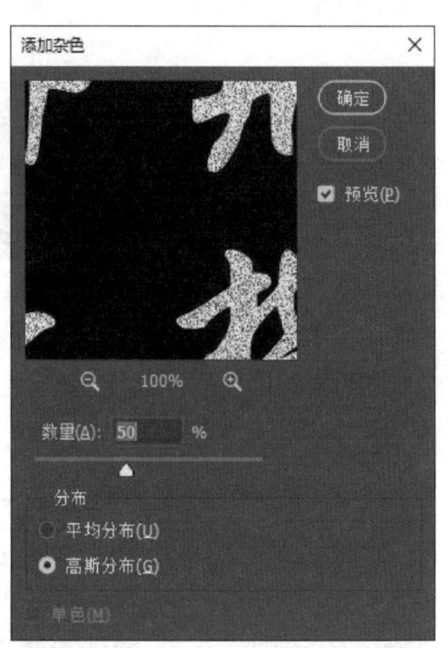

图 5-3-51　设置杂色的数量

（8）单击“滤镜”→“风格化”→“扩散”命令，在弹出的“扩散”对话框中选择“正常”，如图 5-3-52 所示。

（9）单击“滤镜”→“模糊”→“高斯模糊”命令，在弹出的“高斯模糊”对话框中设置半径为 1 像素，如图 5-3-53 所示。

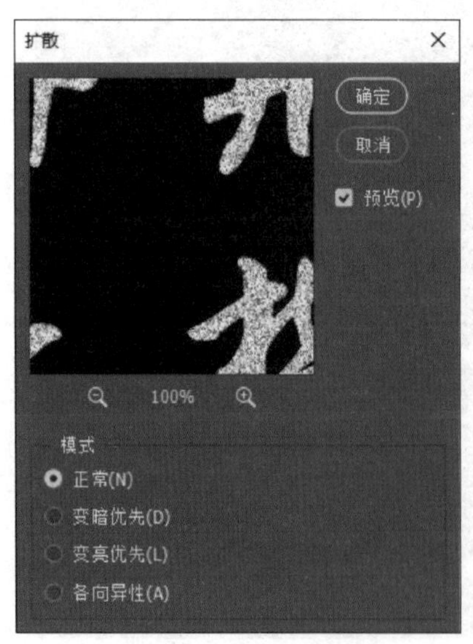

图 5-3-52　设置扩散模式

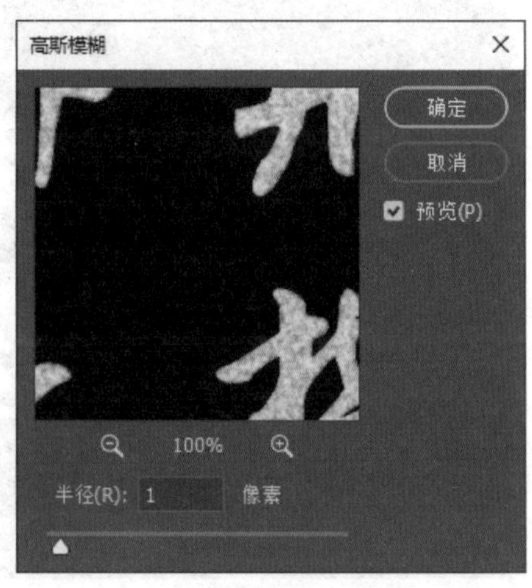

图 5-3-53　设置高斯模糊的半径

（10）单击“图像”→“调整”→“色阶”命令（或按 Ctrl+L 组合快捷键），如图 5-3-54 所示，在弹出的“色阶”对话框中对输入的色阶进行适当的调整，如图 5-3-55 所示。

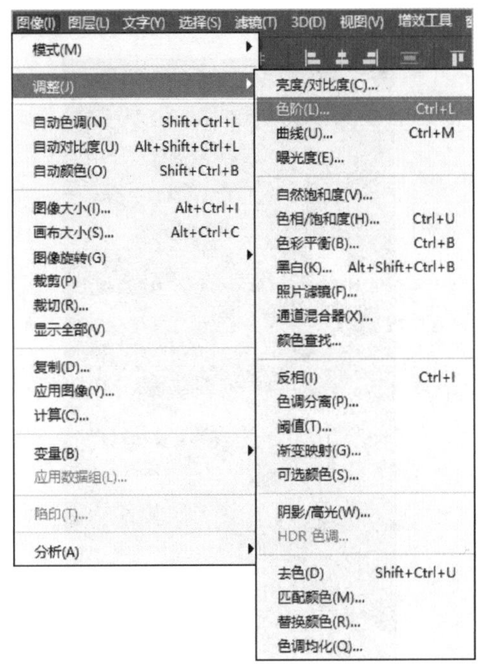

图 5-3-54　单击“色阶”命令

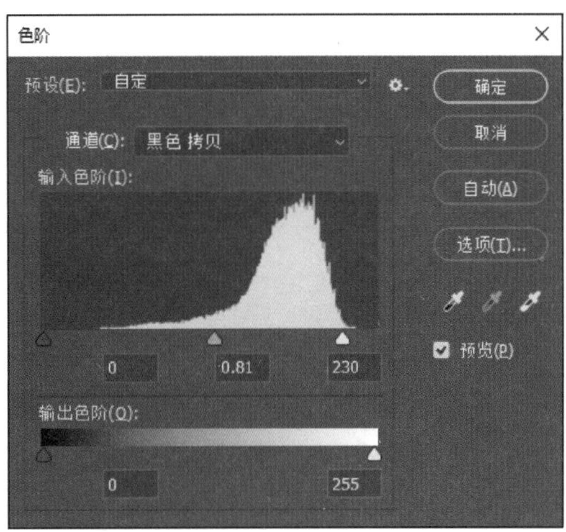

图 5-3-55　对输入的色阶进行调整

（11）选中拷贝通道后单击通道面板底部的“将通道作为选区载入”按钮，选中白色区域，如图 5-3-56 所示。

图 5-3-56　将通道作为选区载入的效果

（12）选中 CMYK 通道（拷贝通道会自动隐藏），切换回图层面板，隐藏所有图层，再新建一个空白图层，如图 5–3–57 所示。设置前景色为红色，按 Alt+Delete 组合快捷键，用前景色填充选区，再按 Ctrl+D 组合快捷键取消选区，如图 5–3–58 所示。单击“文件”→“存储”命令（或按 Ctrl+S 组合快捷键），保存文件。

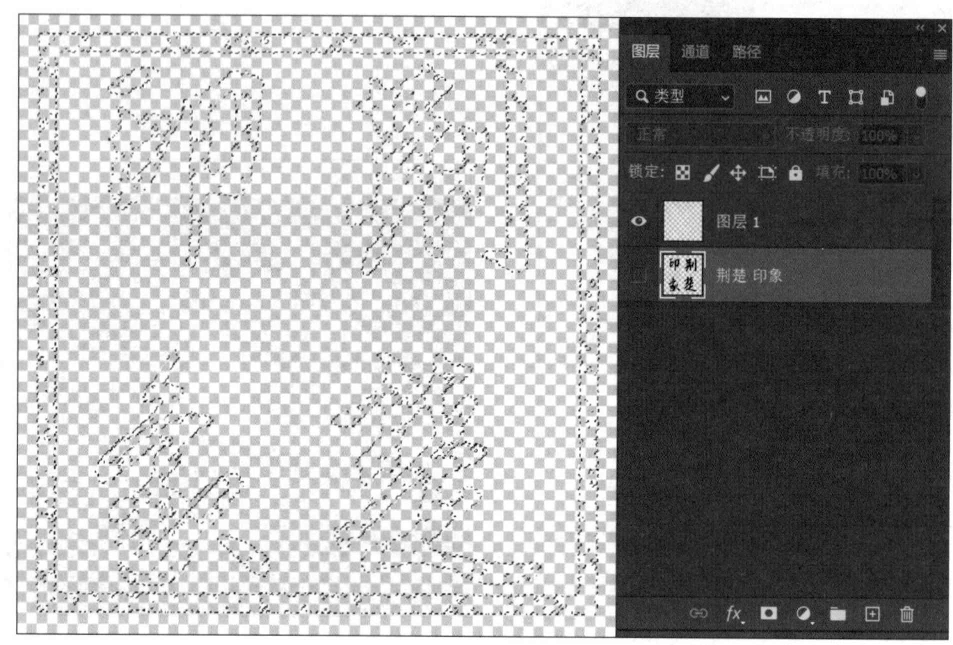

图 5–3–57　新建空白图层

（13）单击“移动工具”，将印章图像拖动到“荆楚门户”图像窗口中。

（14）按 Ctrl+T 组合快捷键打开自由变换工具，按住 Shift 键对印章进行等比例调整并将其放到合适的位置，按回车键确认变换，效果如图 5–3–1 所示。

图 5–3–58　用前景色（红色）填充选区

6. 保存和导出图像文件

单击“文件”→“存储为”命令，在弹出的对话框中选择以 PSD 格式保存。单击“文件”→“导出”→“导出为”命令，导出 PNG 或 JPG 格式图像文件。完成后退出 Photoshop 2023。

任务 4　设计创建文明城市宣传海报

1. 掌握宣传海报设计的特点及基本思路。
2. 掌握图层分组、图层蒙版及图层样式等在宣传海报设计中的运用。
3. 能使用渐变工具及形状工具等制作宣传海报的背景。
4. 能通过字符面板、段落面板和字形面板等进行文字排版。

为深入开展文明礼仪教育，倡导文明、健康、科学的思想观念和有益身心的生活方式，努力加强文明城市创建工作，某城市拟设计以“创建文明城市”为主题的宣传海报，如图 5-4-1 所示，用于制作宣传海报。首先使用渐变工具、形状工具等制作宣传海报背景，然后使用图层样式、图层蒙版等功能制作海报文字和图片，最后进行布局调整并保存。本任务的学习重点是综合运用图层及形状工具等设计宣传海报的方法。

图 5-4-1　以“创建文明城市”为主题的宣传海报

一、点文本和段落文本

在使用 Photoshop 进行排版时，经常使用两种形式的文本，分别是点文本和段落文本。

1. 点文本

使用文字工具在画布上单击后输入的文本为点文本。点文本的每行文字都是独立的，行的长度由输入文字的多少决定。点文本不能自动换行，适合少量文字编辑，如标题等，在换行时要按回车键强制换行。

2. 段落文本

使用文字工具在画布上拖出文本框后输入的文本为段落文本。段落文本能在文本框内自动换行，适合大量文字的编辑。

3. 点文本与段落文本的转换

将点文本转换为段落文本可以便于在文本框内调整字符排列；将段落文本转换为点文本可以便于各文本行彼此独立排列，转换操作方法如下：在图层面板中选中文字图层，单击“文字”→“转换为段落文本”命令，可以将点文本转换为段落文本；单击“文字”→“转换为点文本”命令，可以将段落文本转换为点文本。在将段落文本转换为点文本之前，为了避免文字丢失，应先调整文本框，使全部文字在转换前可见。

二、字符面板、段落面板和字形面板

在“文字”→“面板”子菜单中有 5 个与文字相关的面板，分别是字符面板、段落面板、字形面板、字符样式面板和段落样式面板，如图 5–4–2 所示。下面重点介绍字符面板、段落面板和字形面板。

1. 字符面板

Photoshop 中的字体调整通常情况下是在字符面板中进行的。单击“窗口”→“字符”命令或单击文字工具选项栏中的“字符和段落面板”按钮都会弹出字符面板，如图 5–4–3 所示，设置字符格式主要通过字符面板完成。在字符面板上，可以对要输入文字的格式进行设置，也可以对已编辑文字的格式进行调整。

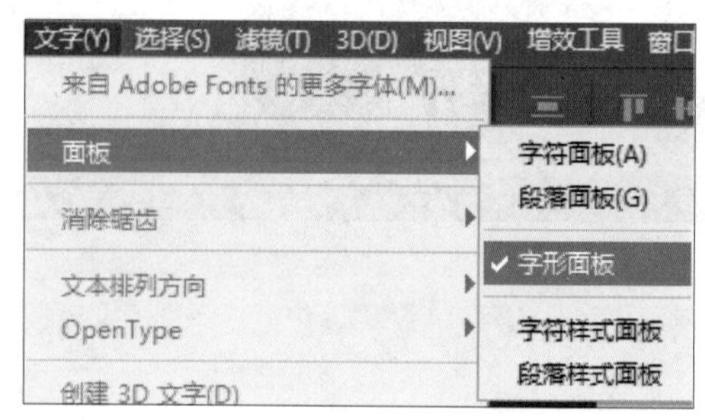

图 5–4–2 “文字”→“面板”子菜单

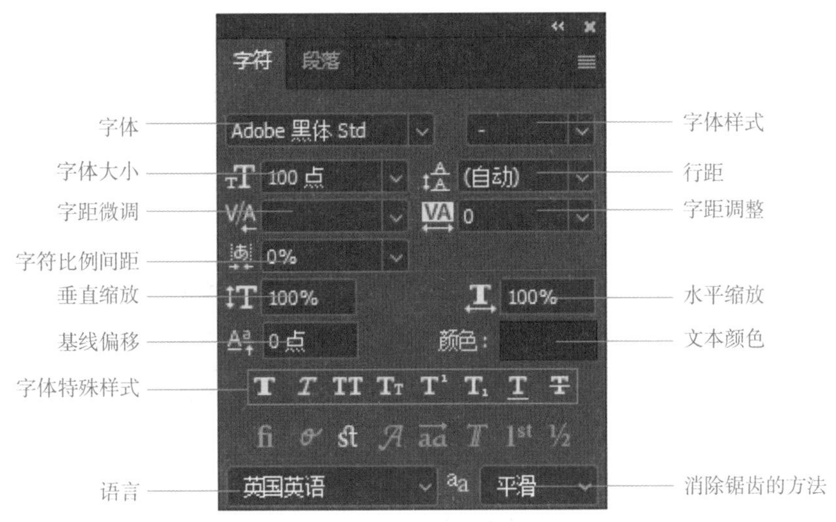

图 5-4-3　字符面板

（1）字体及字体样式：在“字体”下拉列表中可以直接选择字体；在“字体样式”下拉列表中可以选择字体样式，这项设置和文字工具选项栏中的选项是相同的。

（2）字体大小和间距：字体大小用于设置字号，默认情况下，字号以点为单位；间距包括行距和字距，行距是指文本行之间的垂直间距，字距是指各个文字之间的水平间距。

（3）缩放、偏移等：对文字进行垂直缩放、水平缩放、基线偏移以及文本颜色的更改设置。

（4）字体特殊样式：面板下部的图标按钮包括字体加粗、斜体、应用全部大写字母或小型大写字母、上标、下标、下划线和删除线等，这些按钮可以对已输入的字符进行快速变换。

（5）语言和消除锯齿的方法：可选择所需要的语言及消除锯齿的方法。

2. 段落面板

单击“窗口”→“段落”命令或单击文字工具选项栏中的“字符和段落面板”按钮，都可以弹出段落面板，如图 5–4–4 所示。在段落面板中可以更改段落的格式，包括段落的对齐方式、缩进方式（左缩进、右缩进、首行缩进）等。

3. 字形面板

在 Photoshop 2023 中可以使用字形面板输入破折号、货币符号、分数、特殊符号等，这些符号很难通过键盘直接输入。

单击“窗口”→“字形”命令或单击“文字”→“面板”→“字形面板”命令可以打开字形面板，如图 5–4–5 所示。在文字图层中插入字符时，要先选择文字工具，再将光标移动到需要插入字符的位置，在字形面板上双击所需要的字符即可。

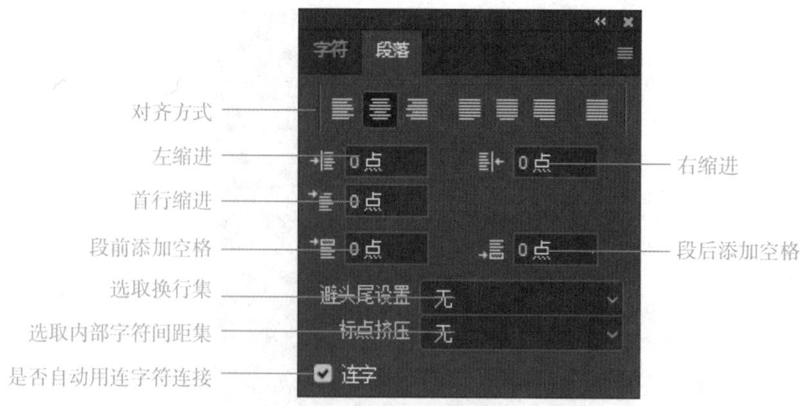

图 5-4-4　段落面板

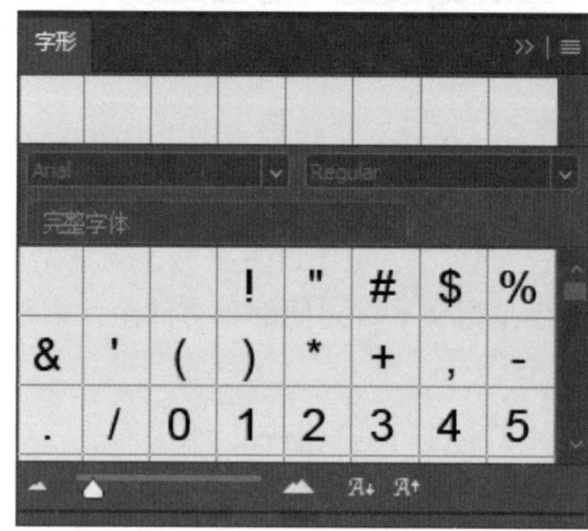

图 5-4-5　字形面板

1. 制作背景

（1）单击“文件”→“新建”命令，弹出“新建文档”对话框，设置参数如下：名称为“创建文明城市宣传海报”，宽度为 2 400 像素，高度为 1 200 像素，分辨率为 72 像素 / 英寸，颜色模式为 CMYK 颜色、8 bit（位），背景内容为白色，如图 5-4-6 所示。设置完成后，单击“创建”按钮。

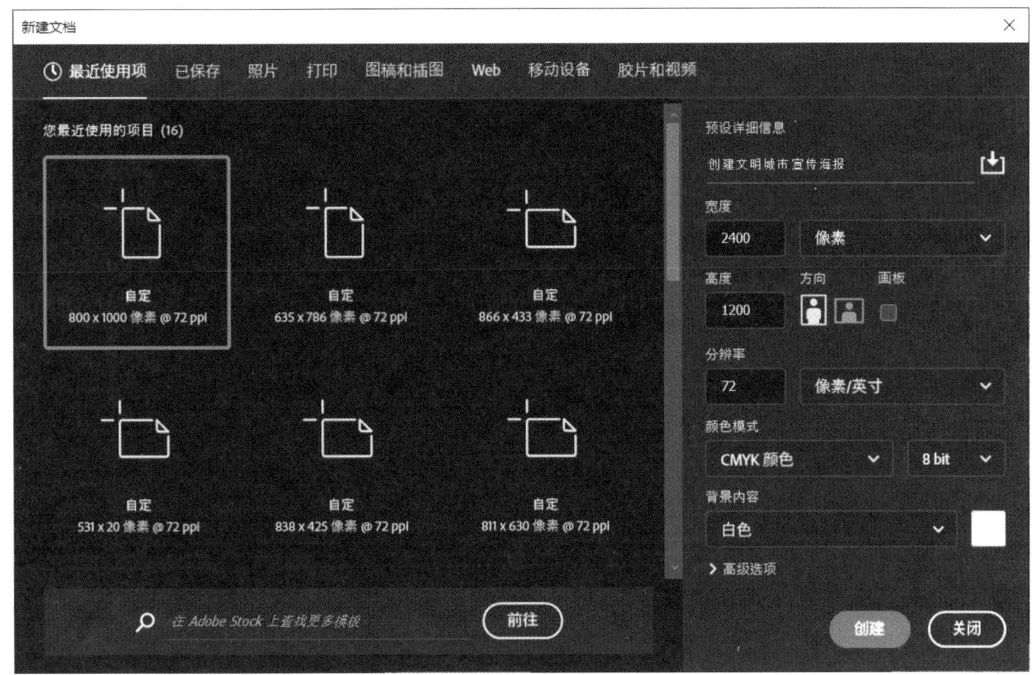

图 5-4-6 “新建文档”对话框

（2）在工具箱中单击“渐变工具”，在工具选项栏中选择渐变类型为“线性渐变”，单击左侧的渐变条，弹出“渐变编辑器”对话框，设置渐变条下方两个色标分别为蓝色（C：80，M：30，Y：0，K：0）和白色（C：0，M：0，Y：0，K：0），如图 5-4-7 所示，单击“确定”按钮确认操作。用鼠标在背景中从上向下拖动，填充蓝白渐变色，如图 5-4-8 所示。

（3）在图层面板中新建图层，命名为“白云”，如图 5-4-9 所示，在工具箱中单击“椭圆工具”，在工具选项栏中设置模式为“像素”，如图 5-4-10 所示。设置前景色为白色，在背景中绘制一个椭圆形，如图 5-4-11 所示。单击“移动工具”，按住 Alt 键，用鼠标拖动椭圆形，将椭圆形复制多个，并摆放成白云的图案，如图 5-4-12 所示，在图层面板中选中所有的白云图层，如图 5-4-13 所示，单击鼠标右键，在弹出的快捷菜单中单击“合并图层”命令，完成图层合并，如图 5-4-14 所示。

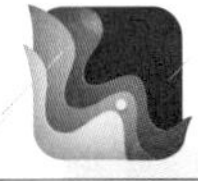

提示

利用形状工具绘制背景图形时，通过形状的复制和形状的叠加可以绘制一些形状的组合图形。

合并图层不仅能够减少图层的数目，还能减少图像文件所占的存储空间，所以对于不再需要进行编辑的图层，可以将其合并。

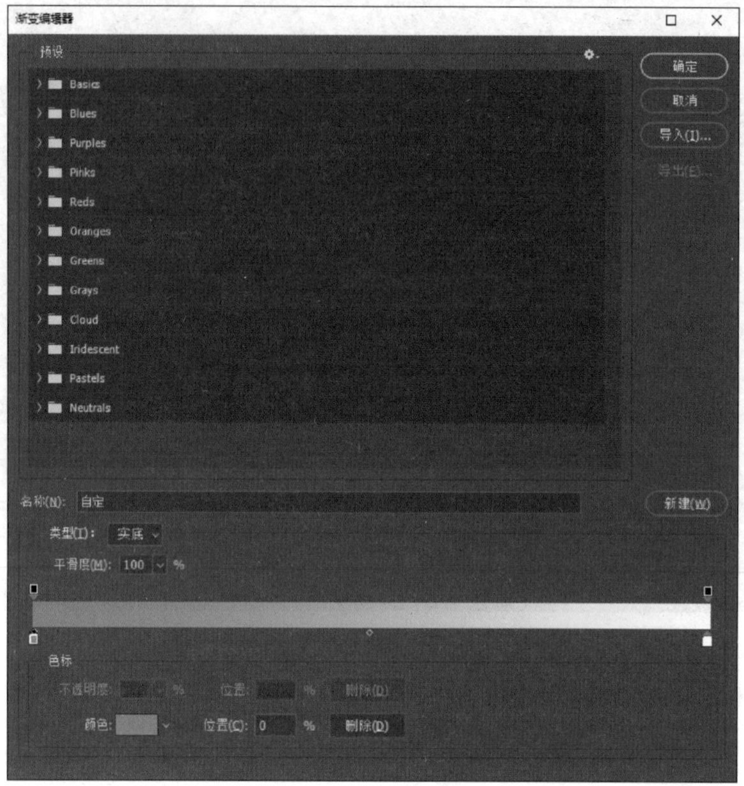

图 5-4-7　设置渐变色

图 5-4-8　填充背景

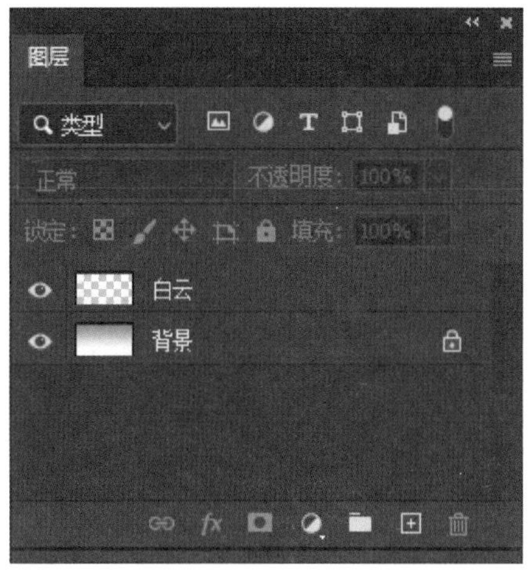

图 5-4-9　新建“白云”图层

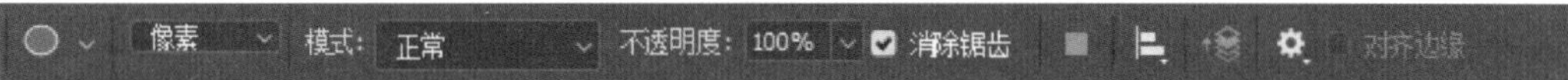

图 5-4-10　“椭圆工具”选项栏设置

图 5-4-11　绘制椭圆形

图 5-4-12　绘制白云

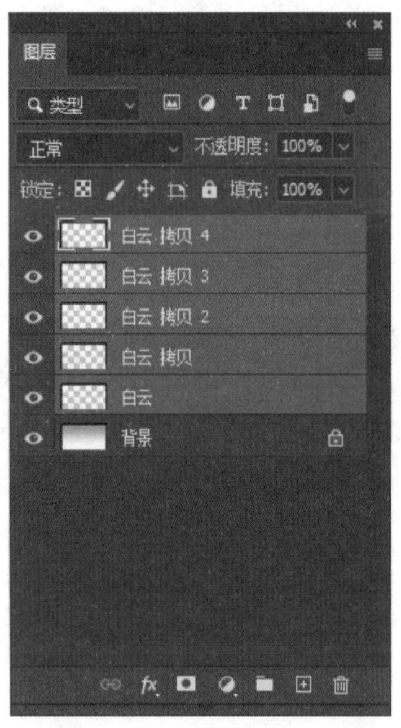

图 5-4-13　选中所有的白云图层

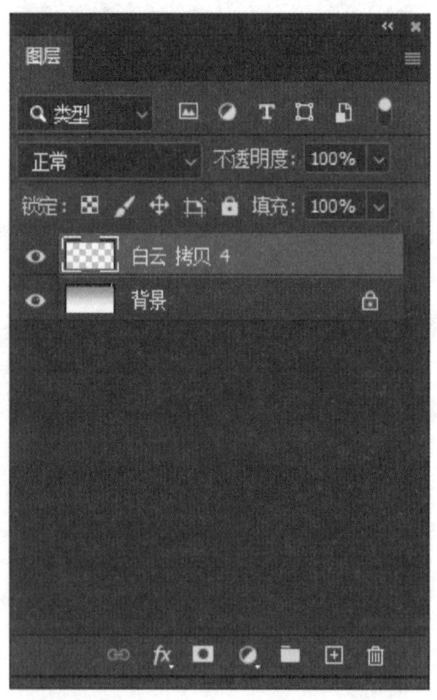

图 5-4-14　合并所有的白云图层

（4）在图层面板中选中“白云 拷贝 4”图层，单击“锁定透明像素”按钮，如图 5-4-15 所示。单击“渐变工具”，在工具选项栏中选择渐变类型为“线性渐变”，单击左侧的渐变条，弹出“渐变编辑器”对话框，设置渐变条下方两个色标分别为蓝色（C：20，M：0，Y：0，K：0）和白色，单击“确定”按钮。使用鼠标在白云图案上从下向上拖动，填充蓝白渐变色，如图 5-4-16 所示。将白云图案复制多个，适当调整其大小，并摆放在合适的位置，如图 5-4-17 所示。

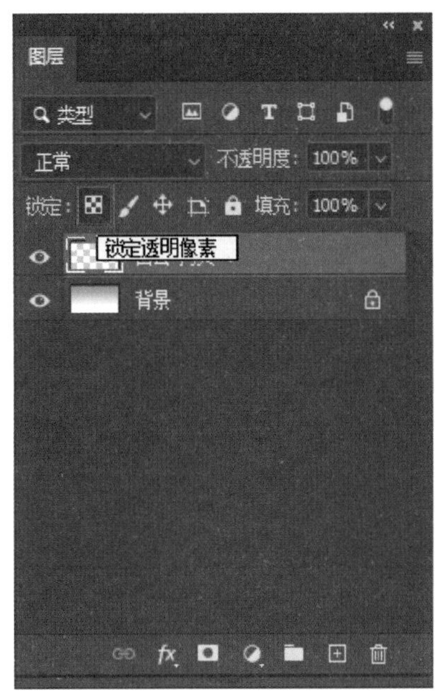

图 5-4-15　单击“锁定透明像素”按钮

图 5-4-16　为白云填充渐变色

图 5-4-17　复制并摆放白云

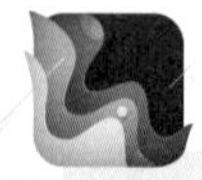

提示

锁定透明像素能起到局部保护的作用，锁定透明像素后，只能编辑图层的不透明部分，透明的部分将受到保护，不会被编辑工具影响。

（5）在图层面板中新建图层，命名为“草地”，如图 5-4-18 所示。在工具箱中单击“椭圆工具”，设置模式为“像素”，设置前景色为绿色（C：67，M：20，Y：85，K：0），在画布左下角绘制一个椭圆形并调整其位置。在图层面板中选中“草地”图层，单击“锁定透明像素”按钮，为草地图案从上向下填充嫩绿色（C：60，M：10，Y：75，K：0）到青绿色（C：70，M：25，Y：90，K：0）的线性渐变，如图 5-4-19 所示。

（6）复制“草地”图层，按 Ctrl+T 组合快捷键进入图形的自由变换状态。在自由变换控件中单击鼠标右键，在弹出的快捷菜单中单击“水平翻转”命令，如图 5-4-20 所示，对草地图案进行水平翻转，并将其放到合适的位置，为此草地图案从右上方向左下方填充浅绿色（C：50，M：0，Y：70，K：0）到草绿色（C：65，M：20，Y：85，K：0）的径向渐变，如图 5-4-21 所示。

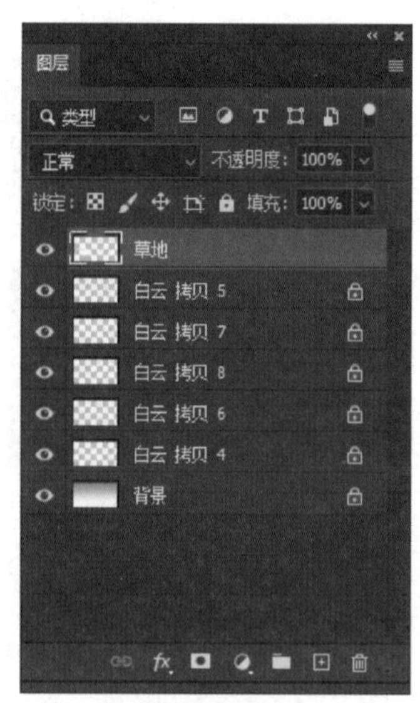

图 5-4-18　新建“草地”图层

图 5-4-19　绘制草地图案

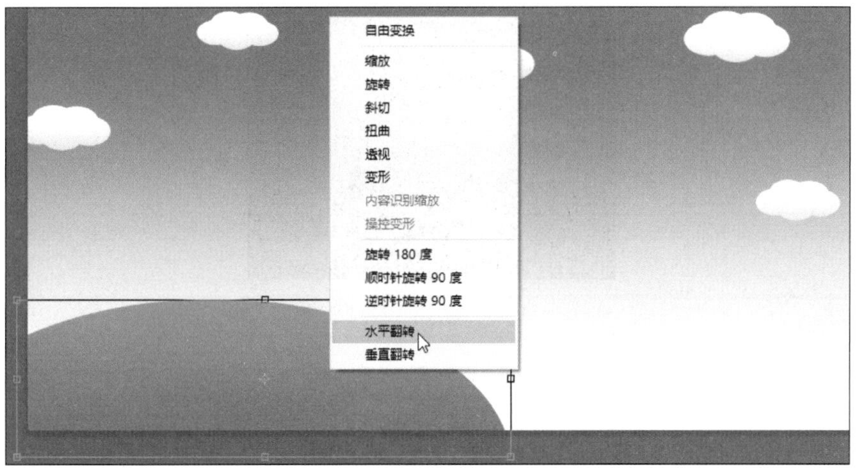

图 5-4-20　单击“水平翻转”命令

图 5-4-21　复制草地图案并填充颜色

（7）在图层面板中新建图层，命名为“楼 1”，如图 5–4–22 所示，在工具箱中单击“矩形工具”，设置模式为“像素”，设置前景色为浅绿色（C：50，M：0，Y：70，K：0），在画布中绘制多个矩形，构成高楼图案，如图 5–4–23 所示。

图 5-4-22　新建“楼 1”图层

图 5-4-23　绘制高楼图案 1

（8）新建图层，命名为“楼 2”，设置前景色为青绿色（C：70，M：25，Y：90，K：0），在背景中绘制多个矩形，构成另一种高楼图案，如图 5–4–24 所示。单击“多边形套索工具”，用鼠标选取左侧高楼的右上角，如图 5–4–25 所示，按 Delete 键删除选区内的图案，如图 5–4–26 所示。

图 5-4-24　绘制高楼图案 2

图 5-4-25　选取左侧高楼的右上角

图 5-4-26　删除左侧高楼右上角的效果

（9）新建图层，命名为“楼 3”，设置前景色为黄绿色（C：30，M：10，Y：90，K：0），在背景中再绘制多个矩形，构成第三种高楼图案，如图 5-4-27 所示。

图 5-4-27 绘制高楼图案 3

（10）复制高楼图案，适当调整其大小，并将其放在合适的位置。选中所有的楼图层，设置图层的不透明度为 75% 左右，效果如图 5-4-28 所示。

图 5-4-28 绘制高楼图案效果

（11）在图层面板中选中所有锁定透明像素的图层，再次单击“锁定透明像素”按钮取消锁定，如图 5-4-29 所示。选中所有白云、草地和楼图层，单击图层面板底部的“创建新组”按钮，所选图层将自动放入图层组中，并更改组名为“背景图形”，如图 5-4-30 所示，隐藏此图层组中的图层，如图 5-4-31 所示。

（12）在图层面板中新建图层，命名为“白色”，如图 5-4-32 所示。在工具箱中

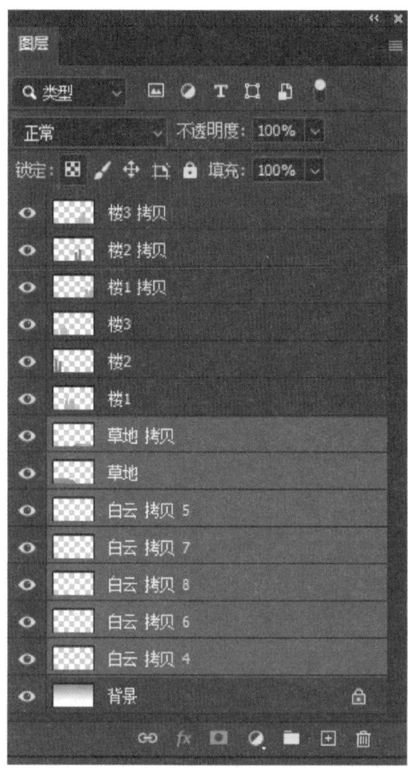

图 5-4-29　取消锁定透明像素

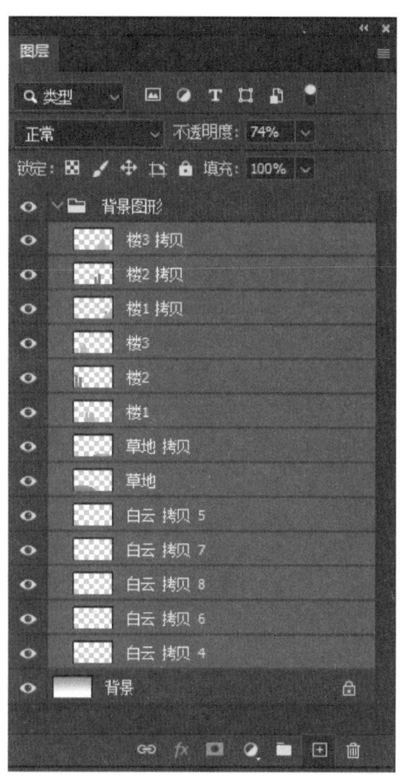

图 5-4-30　创建新组

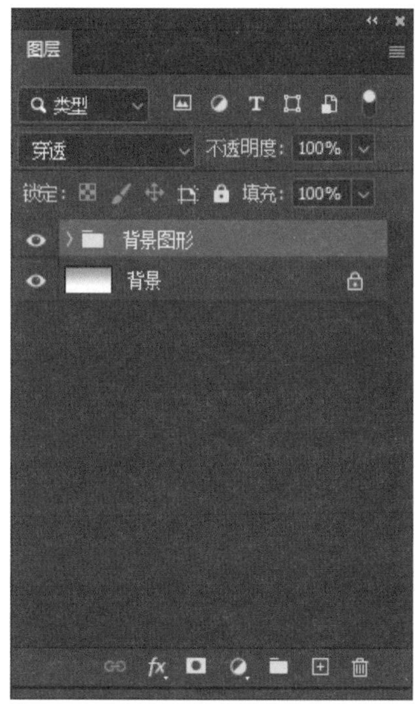

图 5-4-31　隐藏图层

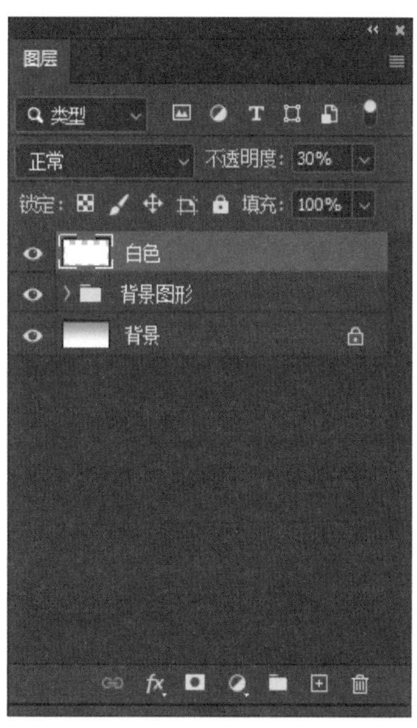

图 5-4-32　新建“白色”图层

单击“矩形工具”，设置模式为“像素”，设置前景色为白色，在背景中绘制一个大的白色圆角矩形，如图 5-4-33 所示，设置其不透明度为 30%。复制“白色”图层，按 Ctrl+T 组合快捷键打开自由变换工具，适当调小圆角矩形，放置在原白色圆角矩形的中心位置，并设置其不透明度为 50%，如图 5-4-34 所示。

图 5-4-33　绘制白色圆角矩形

图 5-4-34　复制并缩小白色圆角矩形

2. 制作标题

（1）在工具箱中单击“横排文字工具”，在画布上方输入标题文字“共创文明城市　建设美好家园”，设置合适的字体，设置字体颜色为青绿色（C：70，M：25，Y：90，K：00），调整文字大小并将其放置到合适的位置，如图 5-4-35 所示。

图 5-4-35　输入标题文字

（2）选中文字图层，单击图层面板底部的“添加图层样式”按钮，如图 5-4-36 所示，在弹出的快捷菜单中单击“描边”命令，如图 5-4-37 所示，在弹出的“图层样式”对话框中设置描边大小为 8 像素、位置为“外部”、颜色为白色，如图 5-4-38 所示。在该对话框左侧“样式”列表中单击“描边”选项中的“+”按钮，将“描边”效果复制一层，勾选下面的“描边”复选框，设置描边大小为 15 像素、位置为“外部”、颜色为青绿色（C：70，M：25，Y：90，K：0），如图 5-4-39 所示，标题文字效果如图 5-4-40 所示。

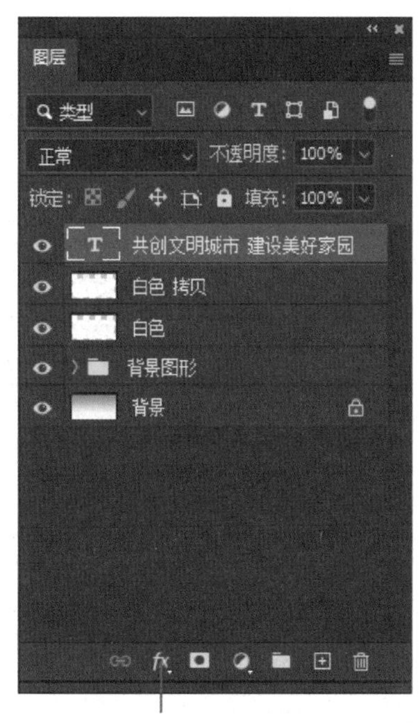

图 5-4-36　单击“添加图层样式”按钮

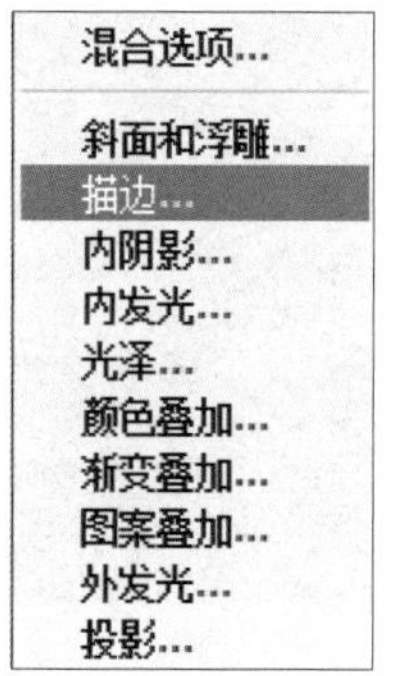

图 5-4-37　单击“描边”命令

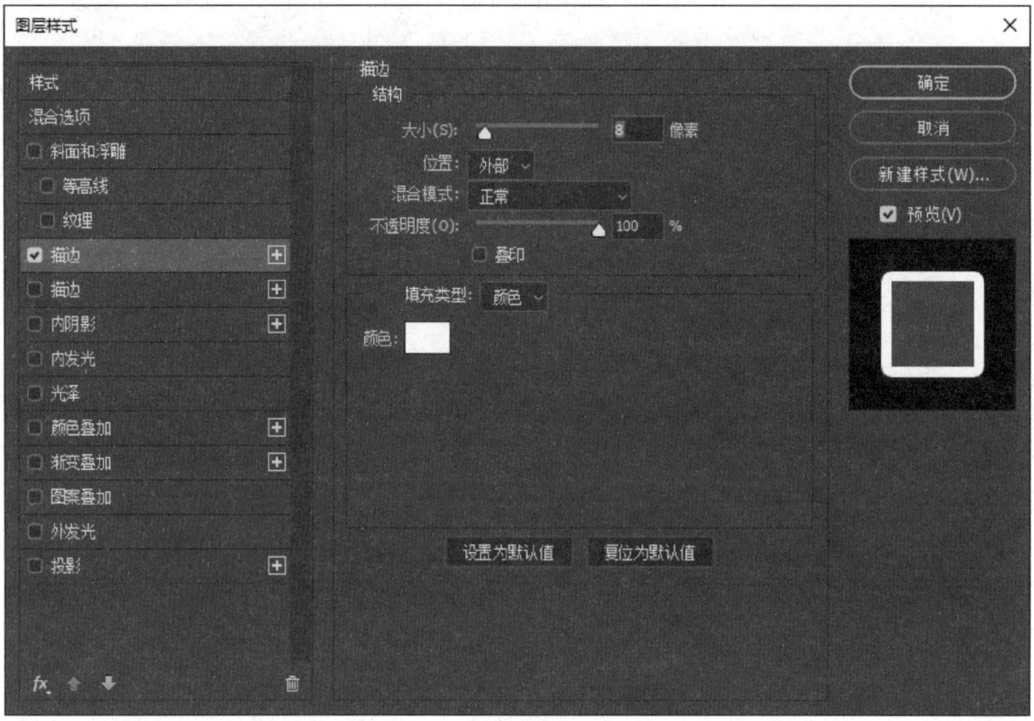

图 5-4-38 “描边”参数设置 1

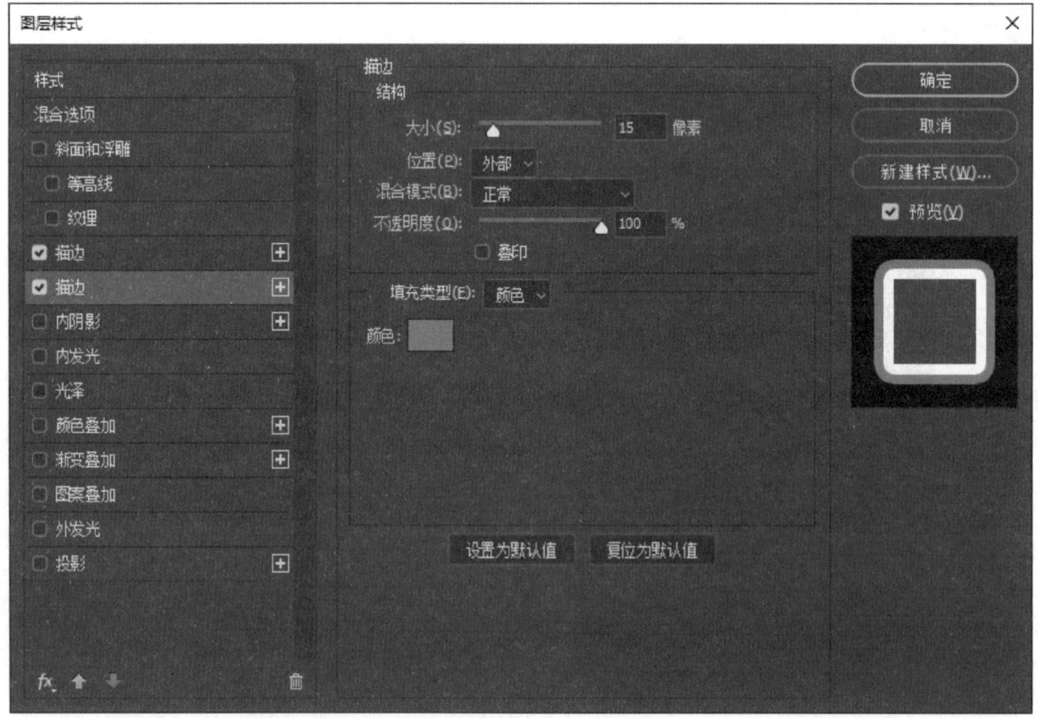

图 5-4-39 “描边”参数设置 2

图 5-4-40　标题文字效果

3. 制作海报文字内容

（1）在工具箱中单击“矩形工具”，设置模式为“形状”、填充颜色为（C：70，M：25，Y：90，K：0）、无描边、圆角半径为 80 像素，如图 5-4-41 所示。在白色圆角矩形左上角绘制一个绿色圆角矩形，如图 5-4-42 所示。

图 5-4-41　“矩形工具”选项栏设置

图 5-4-42　绘制绿色圆角矩形

（2）单击“横排文字工具”，设置前景色为白色，在绿色圆角矩形中输入文字“01 什么是全国文明城市?”，设置文字字体、大小和间距，并将其放置到合适的位置，如图 5-4-43 所示。

图 5-4-43 在绿色圆角矩形中添加文字

（3）单击“横排文字工具”，在绿色圆角矩形下边拖出一个矩形区域，将相关文字复制或输入到该区域中，设置文本颜色为青绿色（C：70，M：25，Y：90，K：0），设置字体、大小、间距以及段落的首行缩进、段间距等，如图 5-4-44 所示。

图 5-4-44 在绿色矩形下边添加文字

提示

在排版文字时，版面的留白面积应遵循的原则为：字间距<行间距<段间距。

（4）单击“文件”→“置入嵌入对象”命令，置入素材“图片 1.jpg”，按住 Shift 键调整图片的大小，单击工具选项栏中的“提交变换”按钮或按回车键，将图片嵌入到该文档中，如图 5-4-45 所示。

图 5-4-45　置入图片 1

（5）选中“图片 1”图层，为该图层添加图层蒙版，如图 5-4-46 所示，隐藏不需要的图片内容，效果如图 5-4-47 所示。

（6）给图片 1 添加图层样式。首先添加描边，参数设置如图 5-4-48 所示；然后添加投影，参数设置如图 5-4-49 所示，效果如图 5-4-50 所示。

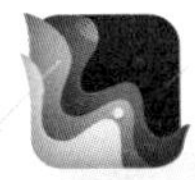

提示

在图片的处理过程中，图层蒙版可以用于控制图片的显示和隐藏，图层样式可以用于控制图片的效果。

（7）参照步骤（1）~（3），添加“02 市民守则”的内容，如图 5-4-51 所示。

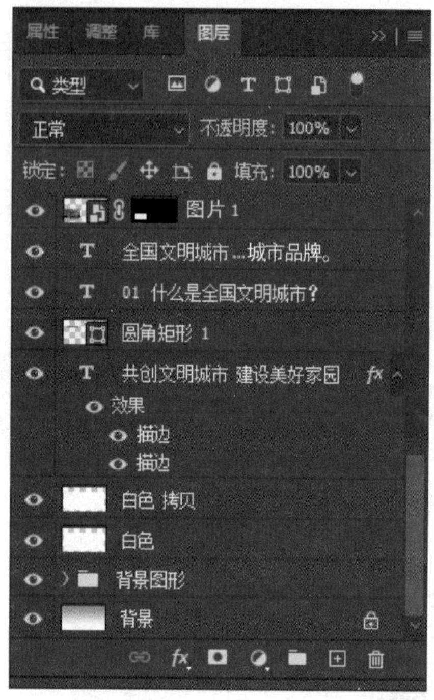

图 5-4-46　添加图层蒙版

图 5-4-47　添加图层蒙版后的效果

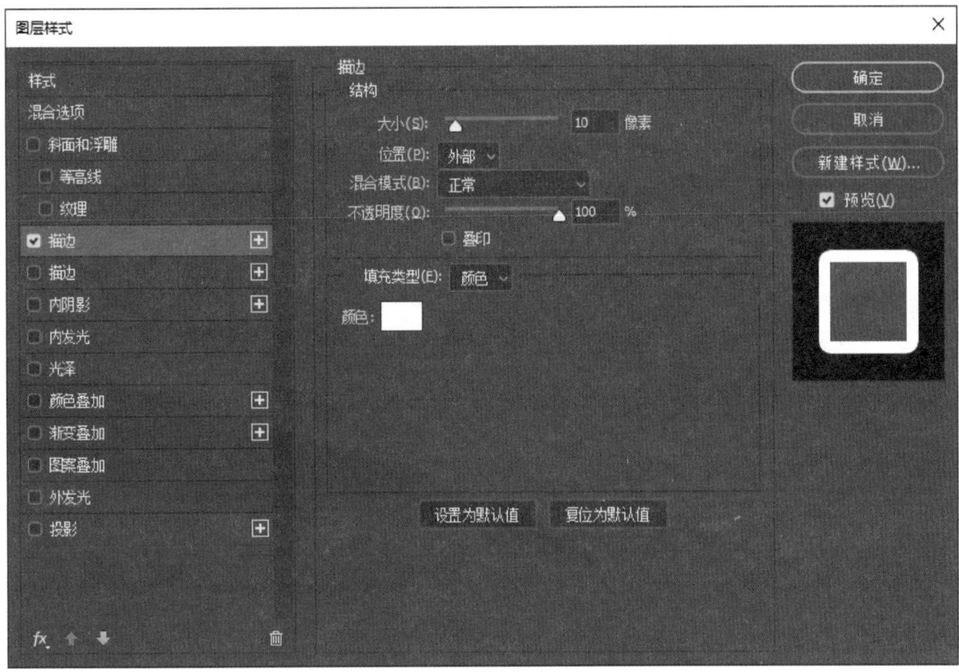

图 5-4-48 图片 1 的“描边”参数设置

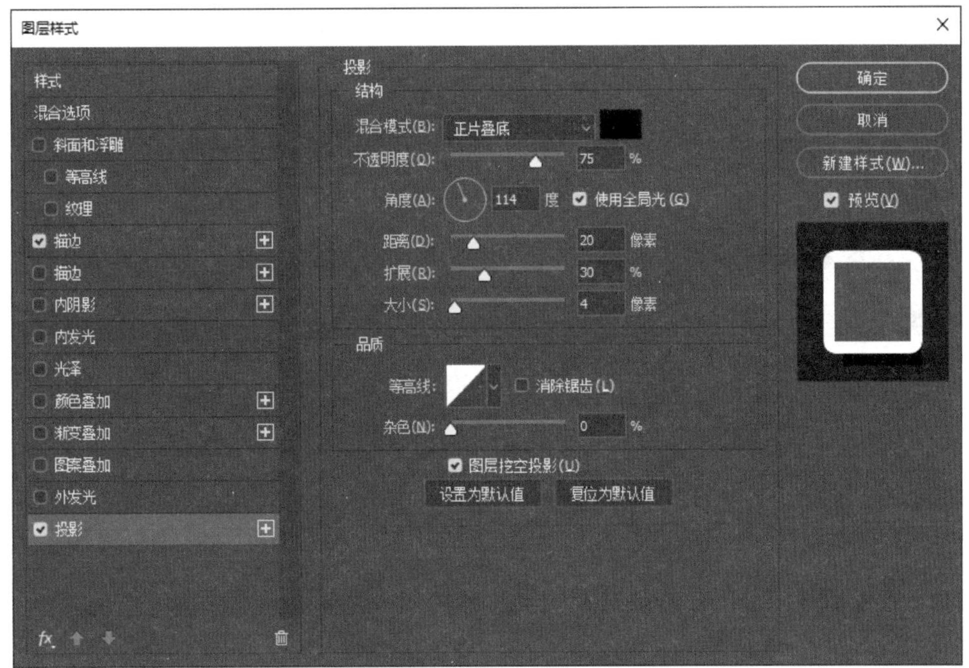

图 5-4-49 图片 1 的“投影”参数设置

图 5-4-50　为图片 1 添加图层样式效果

图 5-4-51　添加“02 市民守则”的内容

（8）单击“横排文字工具”，在“02 市民守则”的内容下方输入文字“公民道德规范”，设置文本颜色为白色，设置字体、大小和间距，并将其放置到合适的位置，如图 5-4-52 所示。选中“公民道德规范”图层，为该图层添加描边，设置描边颜色为青绿色（C：70，M：25，Y：90，K：0）、位置为“外部”，设置合适的大小，效果如图 5-4-53 所示。

图 5-4-52　添加文字“公民道德规范”

图 5-4-53　描边效果

（9）单击“横排文字工具”，设置前景色为青绿色（C：70，M：25，Y：90，K：0），将文字素材复制到“公民道德规范”下方，调整文字字体、大小和间距，并将其放置到合适的位置，如图 5-4-54 所示。

图 5-4-54 添加“公民道德规范”的内容

（10）参照步骤（1）~（3），添加“03 对公共场所有哪些要求?”的内容，如图 5-4-55 所示。

图 5-4-55 添加“03 对公共场所有哪些要求?”的内容

（11）参照步骤（4）~（5），置入素材“图片 2.jpg”，并为“图片 2”图层添加图层蒙版，如图 5-4-56 和图 5-4-57 所示。

图 5-4-56　置入图片 2

图 5-4-57　为“图片 2”图层添加图层蒙版

（12）为图片 2 添加图层样式。首先添加描边，参数设置如图 5-4-58 所示；然后添加投影，参数设置如图 5-4-59 所示，效果如图 5-4-60 所示。

（13）参照步骤（1）~（3），添加“04 市民应具备哪些交通意识?”的内容，效果如图 5-4-61 所示。

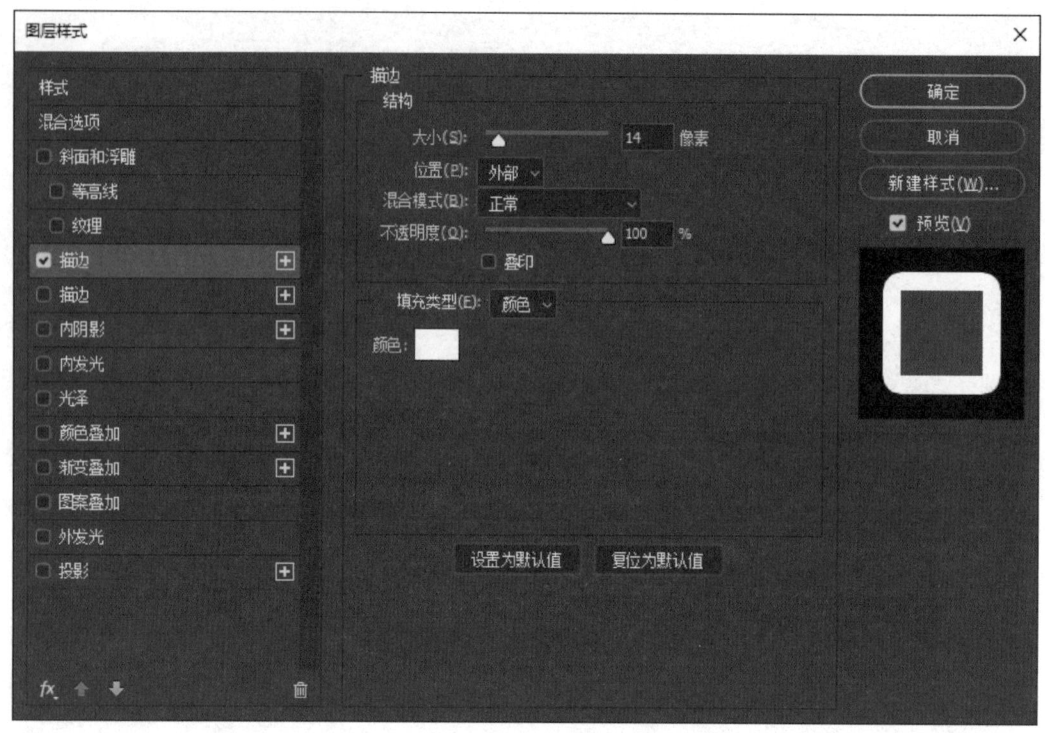

图 5-4-58 图片 2 的“描边”参数设置

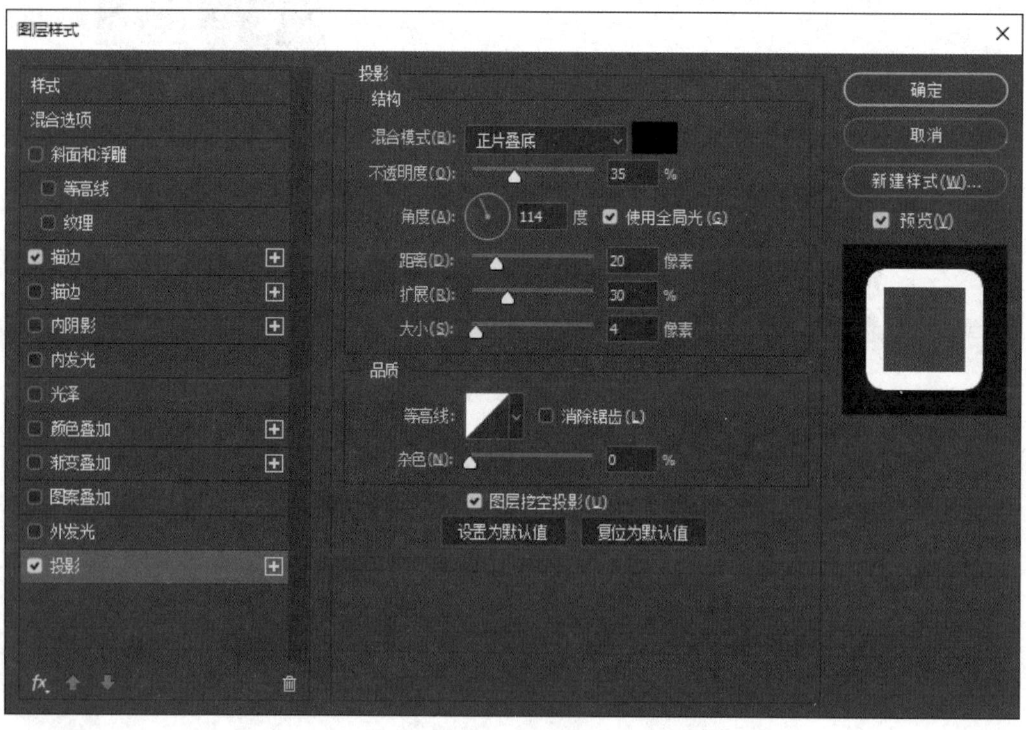

图 5-4-59 图片 2 的“投影”参数设置

图 5-4-60　为图片 2 添加图层样式效果

图 5-4-61　添加“04 市民应具备哪些交通意识？”的内容

4. 调整布局并保存文件

对海报中的文字、图片等元素的布局进行适当调整，最终效果如图 5-4-1 所示，保存文件后退出 Photoshop 2023。